计算机技术入门丛书

Python基础入门

第2版·项目案例·题库·微课视频版

夏敏捷 尚展垒 ◎ 编著

清华大学出版社
北京

内容简介

本书以 Python 3.7 为编程环境，基于基本的程序设计思想，逐步展开 Python 语言教学，是一本面向广大编程学习者的程序设计类图书。全书分为两篇，共 11 章。基础篇(第 1～9 章)主要讲解 Python 的基础语法知识、控制语句、函数、文件、面向对象编程基础、Tkinter 图形界面设计、Python 数据库应用和 Python 文本处理等知识，并以小游戏案例作为各章的阶段性任务；提高篇(第 10、11 章)介绍科学计算和可视化应用、Python 数据分析，最后讲解一个综合性案例——学生成绩统计分析。本书的最大特色在于以游戏开发案例为导向，让枯燥的 Python 语言学习充满乐趣，在开发过程中读者能自然而然地学会这些枯燥的技术。书中不仅列出了完整的源代码，而且对所有的源代码进行了非常详细的解释，做到通俗易懂、图文并茂。

本书可作为高等院校相关专业 Python 课程的教材，也可作为 Python 语言学习者、程序设计人员和游戏编程爱好者的参考用书。

图书在版编目(CIP)数据

Python 基础入门：项目案例・题库・微课视频版/夏敏捷，尚展垒编著. —2 版. —北京：清华大学出版社，2023.7 (2024.8 重印)
(计算机技术入门丛书)
ISBN 978-7-302-61640-5

Ⅰ. ①P… Ⅱ. ①夏… ②尚… Ⅲ. ①软件工具－程序设计－高等学校－教材 Ⅳ. ①TP311.561

中国版本图书馆 CIP 数据核字(2022)第 145460 号

策划编辑：魏江江
责任编辑：王冰飞
封面设计：刘 键
责任校对：郝美丽
责任印制：沈 露

出版发行：清华大学出版社
网 址：https://www.tup.com.cn，https://www.wqxuetang.com
地 址：北京清华大学学研大厦 A 座 **邮 编**：100084
社 总 机：010-83470000 **邮 购**：010-62786544
投稿与读者服务：010-62776969，c-service@tup.tsinghua.edu.cn
质量反馈：010-62772015，zhiliang@tup.tsinghua.edu.cn
课件下载：https://www.tup.com.cn，010-83470236
印 装 者：三河市龙大印装有限公司
经 销：全国新华书店
开 本：185mm×260mm **印 张**：20 **字 数**：486 千字
版 次：2020 年 9 月第 1 版 2023 年 7 月第 2 版 **印 次**：2024 年 8 月第 4 次印刷
印 数：23501～25500
定 价：49.80 元

产品编号：096782-01

前言

PREFACE

党的二十大报告指出：教育、科技、人才是全面建设社会主义现代化国家的基础性、战略性支撑。必须坚持科技是第一生产力、人才是第一资源、创新是第一动力，深入实施科教兴国战略、人才强国战略、创新驱动发展战略，开辟发展新领域新赛道，不断塑造发展新动能新优势。高等教育与经济社会发展紧密相连，对促进就业创业、助力经济社会发展、增进人民福祉具有重要意义。

随着人工智能、大数据、云计算、移动互联网等信息技术的迅猛发展，人类社会已从信息化迈向智能化时代，软件产品需求也不断增加，编程成为越来越重要的技能。学习编程是工程专业学生教育的重要部分。除了直接的应用外，学习编程还是了解计算机科学本质的方法。

Python 是一种解释型、面向对象、动态数据类型的高级程序设计语言，同时还是一门近乎“全能”的编程语言，可以使用 Python 进行网页数据爬取、Web 开发、数据分析与挖掘、量化投资分析等。在 TIOBE 2021 年 10 月公布的编程语言排行榜中，Python 首次排名处于第一位，至今 Python 仍稳居于榜首。Python 语言已是极受欢迎的程序设计语言。

本书作者长期从事程序设计语言教学与应用开发，在长期的工作中积累了丰富的经验，了解在学习编程的时候需要什么样的书，如何才能提高 Python 开发能力，如何以最少的时间投入得到最快的实际应用。

本书内容

本书分为两篇：基础篇和提高篇。

基础篇(第 1～9 章)主要讲解 Python 的基础语法知识、控制语句、函数、文件、面向对象编程基础、Tkinter 图形界面设计、Python 数据库应用和 Python 文本处理等，并以小游戏案例作为各章的阶段性任务，例如猜单词、发牌游戏和智力问答游戏等。

提高篇(第 10、11 章)主要学习 Python 最流行的第三方库(模块)，介绍科学计算、可视化和 Pandas 数据分析库，最后讲解一个综合性案例——学生成绩统计分析。

本书特点

本书具有以下特点：

(1) Python 程序设计涉及的范围非常广泛，本书内容编排并不求全、求深，而是考虑零基础读者的接受能力,语言语法介绍以够用、实用和应用为原则,选择 Python 中必备、实用的知识进行讲解,强化对读者编程思维能力的培养。

(2) 以小游戏案例作为每章的阶段性任务,游戏案例的选取贴近生活,有助于提高读者的学习兴趣。每款游戏案例均提供了详细的设计思路。

(3) 改变了传统教材以语言、语法学习为重点的缺陷,本书从基本的语言、语法学习上升到程序的"设计、算法、编程"层次。为了让读者更好地掌握程序开发思想、方法和算法,书中提供了大量简短、精辟的案例代码,有助于初学者掌握解决问题的精髓。

需要说明的是,学习编程是一个实践的过程,而不仅限于看书、看资料,亲自动手编写、调试程序才是至关重要的。通过实际的编程以及积极的思考,读者可以很快地积累并掌握许多宝贵的编程经验,这些编程经验对开发者而言非常重要。

为便于教学,本书提供丰富的配套资源,包括教学大纲、教学课件、电子教案、程序源码、在线作业和 500 分钟的微课视频。

资源下载提示

课件等资源:扫描封底的"课件下载"二维码,在公众号"书圈"下载。

素材(源码)等资源:扫描目录上方的二维码下载。

在线作业:扫描封底的作业系统二维码,登录网站在线做题及查看答案。

视频等资源:扫描封底的文泉云盘防盗码,再扫描书中相应章节的二维码,可以在线学习。

本书由夏敏捷(中原工学院)和尚展垒(郑州轻工业大学)主持编写,朱妍(郑州轻工业大学)编写第 1~3 章,曾春先(河南工业大学)编写第 4~6 章,夏敏捷(中原工学院)编写第 7~9 章,尚展垒(郑州轻工业大学)编写第 10 章,曲晓东(中原工学院)编写第 11 章和参与校对工作。

在本书的编写过程中,为确保内容的正确性,作者参阅了很多资料,并且得到了中原工学院计算机学院郑秋生教授和资深 Web 程序员的支持,在此谨向他们表示衷心的感谢。

由于作者水平有限,书中难免存在疏漏之处,敬请广大读者批评、指正。

夏敏捷

2023 年 5 月

目录

CONTENTS

源码下载

基础篇

提 高 篇

基 础 篇

第1章

Python语言介绍

Python 是一种跨平台、开源、免费的解释型高级动态编程语言，Python 作为动态语言更适合初学者。Python 可以让初学者把精力集中在编程对象和思维方法上，而不用担心语法、类型等外在因素。Python 易于学习，拥有大量的库，可以高效地开发各种应用程序。本章介绍 Python 语言的优/缺点、安装 Python 的方法和 Python 开发环境 IDLE 的使用。

1.1 Python 语言简介

Python 的创始人为吉多范罗・苏姆(Guido van Rossum)，他于 1989 年年底发明 Python 语言，该语言被广泛应用于处理系统管理任务和科学计算，是极受欢迎的程序设计语言之一。2011 年 1 月，该语言被 TIOBE 编程语言排行榜评为 2010 年度语言。自 2018 年以后，Python 的使用率呈线性增长，在 TIOBE 2021 年 10 月公布的编程语言排行榜中，Python 首次超越 Java 和 C，排名处于第一位，至今 Python 仍稳居于榜首。根据 IEEE Spectrum 发布的研究报告显示，Python 已经成为世界上最受欢迎的语言。

Python 支持命令式编程、函数式编程，完全支持面向对象程序设计，语法简洁清晰，并且拥有大量的几乎支持所有领域应用开发的成熟扩展库。

众多开源的科学计算软件包都提供了 Python 的调用接口，例如著名的计算机视觉库 OpenCV、三维可视化库 VTK、医学图像处理库 ITK。Python 专用的科学计算扩展库就更多了，例如十分经典的科学计算扩展库 NumPy、SciPy 和 Matplotlib，它们分别为 Python 提供了快速数组处理、数值运算以及绘图功能。Python 语言及其众多的扩展库所构成的开发环境十分适合工程技术、科研人员处理实验数据、制作图表，甚至是开发科学计算应用程序。

Python 为用户提供了非常完善的基础代码库，覆盖网络、文件、GUI、数据库、文本等大量内容。用 Python 开发，许多功能不必从零编写，直接使用现成的即可。除了内置的库外，Python 还有大量的第三方库，也就是别人开发的，可以直接使用的库。当然，如果自己开发的代码进行了很好的封装，也可以作为第三方库给别人使用。Python 就像胶水一样，可以把用不同语言编写的多个程序融合到一起实现无缝拼接，更好地发挥不同语言和工具的优势，满足不同应用领域的需求。所以 Python 程序看上去总是简单、易懂，初学者学 Python，不仅入门容易，而且将来容易深入下去，可以编写非常复杂的程序。

Python 同时支持伪编译，将 Python 源程序转换为字节码来优化程序和提高程序的运行速度，可以在没有安装 Python 解释器和相关依赖包的平台上运行。

许多大型网站是用 Python 开发的，例如 YouTube、Instagram，以及国内的豆瓣等。很多大公司，包括 Google、Yahoo 等，甚至 NASA（美国航空航天局）都大量地使用 Python。

任何编程语言都有缺点，Python 的缺点主要如下：

（1）运行速度慢。Python 和 C 程序相比非常慢，因为 Python 是解释型语言，代码在执行时会一行一行地翻译成 CPU 能理解的机器码，这个翻译过程非常耗时，所以很慢；而 C 程序是在运行前直接编译成 CPU 能执行的机器码，所以非常快。

（2）代码不能加密。发布 Python 程序，实际上就是发布源代码，这一点跟 C 语言不同，C 语言不用发布源代码，只需要把编译后的机器码（也就是在 Windows 上常见的 *.exe 文件）发布出去。从机器码反推出 C 代码是不可能的，所以凡是编译型语言都没有这个问题，而解释型语言，必须把源代码发布出去。

（3）用缩进来区分语句关系的方式给很多初学者带来了困惑，即便是很有经验的 Python 程序员也可能陷入陷阱之中。最常见的情况是 tab 和空格的混用会导致错误。

视频讲解

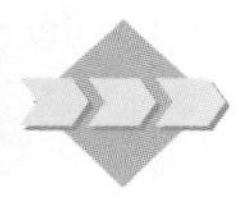

1.2 安装与运行 Python

Python 是跨平台的，它可以运行在 Windows、Mac 和 Linux/UNIX 系统上。在 Windows 上编写 Python 程序，放到 Linux 上也是能够运行的。

学习 Python 编程，首先需要把 Python 安装到计算机中，安装后会得到 Python 解释器（负责运行 Python 程序）、一个命令行交互环境，以及一个简单的集成开发环境。

目前 Python 有两个版本，一个是 2.x 版，另一个是 3.x 版。这两个版本是不兼容的。由于 3.x 版越来越普及，本书将以 Python 3.7 版本为基础进行介绍。

1.2.1 安装 Python

1）在 Mac 上安装 Python

如果使用 Mac，系统是 OS X 10.8～10.10，那么系统自带的 Python 版本是 2.7。如果要安装 Python 3.7，有以下两个方法。

方法一：从 Python 官网（http://www.python.org）下载 Python 3.7 的安装程序，双击运行并安装。

方法二：如果安装了 Homebrew，直接通过命令 brew install python3 安装即可。

2）在 Linux 上安装 Python

如果使用 Linux，假定用户有 Linux 系统管理经验，下载 Python-3.7.0b4.tgz，使用解压命令 tar -zxvf Python-3.7.0b4.tgz，切换到解压的安装目录，执行：

```
[root@www python]#cd Python-3.7.0
[root@www Python-3.7.0]#./configure
[root@www Python-3.7.0]#make
[root@www Python-3.7.0]#makeinstall
```

至此,安装完成。

输入 python,如果出现下面的提示:

```
Python 3.7.0 (#1, Aug 06 2015, 14:04:52)
[GCC 4.1.1 20061130 (Red Hat 4.1.1-43)] on linux2
Type "help", "copyright", "credits" or "license" for more information.
```

则说明安装成功了。因为 Linux 系统不一样,所以第二行有可能不同。

3) 在 Windows 上安装 Python

首先根据 Windows 版本(64 位还是 32 位)从 Python 的官方网站下载 Python 3.7 对应的 64 位安装程序或 32 位安装程序,然后运行下载的. exe 安装包。其安装界面如图 1-1 所示。

图 1-1 在 Windows 上安装 Python 3.7 的界面

特别要注意在图 1-1 中选中 Add Python 3.7 to PATH 复选框,然后单击 Install Now 完成安装。

1.2.2 运行 Python

在安装成功后输入 cmd,打开命令提示符窗口,输入 python,会出现如图 1-2 所示的命令提示符窗口。如果在该窗口中可以看到 Python 的版本信息,则说明 Python 安装成功。

提示符>>>表示已经在 Python 交互式环境中了,可以输入任何 Python 代码,按回车(即 Enter)键会立刻得到执行结果。现在输入 exit()并按回车键,就可以退出 Python 交互式环境(直接关掉命令提示符窗口也可以)。

如果得到错误提示:“python 不是内部或外部命令,也不是可运行的程序或批处理文件”,这是因为 Windows 会根据 Path 环境变量设定的路径去查找 python. exe,如果没有找

```
C:\Windows\system32\cmd.exe - python
Microsoft Windows [版本 6.1.7601]
版权所有 (c) 2009 Microsoft Corporation。保留所有权利。

C:\Users\xmj>python
Python 3.7.2 (tags/v3.7.2:9a3ffc0492, Dec 23 2018, 23:09:28) [MSC v.1916 64 bit
(AMD64)] on win32
Type "help", "copyright", "credits" or "license" for more information.
>>>
```

图 1-2　命令提示符窗口

到,就会报错。如果在安装时没有选中 Add Python 3.7 to PATH 复选框,那就要把 python.exe 所在的路径添加到 Path 环境变量中。如果不知道怎么修改环境变量,建议把 Python 安装程序重新运行一遍,务必要选中 Add Python 3.7 to PATH 复选框。

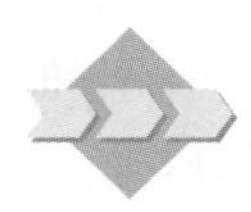

1.3　IDLE 简介

1.3.1　IDLE 的启动

在安装 Python 后,可以单击“开始”按钮,通过选择“所有程序”→Python 3.7→IDLE (Python 3.7)来启动 IDLE。IDLE 启动后的初始窗口如图 1-3 所示。

```
Python 3.7.2 Shell
File Edit Shell Debug Options Window Help
Python 3.7.2 (tags/v3.7.2:9a3ffc0492, Dec 23 2018, 23:09:28) [MSC v.1916 64 bit
(AMD64)] on win32
Type "help", "copyright", "credits" or "license()" for more information.
>>> |
                                                            Ln: 3 Col: 4
```

图 1-3　IDLE 的交互式编程模式(Python Shell)

启动 IDLE 后首先映入眼帘的是其 Python Shell,通过它可以在 IDLE 内部使用交互式编程模式来执行 Python 命令。

如果使用交互式编程模式,那么直接在 IDLE 提示符>>>后面输入相应的命令并按回车键执行即可,如果执行顺利,马上就可以看到执行结果,否则会抛出异常。

例如,查看已安装版本的方法(在所启动的 IDLE 界面的标题栏上也可以直接看到):

```
>>> import sys
>>> sys.version
```

结果:'3.7.2 (tags/v3.7.2:9a3ffc0492, Dec 23 2018, 23:09:28) [MSC v.1916 64 bit (AMD64)]'

```
>>> 3 + 4
```

结果：7

```
>>> 5/0
```

结果：

```
Traceback(most recent call last):
  File "<pyshell#3>", line 1, in <module>
    5/0
ZeroDivisionError: division by zero
```

除此之外，IDLE 有一个编辑器，用来编辑 Python 程序（或者脚本）文件；还有一个调试器，用来调试 Python 脚本。下面从 IDLE 的编辑器开始介绍。

用户可在 IDLE 界面中选择 File→New File 菜单项来启动编辑器（如图 1-4 所示），然后创建一个程序文件，输入代码并保存为文件（务必要保证扩展名为.py）。

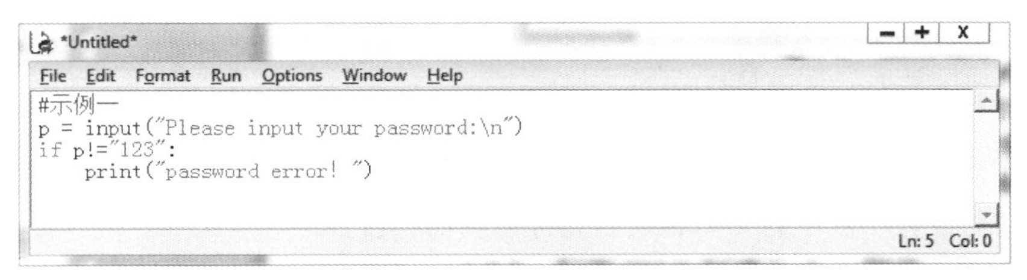

图 1-4　IDLE 的编辑器

1.3.2　利用 IDLE 创建 Python 程序

IDLE 为开发人员提供了许多有用的特性，例如自动缩进、语法高亮显示、单词自动完成以及命令历史等，利用这些特性能够有效地提高开发效率。下面通过一个实例对这些特性分别进行介绍。示例程序的源代码如下：

```
#示例一
p = input("Please input your password:\n")
if p!= "123":
   print("password error!")
```

从图 1-4 中可见不同部分颜色不同，即所谓的语法高亮显示，就是给代码中的不同元素使用不同的颜色进行显示。默认关键字（如 if）显示为橘红色，注释（如#示例一）显示为红色，字符串（如"Please input your password:\n"）显示为绿色，解释器的输出显示为蓝色。在输入代码时会自动应用这些颜色突出显示。语法高亮显示的好处是可以更容易地区分不同的语法元素，从而提高可读性；与此同时，语法高亮显示还降低了出错的可能性。例如，如果输入的变量名显示为橘红色，那么就需要注意了，这说明该名称与预留的关键字冲突，所以必须给变量更换名称。

单词自动完成指的是，当用户输入单词的一部分后，从 Edit 菜单中选择 Expand Word 菜单项，或者直接按 Alt+/组合键自动完成该单词。

当在 if 关键字所在行的冒号后面按回车键之后,IDLE 自动进行了缩进。一般情况下,IDLE 将代码缩进一级,即 4 个空格。如果想改变这个默认的缩进量,可以从 Format 菜单中选择 New Indent Width 菜单项来进行修改。对于初学者来说,需要注意的是尽管自动缩进功能非常方便,但是不能完全依赖它,因为有时自动缩进未必完全符合用户的心意,所以还需要仔细检查一下。

在创建程序之后,从 File 菜单中选择 Save 菜单项保存程序。如果是新文件,会弹出 Save As 对话框,可以在该对话框中指定文件名和保存位置。保存后,文件名会自动显示在屏幕顶部的蓝色标题栏中。如果文件中存在尚未保存的内容,在标题栏的文件名前后会有星号出现。

1.3.3 IDLE 常用的编辑功能

下面介绍编写 Python 程序时常用的 IDLE 选项,按照不同的菜单分别列出,供初学者参考。对于 Edit 菜单,除了上面介绍的几个选项之外,常用的选项及解释如下。

- Undo:撤销上一次的修改。
- Redo:重复上一次的修改。
- Cut:将所选文本剪切至剪贴板。
- Copy:将所选文本复制到剪贴板。
- Paste:将剪贴板中的文本粘贴到光标所在的位置。
- Find:在窗口中查找单词或模式。
- Find in Files:在指定的文件中查找单词或模式。
- Replace:替换单词或模式。
- Go to Line:将光标定位到指定的行首。
- Expand Word:单词自动完成。
- Show Completions(Ctrl+Space):显示完整函数名。

对于 Format 菜单,常用的选项及解释如下。

- Indent Region:使所选内容右移一级,即增加缩进量。
- Dedent Region:使所选内容左移一级,即减少缩进量。
- Comment Out Region:将所选内容变成注释。
- Uncomment Region:去除所选内容每行前面的注释符。
- New Indent Width:重新设定制表位的缩进宽度,范围为 2~16,宽度为 2,相当于一个空格。
- Toggle Tabs:打开或关闭制表位。

1.3.4 在 IDLE 中运行和调试 Python 程序

1. 运行 Python 程序

如果要使用 IDLE 执行程序,可以从 Run 菜单中选择 Run Module 菜单项(或按 F5 键),该菜单项的功能是执行当前文件。对于示例程序,执行情况如图 1-5 所示。

用户输入的密码是 777,由于错误,输出“password error!”。

```
Python 3.7.2 Shell
File Edit Shell Debug Options Window Help
Python 3.7.2 (tags/v3.7.2:9a3ffc0492, Dec 23 2018, 23:09:28) [MSC v.1916 64 bit
(AMD64)] on win32
Type "help", "copyright", "credits" or "license()" for more information.
>>>
=========================== RESTART: D:\input.py ============================
Please input your password:
777
password error!
>>> |
                                                                    Ln: 8 Col: 4
```

图 1-5 运行界面

2. 使用 IDLE 的调试器调试程序

在软件开发过程中总免不了这样或那样的错误，其中有语法方面的，也有逻辑方面的。对于语法错误，Python 解释器能很容易地检测出来，这时它会停止程序的运行并给出错误提示。对于逻辑错误，解释器就没办法了，这时程序会一直执行下去，但是得到的运行结果却是错误的。所以经常需要对程序进行调试。

最简单的调试方法是直接显示程序数据，例如可以在某些关键位置用 print 语句显示出变量的值，从而确定有没有出错。但是这个办法比较麻烦，因为开发人员必须在所有可疑的地方都插入打印语句。等到程序调试完后，还必须将这些打印语句全部清除。

除此之外，还可以使用调试器来进行调试。利用调试器，可以分析被调试程序的数据，并监视程序的执行流程。调试器的功能包括暂停程序的执行、检查和修改变量、调用方法而不更改程序代码等。IDLE 也提供了一个调试器，帮助开发人员来查找逻辑错误。下面简单介绍 IDLE 的调试器的使用方法。

在 Python Shell 窗口中选择 Debug 菜单的 Debugger 菜单项，就可以启动 IDLE 的交互式调试器。这时 IDLE 会打开如图 1-6 所示的 Debug Control 调试窗口，在 Python Shell 窗口中输出[DEBUG ON]并且其后跟一个>>>提示符。这样就能像平时那样使用这个 Python Shell 窗口了，只不过现在输入的任何命令都是在调试器下。

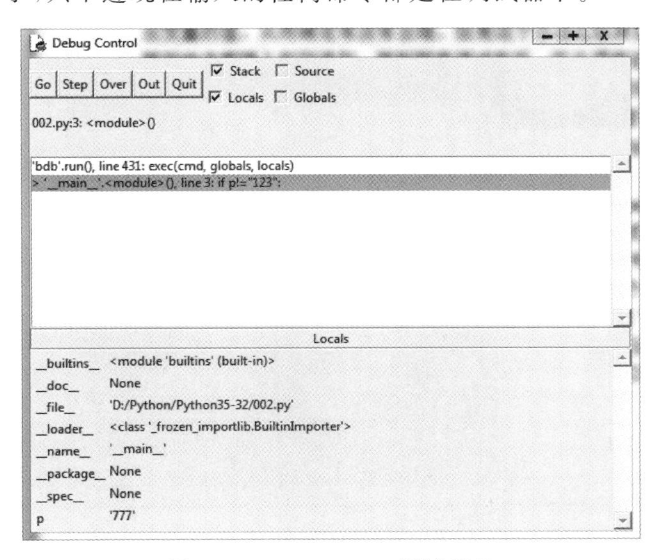

图 1-6 Debug Control 调试窗口

可以在 Debug Control 调试窗口中查看局部变量和全局变量等有关内容。如果要退出调试器，可以再次选择 Debug 菜单的 Debugger 菜单项，IDLE 会关闭 Debug Control 调试窗口，并在 Python Shell 窗口中输出[DEBUG OFF]。

1.3.5 在 PyCharm 中运行和调试 Python 程序

PyCharm 是一款功能强大的 Python IDE(集成开发环境)，带有一整套可以帮助用户在使用 Python 语言开发时提高其效率的工具，例如调试、语法高亮、Project 管理、代码跳转、智能提示、自动完成、单元测试、版本控制等。另外，PyCharm 还提供了一些很好的功能用于 Django 开发，同时支持 Google App Engine。这些功能使 PyCharm 成为 Python 专业开发人员和初学者的开发工具的首选。

1. 安装 PyCharm

PyCharm 的下载地址如下：

http://www.jetbrains.com/pycharm/download/#section=windows

进入该网站后，可以看到有 professional(专业)版和 community(社区)版，推荐安装社区版，因为是免费使用的。双击下载好的.exe 文件进行安装，首先选择安装目录，Pycharm 需要的内存较多，建议将其安装在 D 盘或者 E 盘。在安装过程中根据自己的计算机选择是 32 位还是 64 位，然后单击 Install 按钮开始安装。

2. 新建 Python 程序项目

在 PyCharm 中选择 File→Create New Project，进入 Create Project 对话框界面，在 Location 中选择新建 Python 程序的存储位置和项目名(例如 C:\Users\xmj\PycharmProjects\my1)，选择好后，单击 Create 按钮。

进入如图 1-7 所示的界面，右击项目名 my1，然后选择 New→Python File，在弹出的对话框中填写文件名(例如 first.py)。

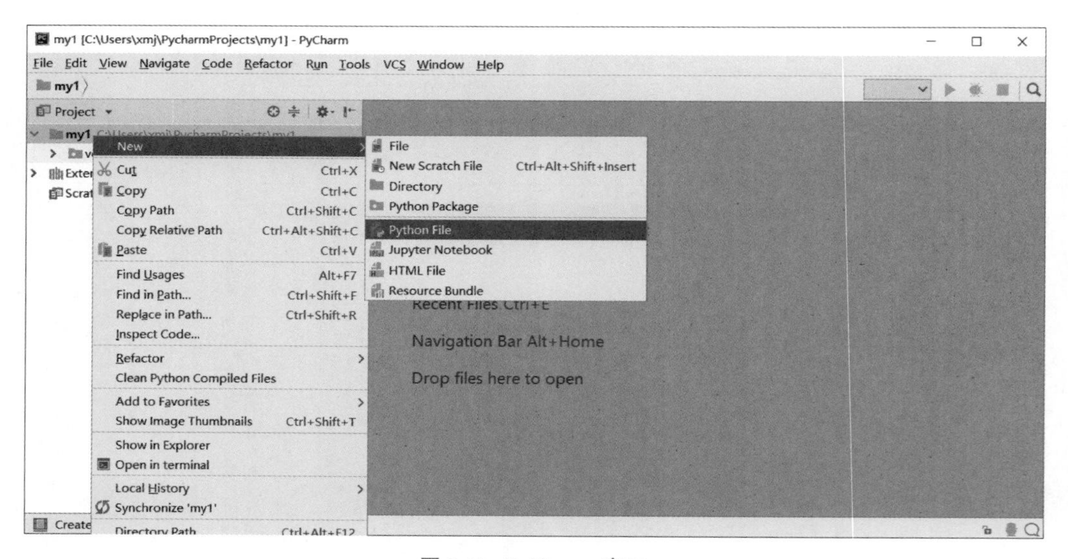

图 1-7 PyCharm 窗口

文件创建成功后便进入如图 1-8 所示的界面，在右侧编辑窗口中便可以编写自己的程序。

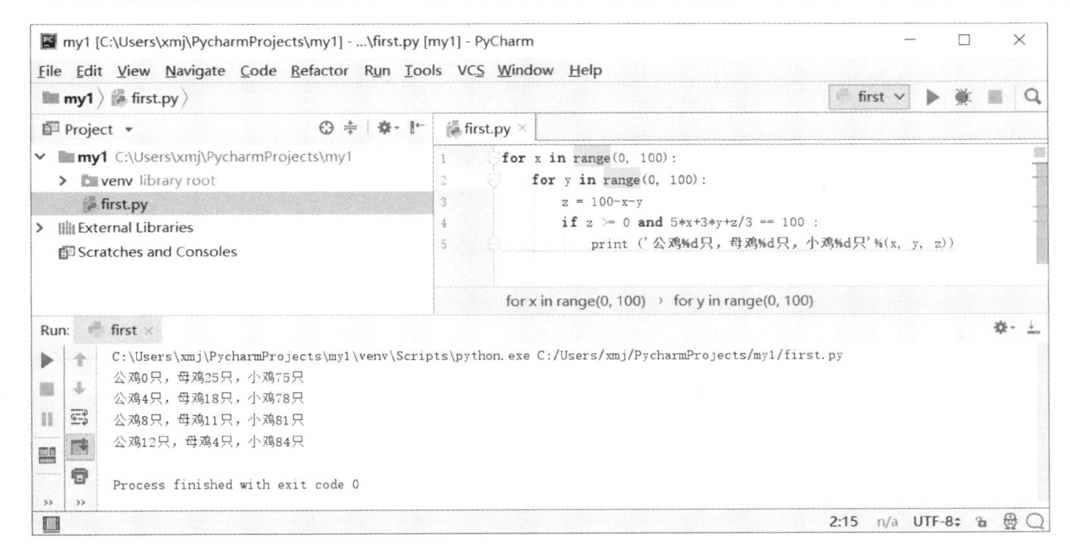

图 1-8　PyCharm 程序文件的编辑窗口

3. 运行和调试 Python 程序

编写好 Python 程序代码以后，在编写代码的窗口中右击，然后选择“Run first(程序的文件名)”，就可以运行 Python 程序；或者选择 Run→Run first(程序的文件名)运行 Python 程序。在图 1-8 所示界面的下端可以看到运行的结果。

当需要调试 Python 程序时，步骤如下：

(1) 设置断点。在需要调试的代码块的那一行行号右侧单击，出现一个红色圆点标志，就是断点(如图 1-9 所示的第 3 行)。

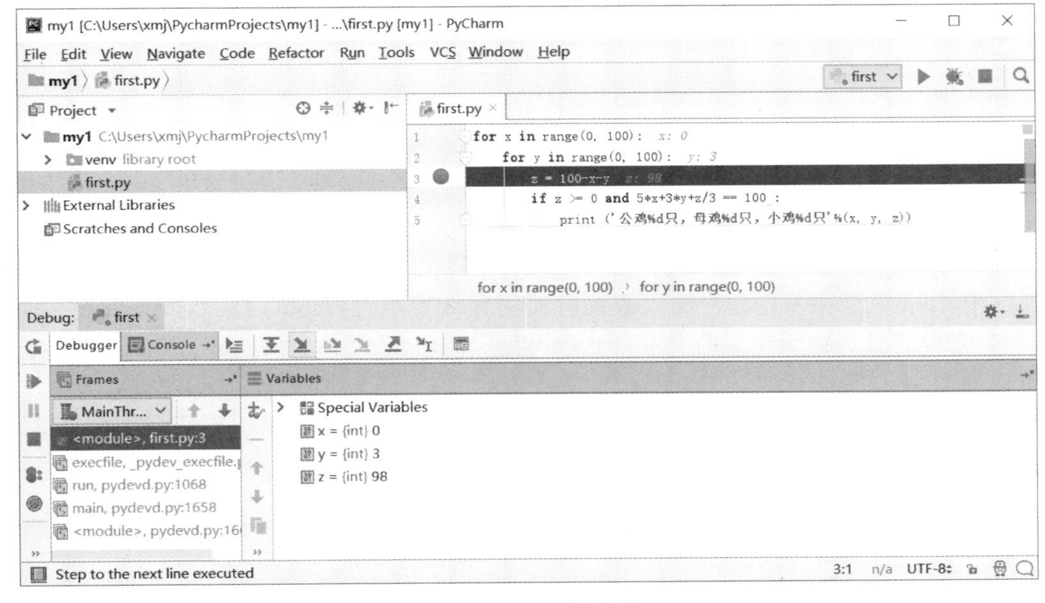

图 1-9　PyCharm 调试窗口

（2）右击代码编辑区，选择 Debug first（程序的文件名）命令调试程序；或者在工具栏中选择运行的文件 first.py，单击工具栏中的 (Debug)图标按钮。

（3）在图 1-9 中底部显示出 Debugger 控制台面板，单击 按钮(Step Over)开始逐步调试，每单击一次执行一步，并在解释区中显示变量内容。

（4）执行完最后一步，解释区会被清空。在整个过程中能清楚地看到代码的运行位置。

1.4 Python 基本输入/输出

1.4.1 Python 基本输入

用 Python 进行程序设计，输入是通过 input()函数来实现的。input()的一般格式如下：

```
x = input('提示：')
```

该函数返回输入的对象，可输入数字、字符串和其他任意类型对象。

尽管 Python 2.7 和 Python 3.7 形式一样，但是它们对该函数的解释略有不同。在 Python 2.7 中，该函数返回结果的类型由输入值时所使用的界定符来决定，例如下面的 Python 2.7 代码：

```
>>> x = input("Please input:")
Please input:3                          #没有界定符,整数
>>> print type(x)
<type 'int'>
>>> x = input("Please input:")
Please input:'3'                        #单引号,字符串
>>> print type(x)
<type 'str'>
```

在 Python 2.7 中还有另一个内置函数——raw_input()，也可以用来接收用户输入的值。与 input()函数不同的是，raw_input()函数返回结果的类型一律为字符串，而不论用户使用什么界定符。

在 Python 3.7 中不存在 raw_input()函数，只提供了 input()函数来接收用户的键盘输入。在 Python 3.7 中不论用户输入数据时使用什么界定符，input()函数的返回结果都是字符串，需要将其转换为相应的类型再处理，相当于 Python 2.7 中的 raw_input()函数。例如下面的 Python 3.7 代码：

```
>>> x = input('Please input:')
Please input:3
>>> print(type(x))
<class 'str'>
>>> x = input('Please input:')
```

```
Please input:'1'
>>> print(type(x))
<class 'str'>
>>> x = input('Please input:')
Please input:[1,2,3]
>>> print(type(x))
<class 'str'>
```

1.4.2 Python 基本输出

Python 2.7 和 Python 3.7 的输出方法也不完全一致。在 Python 2.7 中使用 print 语句进行输出，而在 Python 3.7 中使用 print()函数进行输出。

另外一个重要的不同是，对于 Python 2.7 而言，在 print 语句之后加上逗号“,”则表示输出内容之后不换行。例如：

```
for i in range(10):
    print i,
```

结果：0 1 2 3 4 5 6 7 8 9

在 Python 3.7 中，为了实现上述功能需要使用下面的方法：

```
for i in range(10,20):
    print(i, end = ' ')
```

结果：10 11 12 13 14 15 16 17 18 19

1.5 Python 代码规范

(1) 缩进。Python 程序是依靠代码块的缩进来体现代码之间的逻辑关系的，缩进结束就表示一个代码块结束了。对于类定义、函数定义、选择结构、循环结构，行尾的冒号表示缩进的开始。同一个级别的代码块的缩进量必须相同。

例如：

```
for i in range(10):            #循环输出数字 0～9
    print(i, end = ' ')
```

一般而言，以 4 个空格为基本缩进单位，而不要使用制表符 Tab。可以在 IDLE 开发环境中通过下面的操作进行代码块的缩进和反缩进：选择 Format→Indent Region/Dedent Region 菜单项。

(2) 注释。一个好的、可读性强的程序一般包含 20%以上的注释。常用的注释方式主要有以下两种。

方法一：以#开始，表示本行#之后的内容为注释。

```
#循环输出数字0～9
for i in range(10):
    print(i, end='')
```

方法二：包含在一对三引号'''…'''或"""…"""之间且不属于任何语句的内容将被解释器认为是注释。

```
'''循环输出数字0～9,可以为多行文字'''
for i in range(10):
    print(i, end='')
```

在IDLE开发环境中，可以通过下面的操作快速注释/解除注释大段内容：选择Format→Comment Out Region/Uncomment Region菜单项。

（3）每个import只导入一个模块，而不要一次导入多个模块。

```
>>> import math                          #导入math数学模块
>>> math.sin(0.5)                        #求0.5的正弦
>>> import random                        #导入random随机模块
>>> x = random.random()                  #获得[0,1)内的随机小数
>>> y = random.random()
>>> n = random.randint(1,100)            #获得[1,100]内的随机整数
```

“import random”可以一次导入多个模块，语法上可以但不提倡。

导入的次序是，先导入Python内置模块，再导入第三方模块，最后导入自己所开发项目中的其他模块。

不要使用from module import *，除非是import常量定义模块或其他可以确保不会出现命名空间冲突的模块。

（4）如果一行语句太长，可以在行尾加上反斜杠“\”来换行分成多行，但是建议使用圆括号来包含多行内容。例如：

```
x = '这是一个非常长非常长非常长非常长 \
    非常长非常长非常长非常长非常长的字符串'          #"\"来换行
x = ('这是一个非常长非常长非常长非常长 '
    '非常长非常长非常长非常长非常长的字符串')        #圆括号中的行会连接起来
```

又如：

```
if (width == 0 and height == 0 and
    color == 'red' and emphasis == 'strong'):   #圆括号中的行会连接起来
    y = '正确'
else:
    y = '错误'
```

(5) 必要的空格与空行。运算符两侧、函数参数之间、逗号两侧建议使用空格分开。不同功能的代码块之间、不同的函数定义之间建议增加一个空行,以增加可读性。

(6) 类名中的首字母大写。

(7) 常量名中的所有字母大写,由下画线连接各个单词。例如:

```
WHITE = 0XFFFFFF
THIS_IS_A_CONSTANT = 1
```

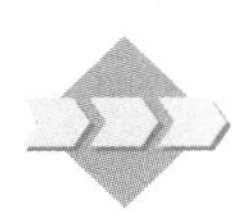

1.6 使用帮助

使用 Python 的帮助对学习和开发都是很重要的。在 Python 中可以使用 help()方法来获取帮助信息。其使用格式如下:

```
help(对象)
```

下面分 3 种情况进行说明。

1. 查看内置函数和类型的帮助信息

```
>>> help(max)
```

在 IDLE 的环境下输入上述命令,则出现内置 max 函数的帮助信息,如图 1-10 所示。

```
Python 3.5.0 Shell
File Edit Shell Debug Options Window Help
Python 3.5.0 (v3.5.0:374f501f4567, Sep 13 2015, 02:27:37) [MSC v.1900 64 bit (AMD64)] on win32
Type "copyright", "credits" or "license()" for more information.
>>> help(max)
Help on built-in function max in module builtins:

max(...)
    max(iterable, *[, default=obj, key=func]) -> value
    max(arg1, arg2, *args, *[, key=func]) -> value

    With a single iterable argument, return its biggest item. The
    default keyword-only argument specifies an object to return if
    the provided iterable is empty.
    With two or more arguments, return the largest argument.

>>> |
Ln: 15 Col: 4
```

图 1-10 内置 max 函数的帮助信息

```
>>> help(list)          # 可以获取 list 列表类型的成员方法
>>> help(tuple)         # 可以获取 tuple 元组类型的成员方法
```

2. 查看模块中的成员函数信息

```
>>> import os
>>> help(os.fdopen)
```

上例查看 os 模块中的 fdopen 成员函数信息，得到如下提示：

```
Help on function fdopen in module os:
fdopen(fd, *args, **kwargs)
    # Supply os.fdopen()
```

3. 查看整个模块的信息

使用 help(模块名)就能查看整个模块的帮助信息。注意，先用 import 导入该模块。例如，查看 math 模块的方法：

```
>>> import math
>>> help(math)
```

帮助信息如图 1-11 所示。

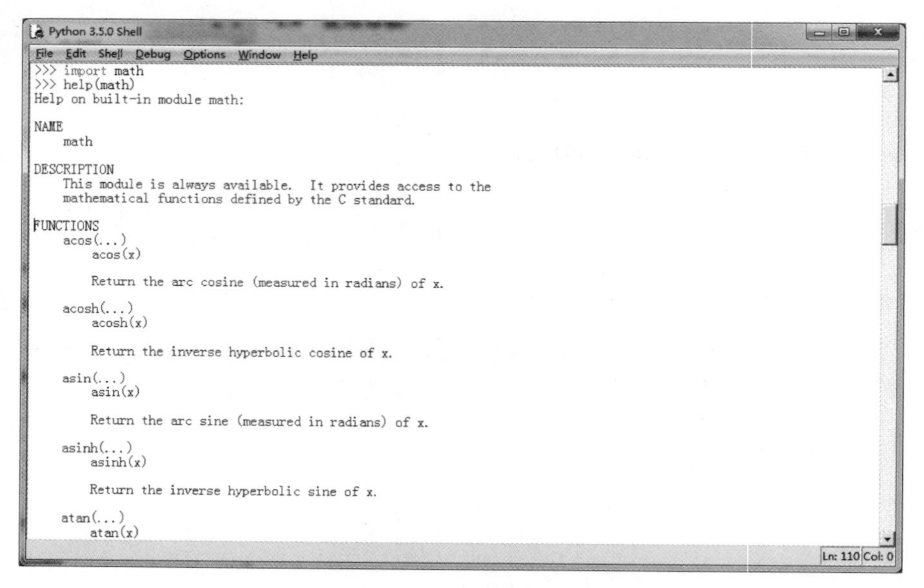

图 1-11 math 模块的帮助信息

查看 Python 中所有模块(modules)的方法：

```
>>> help("modules")
```

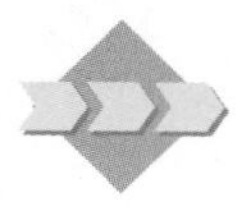

1.7 习题

1. Python 语言有哪些特点和缺点？
2. Python 基本输入/输出函数是什么？
3. 如何在 IDLE 中运行和调试 Python 程序？
4. 为什么要在程序中加入注释？怎样在程序中加入注释？

第2章

Python语法基础

数据类型是程序中最基本的概念，确定了数据类型才能确定变量的存储及操作。表达式是表示计算求值的式子。数据类型和表达式是程序员编写程序的基础。本章所介绍的内容都是进行 Python 程序设计的基础内容。

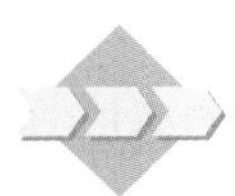

2.1 Python 数据类型

视频讲解

计算机程序可以处理各种数值。计算机不仅能处理数值，还可以处理文本、图形、音频、视频、网页等各种各样的数据。不同的数据需要定义不同的数据类型。

2.1.1 数值类型

Python 数值类型用于存储数值。Python 支持以下 4 种数值类型。

- 整型(int)：通常被称为整数，可以是正整数或负整数，不带小数点。
- 长整型(long)：无限大小的整数，整数最后是一个大写或小写的 L。在 Python 3 中只有一种整数类型 int，没有 Python 2 中的 long。
- 浮点型(float)：由整数部分和小数部分组成。浮点型也可以使用科学记数法表示(2.78e2 就是 $2.78\times10^2=278$)。
- 复数(complex)：由实数部分和虚数部分构成，可以用 a+bj 或者 complex(a,b)表示，复数的虚部以字母 j 或 J 结尾，例如 2+3j。

数值类型是不允许改变的，这就意味着如果改变数值类型的值，将重新分配内存空间。

2.1.2 字符串

字符串是 Python 中最常用的数据类型，可以使用引号来创建字符串。Python 不支持字符类型，单字符在 Python 中也是作为一个字符串使用的。在 Python 中使用单引号和双引号来表示字符串效果是一样的。

1. 创建和访问字符串

创建字符串很简单,只要为变量分配一个值即可。例如:

```
var1 = 'Hello World!'
var2 = "Python Programming"
```

Python 访问子字符串,可以使用方括号来截取字符串。例如:

```
var1 = 'Hello World!'
var2 = "Python Programming"
print("var1[0]: ", var1[0])          #取索引为 0 的字符,注意索引号从 0 开始
print("var2[1:5]: ", var2[1:5])      #切片
```

以上实例的执行结果如下:

```
var1[0]: H
var2[1:5]: ytho
```

说明:切片是字符串(或序列等)后跟一个方括号,方括号中有一对可选的数字,并用冒号分割,例如[1:5]。切片操作中的第一个数(冒号之前)表示切片开始的位置,第二个数(冒号之后)表示切片到哪里结束。

在切片操作中如果没有指定第一个数,Python 就从字符串(或序列等)首开始;如果没有指定第二个数,Python 会停止在字符串(或序列等)尾。注意,返回的切片内容从开始位置开始,刚好在结束位置之前结束。例如[1:5]取第 2 个字符到第 6 个字符之前(第 5 个字符)。

2. Python 转义字符

当需要在字符中使用特殊字符时,Python 用反斜杠(\)转义字符,如表 2-1 所示。

表 2-1 转义字符

转义字符	描述	转义字符	描述
\(在行尾时)	续行符	\n	换行
\\	反斜杠符号	\v	纵向制表符
\'	单引号	\t	横向制表符
\"	双引号	\r	回车
\a	响铃	\f	换页
\b	退格(Backspace)	\e	转义
\oyy	八进制数,yy 代表的字符,例如\o12 代表换行	\000	空
\xyy	十六进制数,yy 代表的字符,例如\x0a 代表换行		

3. Python 字符串运算符

Python 字符串运算符如表 2-2 所示。假设其中 a 变量的值为字符串"Hello",b 变量的值为"Python"。

表 2-2 Python 字符串运算符

运算符	描　述	示　例
+	字符串连接	a + b 输出结果：HelloPython
*	重复输出字符串	a * 2 输出结果：HelloHello
[]	通过索引获取字符串中的字符	a[1]输出结果：e
[:]	截取字符串中的一部分	a[1:4]输出结果：ell
in	成员运算符,如果字符串中包含给定的字符,则返回 True	'H' in a 输出结果：True
not in	成员运算符,如果字符串中不包含给定的字符,则返回 True	'M' not in a 输出结果：True
r 或 R	原始字符串,所有的字符串都是直接按照字面的意思来使用的,没有转义特殊或不能打印的字符。原始字符串除在字符串的第一个引号前加上字母"r"(可以为大写或小写)以外,与普通字符串有着几乎完全相同的语法	print(r'\n prints \n')和 print(R'\n prints \n')

4. 字符串格式化

Python 支持格式化字符串的输出。尽管这样可能会用到非常复杂的表达式,但最基本的用法是将一个值插入有字符串格式化符号的模板中。

在 Python 中,字符串格式化使用与 C 语言中的 printf 函数一样的语法。

```
print("我的名字是 %s 年龄是 %d " % ('xmj', 41))
```

Python 用一个元组将多个值传递给模板,每个值对应一个字符串格式化符号。上例将'xmj'插入%s 处,将 41 插入%d 处,所以输出结果如下:

```
我的名字是 xmj 年龄是 41
```

Python 字符串格式化符号如表 2-3 所示。

表 2-3 Python 字符串格式化符号

符号	描　述	符号	描　述
%c	格式化字符	%f	格式化浮点数,可指定小数点后的精度
%s	格式化字符串	%e	用科学记数法格式化浮点数
%d	格式化十进制整数	%E	作用同%e,用科学记数法格式化浮点数
%u	格式化无符号整数	%g	%f 和%e 的简写
%o	格式化八进制数	%G	%f 和%E 的简写
%x	格式化十六进制数	%p	用十六进制数格式化变量的地址
%X	格式化十六进制数(大写)		

字符串格式化举例：

```
charA = 65
charB = 66
print("ASCII 码值 65 代表： %c" % charA)
print("ASCII 码值 66 代表： %c" % charB)
Num1 = 0xFF
Num2 = 0xAB03
print('转换成十进制分别为： %d 和 %d' % (Num1, Num2))
Num3 = 1200000
print('转换成科学记数法为： %e' % Num3)
Num4 = 65
print('转换成字符为： %c' % Num4)
```

输出结果如下：

```
ASCII 码值 65 代表：A
ASCII 码值 66 代表：B
转换成十进制分别为：255 和 43779
转换成科学记数法为：1.200000e+06
转换成字符为：A
```

2.1.3 布尔类型

Python 支持布尔类型的数据，布尔类型只有 True 和 False 两种值，但是布尔类型有以下几种运算。

and(与运算)：只有两个布尔值都为 True 时，计算结果才为 True。

```
True and True      #结果是 True
True and False     #结果是 False
False and True     #结果是 False
False and False    #结果是 False
```

or(或运算)：只要有一个布尔值为 True，计算结果就是 True。

```
True or True      #结果是 True
True or False     #结果是 True
False or True     #结果是 True
False or False    #结果是 False
```

not(非运算)：把 True 变为 False，或者把 False 变为 True。

```
not True     #结果是 False
not False    #结果是 True
```

布尔运算在计算机中用来做条件判断,根据计算结果为 True 或者 False,计算机可以自动执行不同的后续代码。

在 Python 中,布尔类型还可以与其他数据类型做 and、or 和 not 运算,这时下面的几种情况会被认为是 False:为 0 的数字,包括 0、0.0;空字符串''、"";表示空值的 None;空集合,包括空元组()、空序列[]、空字典{}。其他的值都为 True。例如:

```
a = 'python'
print(a and True)       #结果是 True
b = ''
print(b or False)       #结果是 False
```

2.1.4 空值

空值是 Python 中一个特殊的值,用 None 表示。它不支持任何运算,也没有任何内置函数方法。None 和任何其他的数据类型比较永远返回 False。在 Python 中未指定返回值的函数会自动返回 None。

2.1.5 Python 数据类型转换

Python 数据类型转换函数如表 2-4 所示。

表 2-4 数据类型转换函数

转换函数	描述
int(x [,base])	将 x 转换为一个整数
long(x [,base])	将 x 转换为一个长整数
float(x)	将 x 转换为一个浮点数
complex(real [,imag])	创建一个复数
str(x)	将对象 x 转换为字符串
repr(x)	将对象 x 转换为表达式字符串
eval(str)	用来计算字符串中的有效 Python 表达式,并返回一个对象
tuple(s)	将序列 s 转换为一个元组
list(s)	将序列 s 转换为一个列表
chr(x)	将一个 ASCII 整数(Unicode 编码)转换为一个字符
ord(x)	将一个字符转换为它的 ASCII 整数值(汉字为 Unicode 编码)
bin(x)	将整数 x 转换为二进制字符串,例如 bin(24)的结果是'0b11000'
oct(x)	将整数 x 转换为八进制字符串,例如 oct(24)的结果是'0o30'
hex(x)	将整数 x 转换为十六进制字符串,例如 hex(24)的结果是'0x18'
chr(i)	返回整数 i 对应的 ASCII 字符,例如 chr(65)的结果是'A'

例如:

```
x = 20                          #八进制为 24
y = 345.6
print(oct(x))                   #打印结果是 0o24
```

```
print(int(y))                  #打印结果是 345
print(float(x))                #打印结果是 20.0
print(chr(65))                 #A 的 ASCII 码值为 65,打印结果是 A
print(ord('B'))                #B 的 ASCII 码值为 66,打印结果是 66
print(ord('中'))               #'中'的 Unicode 为 20013,打印结果是 20013
print(chr(20018))              #'串'的 Unicode 为 20018,打印结果是'串'
```

视频讲解

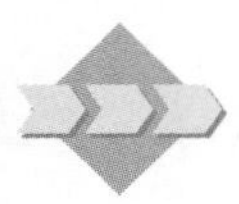

2.2　变量和常量

2.2.1　变量

变量的概念基本上和初中代数方程中的变量一致，只是在计算机程序中变量不仅可以是数字，还可以是任意数据类型。

变量在程序中用一个变量名表示，变量名必须是大/小写英文、数字和_的组合，且不能以数字开头。例如：

```
a = 1            #变量 a 是一个整数
t_007 = 'T007'   #变量 t_007 是一个字符串
Answer = True    #变量 Answer 是一个布尔值 True
```

在 Python 中，“=”是赋值语句运算符，可以把任意数据类型赋值给变量，同一个变量可以反复赋值，而且可以是不同类型的变量。例如：

```
a = 123          #a 是整数
a = 'ABC'        #a 变为字符串
```

这种变量本身类型不固定的语言称为动态语言，与之对应的是静态语言。静态语言在定义变量时必须指定变量类型，如果赋值的时候类型不匹配，就会报错。例如，C 语言是静态语言，赋值语句如下（//表示注释）：

```
int a = 123;      // a 是整数类型变量
a = "ABC";        // 错误,不能把字符串赋给整型变量
```

和静态语言相比，动态语言更灵活就是这个原因。

不要把赋值语句的等号等同于数学中的等号。例如下面的代码：

```
x = 10
x = x + 2
```

如果从数学上理解 x=x+2，那么无论如何都是不成立的。在程序中，赋值语句先计算右侧的表达式 x+2，得到结果 12，再赋给变量 x。由于 x 之前的值是 10，重新赋值后 x 的值变成 12。

理解变量在计算机内存中的表示也非常重要。例如：

```
a = 'ABC'
```

Python 解释器做了以下两件事情。

➢ 在内存中创建一个'ABC'字符串。

➢ 在内存中创建一个名为 a 的变量，并把它指向'ABC'，如图 2-1 所示。

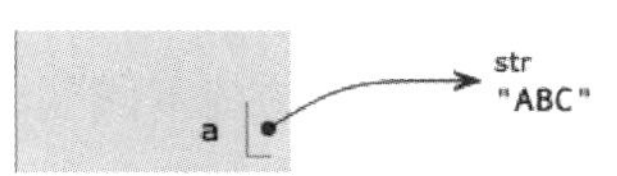

图 2-1 a 变量指向'ABC'

用户也可以把一个变量 a 赋值给另一个变量 b，这个操作实际上是把变量 b 指向变量 a 所指向的数据。例如下面的代码：

```
a = 'ABC'
b = a
a = 'XYZ'
print(b)
```

最后一行打印出变量 b 的内容到底是'ABC'还是'XYZ'呢？如果从数学意义上理解，就会错误地得出 b 和 a 相同，也应该是'XYZ'，但实际上 b 的值是'ABC'。这里一行一行地执行代码，就可以看到到底发生了什么事。

（1）执行 a='ABC'，Python 解释器创建了字符串'ABC'和变量 a，并把 a 指向'ABC'。

（2）执行 b=a，解释器创建了变量 b，并把 b 指向 a 指向的字符串'ABC'，如图 2-2 所示。

（3）执行 a='XYZ'，解释器创建了字符串'XYZ'，并把 a 的指向改为'XYZ'，但 b 没有更改，如图 2-3 所示。

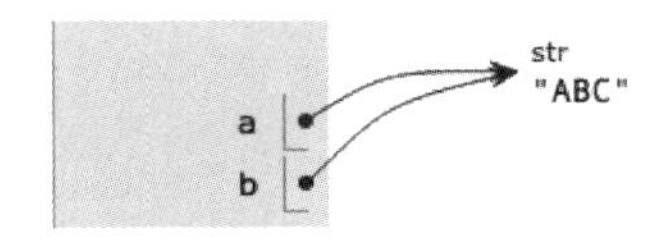

图 2-2 a、b 变量指向'ABC'

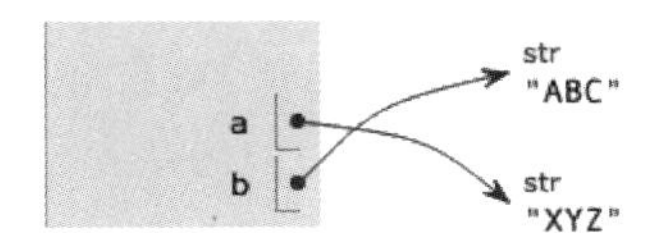

图 2-3 a 变量指向'XYZ'

所以，最后打印变量 b 的结果自然是'ABC'了。

内置的 type()函数可以用来查询变量的数据类型。

```
>>> a = 20
>>> print(type(a))
<class 'int'>
```

当变量不再需要时，Python 会自动回收内存空间，也可以使用 del 语句删除一些变量。del 语句的语法如下：

```
del var1[,var2[,var3[ … ,varN]]]
```

可以通过使用 del 语句删除单个或多个变量对象。例如：

```
del a              #删除单个变量对象
del a, b           #删除多个变量对象
```

2.2.2 常量

所谓常量就是不能变的变量，例如常用的数学常数 π 就是一个常量。在 Python 中通常用全部大写的变量名表示常量。例如：

```
PI = 3.14159265359
```

但事实上 PI 仍然是一个变量，Python 根本没有任何机制保证 PI 不会被改变，所以用全部大写的变量名表示常量只是一个习惯上的用法，实际上可以改变变量 PI 的值。

视频讲解

2.3 运算符与表达式

在程序中，表达式是用来计算求值的，它是由运算符（操作符）和运算数（操作数）组成的式子。运算符是表示进行某种运算的符号。运算数包含常量、变量和函数等。例如在表达式 4+5 中，4 和 5 被称为操作数，+被称为运算符。

下面分别对 Python 中的运算符和表达式进行介绍。

2.3.1 运算符

Python 语言支持以下几种运算符：算术运算符、比较（即关系）运算符、逻辑运算符、赋值运算符、位运算符、成员运算符、标识运算符。

1. 算术运算符

算术运算符实现数学运算。Python 语言中的算术运算符如表 2-5 所示。假设其中变量 a=10、变量 b=20。

表 2-5 Python 语言中的算术运算符

运算符	描　述	示　例
+	加法	a+b=30
-	减法	a-b=-10
*	乘法	a * b=200
/	除法	b/a=2
%	模运算符或求余运算符，返回余数	b%a=0；7%3=1
**	指数，执行对操作数的幂计算	a ** b=10^{20}（10 的 20 次方）
//	整除，其结果是将商的小数点后的数舍去	9//2=4，而 9.0//2.0=4.0

注意：

（1）Python 语言中算术表达式的乘号（ * ）不能省略。例如，数学式 b^2-4ac 相应的表达式应该写成 b * b-4 * a * c。

(2) Python 语言的表达式中只能出现字符集允许的字符。例如，数学式 πr^2 相应的表达式应该写成 math.pi*r*r，其中 math.pi 是 Python 已经定义的模块变量。

例如：

```
>>> import math
>>> math.pi
```

其结果为 3.141592653589793。

(3) Python 语言中的算术表达式只能使用圆括号改变运算的优先顺序(不能使用{}或[ ])，可以使用多层圆括号，此时左、右括号必须配对，运算时从内层括号开始，由内向外依次计算表达式的值。

2. 关系运算符

关系运算符用于对两个值进行比较，运算结果为 True(真)或 False(假)。Python 语言中的关系运算符如表 2-6 所示。假设其中变量 a=10、变量 b=20。

表 2-6 Python 语言中的关系运算符

运算符	描　　述	示　　例
==	检查两个操作数的值是否相等，如果是则结果为 True	(a == b)为 False
!=	检查两个操作数的值是否相等，如果不是则结果为 True	(a != b)为 True
>	检查左操作数的值是否大于右操作数的值，如果是则结果为 True	(a > b)为 False
<	检查左操作数的值是否小于右操作数的值，如果是则结果为 True	(a < b)为 True
>=	检查左操作数的值是否大于或等于右操作数的值，如果是则结果为 True	(a >= b)为 False
<=	检查左操作数的值是否小于或等于右操作数的值，如果是则结果为 True	(a <= b)为 True

关系运算符的优先级低于算术运算符。例如，a+b>c 等价于(a+b)>c。

3. 逻辑运算符

在 Python 中提供了以下 3 种逻辑运算符。

- and：逻辑与，二元运算符。
- or：逻辑或，二元运算符。
- not：逻辑非，一元运算符。

设 a 和 b 是两个参加运算的逻辑量，a and b 的意义是，当 a、b 均为真时，表达式的值为真，否则为假；a or b 的含义是，当 a、b 均为假时，表达式的值为假，否则为真；not a 的含义是，当 a 为假时，表达式的值为真，否则为假。逻辑运算符如表 2-7 所示。

表 2-7 Python 语言中的逻辑运算符

运算符	描　　述	示　　例
and	逻辑与运算符。如果两个操作数都是真(非零)，则结果为真	(True and True)为 True
or	逻辑或运算符。如果两个操作数至少有一个为真(非零)，则结果为真	(True or False)为 True
not	逻辑非运算符，用于反转操作数的逻辑状态。如果操作数为真，则返回 False，否则返回 True	not (True and True)为 False

例如：

```
x = True
y = False
print("x and y = ", x and y)
print("x or y = ", x or y)
print("not x = ", not x)
print("not y = ", not y)
```

以上实例的执行结果如下：

```
x and y = False
x or y = True
not x = False
not y = True
```

注意：

（1）x>1 and x<5 是判断数 x 是否大于 1 且小于 5 的逻辑表达式。

（2）如果逻辑表达式的操作数不是逻辑值 True 和 False，Python 则将非 0 作为真，将 0 作为假进行运算。

例如，当 a=0，b=4 时，a and b 的结果为假(0)，a or b 的结果为真(4)。

```
>>> a = 0
>>> b = 4
>>> print(a and b)          #结果为 0
0
>>> print(a or b)           #结果为 4
4
```

说明：Python 中的 or 是从左向右计算表达式，返回第一个为真的值。

在 Python 中若逻辑值 True 作为数值则为 1，若逻辑值 False 作为数值则为 0。

```
>>> True + 5      #结果为 6
6
```

由于 True 作为数值则为 1，所以 True+5 的结果为 6。

```
>>> False + 5      #结果为 5
5
```

逻辑值 False 作为数值则为 0，所以 False+5 的结果为 5。

4. 赋值运算符

赋值运算符"="的一般格式为：

```
变量 = 表达式
```

它表示将其右侧的表达式求出结果,赋给其左侧的变量。例如:

```
i=3*(4+5)        #i的值变为27
```

说明:

(1) 赋值运算符的左边必须是变量,右边可以是常量、变量、函数调用或由常量、变量、函数调用组成的表达式。例如:

```
x=10
y=x+10
y=func()
```

都是合法的赋值表达式。

(2) 赋值符号"="不同于数学中的等号,它没有相等的含义。

例如,x=x+1 是合法的(数学上不合法)。它的含义是取出变量 x 的值加 1,再存放到变量 x 中。

赋值运算符如表 2-8 所示。

表 2-8 Python 语言中的赋值运算符

运算符	描　　述	示　　例
=	直接赋值	c = a
+=	加法赋值	c += a 相当于 c = c + a
-=	减法赋值	c -= a 相当于 c = c - a
*=	乘法赋值	c *= a 相当于 c = c * a
/=	除法赋值	c /= a 相当于 c= c / a
%=	取模赋值	c %= a 相当于 c= c % a
**=	指数幂赋值	c **= a 相当于 c = c ** a
//=	整除赋值	c //= a 相当于 c = c // a

(3) 如果需要为多个变量赋相同的值,可以简写为如下形式:

```
a=b=3
```

上述语句等价于如下语句:

```
a=3
b=3
```

如果需要为多个变量赋不同的值,可以简写为如下形式:

```
a,b,c=3,4,5        #同时赋值,即 a=3,b=4,c=5
```

5. 位运算符

位(bit)是计算机中表示信息的最小单位,位运算符作用于位和位操作。Python 中的位运算符有按位与(&)、按位或(|)、按位异或(^)、按位求反(~)、左移(<<)、右移(>>)。

位运算符是对操作数按其二进制形式逐位进行运算,参与位运算的操作数必须为整数。下面分别进行介绍。

假设 a=60 且 b=13,现在以二进制格式表示它们的位运算,如下:

```
a  =      0011 1100
b  =      0000 1101
-------------------
a&b  =    0000 1100
a|b  =    0011 1101
a^b  =    0011 0001
~a  =     1100 0011
```

1) 按位与(&)

运算符"&"将其两边的操作数的对应位逐一进行逻辑与运算。每位二进制数(包括符号位)均参与运算。例如:

```
          a = 3
          b = 18
          c = a & b
          a  0000  0011
&         b  0001  0010
-----------------------
          c  0000  0010
```

所以,变量 c 的值为 2。

2) 按位或(|)

运算符"|"将其两边的操作数的对应位逐一进行逻辑或运算。每一位二进制数(包括符号位)均参加运算。例如:

```
          a = 3
          b = 18
          c = a | b
          a    0000  0011
|         b    0001  0010
-------------------------
          c    0001  0011
```

所以,变量 c 的值为 19。

注意:尽管在位运算过程中按位进行逻辑运算,但位运算表达式的值不是一个逻辑值。

3) 按位异或(^)

运算符"^"将其两边的操作数的对应位逐一进行逻辑异或运算。每一位二进制数(包括符号位)均参加运算。异或运算的定义是:若对应位相异,则结果为 1;若对应位相同,则结果为 0。

例如：

```
         a = 3
         b = 18
         c = a^ b
         a    0000  0011
^        b    0001  0010
--------------------------
         c    0001  0001
```

所以，变量 c 的值为 17。

4）按位求反（～）

运算符“～”是一元运算符，结果将操作数的对应位逐一取反。

例如：

```
         a = 3
         c = ~a
~        a    00000011
------------------------
         c    11111100
```

所以，变量 c 的值为－4。因为补码形式带符号二进制数的最高位为 1，所以是负数。

5）左移（<<）

设 a、n 是整型量，左移运算的一般格式为 a << n，其意义是将 a 按二进制位向左移动 n 位，移出的高 n 位舍弃，低 n 位补 0。

例如 a＝7，a 的二进制形式是 0000 0000 0000 0111，做 x＝a << 3 运算后 x 的值是 0000 0000 0011 1000，其十进制数是 56。

左移一个二进制位，相当于乘以 2 的操作；左移 n 个二进制位，相当于乘以 2^n 的操作。

左移运算有溢出问题，因为整数的最高位是符号位，当左移一位时，若符号位不变，则相当于乘以 2 的操作；若符号位变化，则发生溢出。

6）右移（>>）

设 a、n 是整型量，右移运算的一般格式为 a >> n，其意义是将 a 按二进制位向右移动 n 位，移出的低 n 位舍弃，高 n 位补 0 或 1。若 a 是有符号的整型数，则高位补符号位；若 a 是无符号的整型数，则高位补 0。

右移一个二进制位，相当于除以 2 的操作；右移 n 个二进制位，相当于除以 2^n 的操作。例如：

```
>>> a = 7
>>> x = a >> 1
>>> print(x)      # 输出结果为 3
```

a＝7，做 x＝a >> 1 运算后 x 的值是 3。

6. 成员运算符

除了前面讨论的运算符以外,Python 语言中还有成员运算符,用于判断序列中是否有某个成员。成员运算符如表 2-9 所示。

表 2-9 Python 语言中的成员运算符

运算符	描 述	示 例
in	x in y,如果 x 是序列 y 的成员,则计算结果为 True,否则为 False	3 in [1,2,3,4]的计算结果为 True 5 in [1,2,3,4]的计算结果为 False
not in	x not in y,如果 x 不是序列 y 的成员,则计算结果为 True,否则为 False	3 not in [1,2,3,4]的计算结果为 False 5 not in [1,2,3,4]的计算结果为 True

7. 标识运算符

标识运算符用于比较两个对象的内存位置。标识运算符如表 2-10 所示。

表 2-10 Python 语言中的标识运算符

运算符	描 述	示 例
is	如果运算符两侧的变量指向相同的对象,计算结果为 True,否则为 False	如果 id(x)的值为 id(y),x 为 y,这时 x is y 结果是 True
is not	如果两侧的变量运算符指向相同的对象,计算结果为 False,否则为 True	当 id(x)不等于 id(y),x 不为 y,这时 x is not y 结果是 True

8. 运算符优先级

当一个表达式中出现多种运算时,将按照预先确定的顺序计算并解析各个部分,这个顺序称为运算符优先级。当表达式包含不止一种运算符时,按照表 2-11 所示的优先级规则进行计算。表 2-11 列出了从最高优先级到最低优先级的所有运算符。

表 2-11 Python 中运算符的优先级

优先级	运 算 符	描 述	优先级	运 算 符	描 述
1	**	幂	8	<=、<、>、>=	比较(即关系)运算符
2	~、+、-	求反、一元加号、一元减号	9	==、!=	比较(即关系)运算符
3	*、/、%、//	乘、除、取模、整除	10	=、%=、/=、//=、-=、+=、*=、**=	赋值运算符
4	+、-	加法、减法	11	is、is not	标识运算符
5	>>、<<	左、右按位移动	12	in、not in	成员运算符
6	&	按位与	13	not、or、and	逻辑运算符
7	^、|	按位异或、按位或			

2.3.2 表达式

表达式是一个或多个运算的组合。Python 语言的表达式与其他语言的表达式没有显著的区别。每个符合 Python 语言规则的表达式的计算结果都是一个确定的值。对于常量、变量的运算和对于函数的调用都可以构成表达式。

在本书后续章节中介绍的序列、函数、对象都可以成为表达式的一部分。

【例 2-1】 已知计算三角形面积的海伦公式如下，其中 $p=(a+b+c)/2$。假设三角形的 3 条边输入为 3、4、5，试计算其组成的三角形的面积。

$$s=\sqrt{p(p-a)(p-b)(p-c)}$$

分析：计算公式除了三角形 3 条边 a、b、c 以外，还有参数 p，所以要先计算 p 才能计算其面积。平方根的运算可以使用 math 库中的 sqrt 方法。

```
import math
a = int(input("边长 a: "))
b = int(input("边长 b: "))
c = int(input("边长 c: "))
p = (a + b + c) /2
s = math.sqrt (p * (p - a) * (p - b) * (p - c))        #注意表达式中的乘号不能省略
print("三角形的面积: ",s)
```

执行以上代码的输出结果如下：

```
边长 a: 3↙ (输入 a 的值,↙表示回车)
边长 b: 4↙
边长 c: 5↙
三角形的面积:6
```

【例 2-2】 从键盘输入一个三位整数，计算并输出其百位、十位和个位上的数字。

```
x = input("输入一个三位整数: ")
x = int(x)
b = x//100            #获取百位数字
s = (x//10) % 10      #获取十位数字
g = x % 10            #获取个位数字
print("百位",b,"十位",s,"个位",g)
```

程序运行时，从键盘输入 356，则运行结果如下：

```
输入一个三位整数: 356↙
百位 3 十位 5 个位 6
```

2.4 序列数据结构

数据结构是计算机存储、组织数据的方式。序列是 Python 中最基本的数据结构。序列中的每个元素都分配一个数字，即它的位置或索引，第一个索引是 0，第二个索引是 1，以此类推。另外，也可以使用负数索引值访问元素，-1 表示最后一个元素，-2 表示倒数第二个元素。序列都可以进行的操作包括索引、截取（切片）、加、乘、成员检查。Python 已经内置确定序列的长度以及确定最大和最小元素的方法。Python 最常见的内置序列类型是列表、元组和字符串。Python还提供了字典和集合这样的数据结构，它们属于无顺序的数据集合体，不能通过位置索引来访问数据元素。

视频讲解

2.4.1 列表

列表(list)是最常用的Python数据类型，列表的数据项不需要具有相同的类型。列表类似其他语言的数组，但功能比数组强大得多。

创建一个列表，只要把逗号分隔的不同数据项使用方括号括起来即可。实例如下：

```
list1 = ['中国', '美国', 1997, 2000]
list2 = [1, 2, 3, 4, 5 ]
list3 = ["a", "b", "c", "d"]
```

列表索引从0开始。列表可以进行截取(切片)、组合等。

1. 访问列表中的值

可以使用下标索引来访问列表中的值，同样也可以使用方括号切片的形式截取。实例如下：

```
list1 = ['中国', '美国', 1997, 2000]
list2 = [1, 2, 3, 4, 5, 6, 7 ]
print("list1[0]: ", list1[0])
print("list2[1:5]: ", list2[1:5])
print("list2[1:-2]: ", list2[1:-2])    #索引号-2,实际就是正索引号5
print("list2[1:5:2]: ", list2[1:5:2])  #步长step是2,当步长step为负数时,表示反向切片
print("list2[::-1]: ", list2[::-1])    #切片实现倒序输出
```

以上实例的输出结果如下：

```
list1[0]: 中国
list2[1:5]: [2, 3, 4, 5]
list2[1:-2]: [2, 3, 4, 5]
list2[1:5:2]: [2, 4]
list2[::-1]: [7, 6, 5, 4, 3, 2, 1]
```

2. 更新列表

可以对列表的数据项进行修改或更新。实例如下：

```
list = ['中国', '美国', 1997, 2000]
print("Value available at index 2: ")
print(list[2])
list[2] = 2001;
print("New value available at index 2: ")
print(list[2])
```

以上实例的输出结果如下：

```
Value available at index 2:
1997
New value available at index 2:
2001
```

3. 删除列表元素

方法一：使用 del 语句删除列表的元素。实例如下：

```
list1 = ['中国', '美国', 1997, 2000]
print(list1)
del list1[2]
print("After deleting value at index 2: ")
print(list1)
```

以上实例的输出结果如下：

```
['中国', '美国', 1997, 2000]
After deleting value at index 2:
['中国', '美国', 2000]
```

方法二：使用 remove()方法删除列表的元素。实例如下：

```
list1 = ['中国', '美国', 1997, 2000]
list1.remove(1997)
list1.remove('美国')
print(list1)
```

以上实例的输出结果如下：

```
['中国', 2000]
```

方法三：使用 pop()方法删除列表中指定位置的元素，无参数时删除最后一个元素。实例如下：

```
list1 = ['中国', '美国', 1997, 2000]
list1.pop(2)            # 删除位置 2 的元素 1997
list1.pop()             # 删除最后一个元素 2000
print(list1)
```

以上实例的输出结果如下：

```
['中国', '美国']
```

4. 添加列表元素

可以使用 append()方法在列表的末尾添加元素。实例如下：

```
list1 = ['中国', '美国', 1997, 2000]
list1.append(2003)
print(list1)
```

以上实例的输出结果如下：

```
['中国', '美国', 1997, 2000, 2003]
```

5. 列表的排序

Python 列表有一个内置的排序方法 list.sort()，可以对原列表进行排序，还有一个内置函数 sorted()，它会从原列表构建一个新的排序列表。例如：

```
list1 =[5, 2, 3, 1, 4]
list1.sort()                    #list1 是[1, 2, 3, 4, 5]
```

调用 sorted()函数即可，它会返回一个新的已排序列表。

```
list1 =[5, 2, 3, 1, 4]
list2 = sorted([5, 2, 3, 1, 4])        #list2 是[1, 2, 3, 4, 5],list1 不变
```

list.sort()和 sorted()可以接受布尔值的 reverse 参数，这用于标记是否降序排序。

```
list1 =[5, 2, 3, 1, 4]
list1.sort(reverse = True)      #list1 是[5, 4, 3, 2, 1],True 表示降序排序,False 表示升序排序
```

6. 定义多维列表

可以将多维列表视为列表的嵌套，即多维列表的元素值也是一个列表，只是维度比父列表小 1。二维列表(即其他语言的二维数组)的元素值是一维列表，三维列表的元素值是二维列表。例如定义一个二维列表：

```
list2 = [["CPU", "内存"], ["硬盘","声卡"]]
```

二维列表比一维列表多一个索引，可以通过如下方式获取元素：

```
列表名[索引 1][索引 2]
```

例如定义 3 行 6 列的二维列表，打印出元素值。

```
rows = 3
cols = 6
matrix = [[0 for col in range(cols)] for row in range(rows)]      #列表生成式
for i in range(rows):
    for j in range(cols):
```

```
        matrix[i][j] = i * 3 + j
        print(matrix[i][j],end = ",")
    print('\n')
```

以上实例的输出结果如下：

```
0,1,2,3,4,5,
3,4,5,6,7,8,
6,7,8,9,10,11,
```

列表生成式即 List Comprehensions，是 Python 内置的一种极其强大的生成列表的表达式，详见 3.2.5 节。本例中第 3 行生成的列表如下：

```
matrix = [[0, 0, 0, 0, 0, 0], [0, 0, 0, 0, 0, 0], [0, 0, 0, 0, 0, 0]]
```

7. Python 列表的操作符

列表对＋和 * 的操作与字符串相似。＋用于组合列表，* 用于重复列表。Python 列表的操作符如表 2-12 所示。

表 2-12 Python 列表的操作符

Python 表达式	描 述	结 果
len([1,2,3])	长度	3
[1, 2, 3] + [4, 5, 6]	组合	[1,2,3,4,5,6]
['Hi!'] * 4	重复	['Hi!','Hi!','Hi!','Hi!']
3 in [1,2,3]	元素是否存在于列表中	True
for x in [1,2,3]: print(x, end=" ")	迭代	1 2 3

Python 列表的方法和相关内置函数如表 2-13 所示。假设列表名为 list。

表 2-13 Python 列表的方法和相关内置函数

方 法	功 能
list.append(obj)	在列表末尾添加新的对象
list.count(obj)	统计某个元素在列表中出现的次数
list.extend(seq)	在列表的末尾一次性追加另一个序列中的多个值(用新列表扩展原来的列表)
list.index(obj)	从列表中找出某个值的第一个匹配项的索引位置
list.insert(index, obj)	将对象插入列表
list.pop(index)	移除列表中的一个元素(默认最后一个元素)，并且返回该元素的值
list.remove(obj)	移除列表中某个值的第一个匹配项
list.reverse()	反转列表中元素的顺序
list.sort([func])	对原列表进行排序
len(list)	内置函数，返回列表中元素的个数
max(list)	内置函数，返回列表中元素的最大值
min(list)	内置函数，返回列表中元素的最小值
list(seq)	内置函数，将元组转换为列表

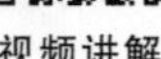

2.4.2 元组

Python 的元组(tuple)与列表类似,不同之处在于元组的元素不能修改。元组使用圆括号(),列表使用方括号[]。元组中元素的类型也可以不相同。

1. 创建元组

元组的创建很简单,只需要在圆括号中添加元素,并使用逗号隔开即可。实例如下:

```
tup1 = ('中国', '美国', 1997, 2000)
tup2 = (1, 2, 3, 4, 5 )
tup3 = "a", "b", "c", "d"
```

如果创建空元组,只需写空括号即可。

```
tup1 = ()
```

当元组中只包含一个元素时,需要在第一个元素的后面添加逗号。

```
tup1 = (50,)
```

元组与字符串类似,下标索引从 0 开始,可以进行截取、组合等。

2. 访问元组

可以使用下标索引来访问元组中的值。实例如下:

```
tup1 = ('中国', '美国', 1997, 2000)
tup2 = (1, 2, 3, 4, 5, 6, 7 )
print("tup1[0]: ", tup1[0])                # 输出元组的第 1 个元素
print("tup2[1:5]: ", tup2[1:5])            # 切片,输出从第 2 个元素开始到第 5 个元素
print(tup2[2:])                            # 切片,输出从第 3 个元素开始的所有元素
print(tup2 * 2)                            # 输出元组两次
```

以上实例的输出结果如下:

```
tup1[0]: 中国
tup2[1:5]: (2, 3, 4, 5)
(3, 4, 5, 6, 7)
(1, 2, 3, 4, 5, 6, 7, 1, 2, 3, 4, 5, 6, 7)
```

3. 元组的连接

元组中的元素值是不允许修改的,但可以对元组进行连接组合。实例如下:

```
tup1 = (12, 34,56)
tup2 = (78, 90)
# tup1[0] = 100                            # 修改元组的元素,操作是非法的
tup3 = tup1 + tup2                         # 连接元组,创建一个新的元组
print(tup3)
```

以上实例的输出结果如下：

```
(12, 34, 56, 78, 90)
```

4. 删除元组

元组中的元素值是不允许删除的，但可以使用 del 语句来删除整个元组。实例如下：

```
tup = ('中国', '美国', 1997, 2000);
print(tup)
del tup
print("After deleting tup: ")
print(tup)
```

以上实例元组被删除后，输出变量会有异常信息，输出如下：

```
('中国', '美国', 1997, 2000)
After deleting tup:
NameError: name 'tup' is not defined
```

5. 元组的操作符

与字符串一样，元组之间可以使用＋和 * 进行运算。这就意味着它们可以组合和复制，运算后会生成一个新的元组。Python 元组的操作符如表 2-14 所示。

表 2-14　Python 元组的操作符

Python 表达式	描　　述	结　　果
len((1,2,3))	计算元素的个数	3
(1,2,3) + (4,5,6)	连接	(1, 2, 3, 4, 5, 6)
('a','b') * 4	复制	('a','b','a','b','a','b','a','b')
3 in (1,2,3)	元素是否存在	True
for x in (1,2,3): print(x, end=" ")	遍历元组	1 2 3

Python 元组包含了如表 2-15 所示的内置函数。

表 2-15　Python 元组的内置函数

函　　数	描　　述	函　　数	描　　述
len(tuple)	计算元组中元素的个数	min(tuple)	返回元组中元素的最小值
max(tuple)	返回元组中元素的最大值	tuple(seq)	将列表转换为元组

例如：

```
tup1 = (12, 34, 56, 6, 77)
y = min(tup1)
print(y)                #输出结果：6
```

注意：可以使用元组一次性对多个变量赋值。例如：

```
>>>(x,y,z) = (1,2,3)   #或者 x,y,z = 1,2,3
>>> print(x,y,z)       #输出结果:1 2 3
```

如下代码可以实现 x、y 的交换：

```
>>> x,y = y,x
>>> print(x,y)      #输出结果:2 1
```

6. 元组与列表的转换

因为元组数不能改变，所以将元组转换为列表，从而可以改变数据。实际上列表、元组和字符串之间是可以互相转换的，需要使用 3 个函数，即 str()、tuple()和 list()。

可以使用下面的方法将元组转换为列表：

列表对象＝list(元组对象)

```
tup = (1, 2, 3, 4, 5)
list1 =  list(tup)          #元组转换为列表
print(list1)               #返回[1, 2, 3, 4, 5]
```

可以使用下面的方法将列表转换为元组：

列表对象＝ tuple(列表对象)

```
nums = [1, 3, 5, 7, 8, 13, 20]
print(tuple(nums))          #列表转换为元组,返回(1, 3, 5, 7, 8, 13, 20)
```

将列表转换为字符串，代码如下：

```
nums = [1, 3, 5, 7, 8, 13, 20]
str1 =  str(nums)       #列表转换为字符串,返回含方括号及逗号的'[1, 3, 5, 7, 8, 13, 20]'字符串
print(str1[2])          #打印出逗号,因为字符串中索引号为 2 的元素是逗号
num2 = ['中国', '美国', '日本', '加拿大']
str2 =  "%"
str2 =  str2.join(num2)     #用百分号连接起来的字符串——'中国%美国%日本%加拿大'
str2 =  ""
str2 =  str2.join(num2)     #用空字符连接起来的字符串——'中国美国日本加拿大'
```

视频讲解

2.4.3 字典

Python 字典(dictionary)是一种可变容器模型，且可存储任意类型对象，例如字符串、数值、元组等其他容器模型。字典也被称作关联数组或哈希表。

1. 创建字典

字典由键和对应值(key=> value)成对组成。在字典的每个键-值对中键和值用冒号分

隔,键-值对之间用逗号分隔,整个字典包括在花括号中。其基本语法如下:

```
d = {key1: value1, key2: value2}
```

注意:键必须是唯一的,但值不必。值可以取任何数据类型,但键必须是不可变的,例如字符串、数值或元组。

一个简单的字典实例如下:

```
dict = {'xmj': 40,'zhang': 91,'wang': 80}
```

也可以如下创建字典:

```
dict1 = {'abc': 456}
dict2 = {'abc': 123, 98.6: 37}
```

字典有如下特性。

(1) 字典值可以是任何 Python 对象,例如字符串、数值、元组等。

(2) 同一个键不允许出现两次。在创建时如果同一个键被赋值两次,后一个值会覆盖前面的值。

```
dict = {'Name': 'xmj', 'Age': 17, 'Name': 'Manni'}
print("dict['Name']: ", dict['Name'])
```

以上实例的输出结果如下:

```
dict['Name']: Manni
```

(3) 键必须不可变,所以可以用数值、字符串或元组充当,用列表就不可以。实例如下:

```
dict = {['Name']: 'Zara', 'Age': 7};
```

以上实例输出错误结果:

```
Traceback(most recent call last):
  File "<pyshell#0>", line 1, in <module>
    dict = {['Name']: 'Zara', 'Age': 7}
TypeError: unhashable type: 'list'
```

2. 访问字典中的值

在访问字典中的值时,把相应的键放入方括号中。实例如下:

```
dict = {'Name': '王海', 'Age': 17, 'Class': '计算机一班'}
print("dict['Name']: ", dict['Name'])
```

```
print("dict['Age']: ", dict['Age'])
```

以上实例的输出结果如下：

```
dict['Name']: 王海
dict['Age']: 17
```

如果用字典中没有的键访问数据，会输出错误信息：

```
dict = {'Name': '王海', 'Age': 17, 'Class': '计算机一班'}
print("dict['sex']: ", dict['sex'])
```

由于没有 sex 键，以上实例输出错误结果：

```
Traceback(most recent call last):
  File "<pyshell#10>", line 1, in <module>
    print("dict['sex']: ", dict['sex'] )
KeyError: 'sex''
```

3. 修改字典

向字典中添加新内容的方法是增加新的键-值对、修改或删除已有键-值对。实例如下：

```
dict = {'Name': '王海', 'Age': 17, 'Class': '计算机一班'}
dict['Age'] = 18                          #更新键-值对(update existing entry)
dict['School'] = "中原工学院"              #增加新的键-值对(add new entry)
print("dict['Age']: ", dict['Age'])
print("dict['School']: ", dict['School'])
```

以上实例的输出结果如下：

```
dict['Age']: 18
dict['School']: 中原工学院
```

4. 删除字典中的元素

del()方法允许用户使用键从字典中删除元素(条目)。clear()方法可以清空字典中的所有元素。

删除一个字典用 del 命令。实例如下：

```
dict = {'Name': '王海', 'Age': 17, 'Class': '计算机一班'}
del dict['Name']        #删除键为'Name'的元素(条目)
dict.clear()            #清空字典中的所有元素
del dict                #删除字典,用 del 删除后字典不再存在
```

5. in 运算

字典中的 in 运算用于判断某键是否在字典中，对于值（value）不适用。此功能与 has_key(key)方法的功能相似，Python 3.x 不支持该功能。

```
dict = {'Name': '王海', 'Age': 17, 'Class': '计算机一班'}
print('Age' in dict)      #等价于 print(dict.has_key('Age'))
```

以上实例的输出结果如下：

```
True
```

6. 获取字典中的所有值

dict.values()以列表形式返回字典中的所有值。此方法的返回类型实际上是 dict_values 类型（属于迭代器），可以通过 list()函数将 dict.values()的返回类型转换为列表。

```
dict = {'Name': '王海', 'Age': 17, 'Class': '计算机一班'}
print(dict.values())            #返回类型为<class'dict_values'>
print(list(dict.values()))      #转换为列表
```

以上实例的输出结果如下：

```
dict_values(['王海', 17, '计算机一班'])
[17, '王海', '计算机一班']
```

7. 获取字典中的所有键

dict.keys()以列表形式返回字典中的所有键。此方法的返回类型实际上是 dict_ keys 类型（属于迭代器），可以通过 list()函数将返回类型转换为列表。

```
dict = {'Name': '王海', 'Age': 17, 'Class': '计算机一班'}
print(dict.keys())            #返回类型为<class'dict_keys'>
print(list(dict.keys ()))     #转换为列表
```

以上实例的输出结果如下：

```
dict_keys(['Name', 'Age', 'Class'])
['Name', 'Age', 'Class']
```

8. items()方法

items()方法把字典中的每对 key 和 value 组成一个元组，并把这些元组放在列表中返回。

注意：字典打印出来的顺序与创建之初的顺序不同，这不是错误。字典中的各个元素并没有顺序之分（因为不需要通过位置查找元素），因此在存储元素时进行了优化，使字典的存储和查询效率最高。这也是字典和列表的另一个区别：列表保持元素的相对关系，即序列关系；而字典是完全无序的，也称为非序列。如果想保持一个集合中元素的顺序，需要使用列表，而不是字典。大家需要知道从 Python 3.6 版本开始，字典进行优化后变成有顺序的，字典输出的顺序与创建之初的顺序相同，但仍不能使用位置下标索引访问。

字典方法和相关内置函数如表 2-16 所示。假设字典名为 dict1。

表 2-16　字典方法和相关内置函数

函　　数	函数描述
dict1.clear()	删除字典内的所有元素
dict1.copy()	返回一个字典副本(浅复制)
dict1.fromkeys(seq,value)	创建一个新字典，以序列 seq 中的元素作为字典的键，value 为字典中所有键对应的初始值
dict1.get(key, default=None)	返回指定键的值，如果值不在字典中，则返回 default 值
dict1.has_key(key)	如果键在字典 dict1 中，返回 True，否则返回 False(Python 3.0 以后的版本已经删除此方法)
dict1.items()	以列表形式返回可遍历的(键，值)元组数组
dict1.keys()	以列表形式返回一个字典中的所有键
dict1.setdefault(key, default=None)	和 get()类似，但如果键不存在于字典中，将会添加键并将值设为 default
dict1.update(dict2)	把字典 dict2 的键-值对更新到 dict1 中
dict1.values()	以列表形式返回字典中的所有值
cmp(dict1, dict2)	内置函数，比较两个字典元素
len(dict)	内置函数，计算字典中元素的个数，即键的总数
str(dict)	内置函数，输出字典可打印的字符串表示
type(variable)	内置函数，返回输入的变量类型，如果变量是字典，则返回字典类型

2.4.4　集合

集合(set)是一个无序不重复元素的序列。集合的基本功能是进行成员关系的测试和删除重复元素。

1. 创建集合

可以使用花括号{}或者 set()函数创建集合，注意创建一个空集合必须用 set()而不是用{ }，因为{ }是用来创建一个空字典的。set()创建集合，其参数必须是可迭代的，即为一个序列、字典、迭代器等。

```
s1 = set("hello")          #利用字符串创建字典
print(s1)                  #输出{'l', 'h', 'o', 'e'},因为是无序的
print(type(s1))            #输出<class 'set'>
s2 = set([3,5,9,10])  #创建一个数值集合
student = {'Tom', 'Jim', 'Mary', 'Tom', 'Jack', 'Rose'}
print(student)             #输出集合{'Jack', 'Rose', 'Mary', 'Jim', 'Tom'},重复的元素被自动去掉
```

由于集合内的数据是不重复的，因此集合常用来对列表数据进行“去重操作”。

```
student = ['Tom', 'Jim', 'Mary', 'Tom', 'Jack', 'Rose']
score = [12, 34,11, 12, 15, 34]
s1 = set(student)        # {'Rose', 'Jim', 'Jack', 'Tom', 'Mary'}
s2 = set(score)          # {34, 11, 12, 15}
```

2. 成员测试

由于集合本身是无序的，所以不能对集合进行索引或切片操作，只能循环遍历，或者使用 in、not in 来判断集合元素存在/不存在。

```
if('Rose' in student) :
    print('Rose 在集合中')
else:
    print('Rose 不在集合中')
```

以上实例的输出结果如下：

```
Rose 在集合中
```

3. 集合运算

可以使用“-”“|”“&”“^”运算符进行集合的差集、并集、交集和对称集运算。

```
#set 可以进行集合运算
a = set('abcd')          # a = {'a', 'b', 'c', 'd'}
b = set('cdef')          # b = {'c', 'd', 'e', 'f'}
print(a)
print("a 和 b 的差集:", a - b)                  # a 和 b 的差集
print("a 和 b 的并集:", a | b)                  # a 和 b 的并集
print("a 和 b 的交集:", a & b)                  # a 和 b 的交集
print("a 和 b 中不同时存在的元素:", a ^ b)  # a 和 b 中不同时存在的元素(对称集)
```

以上实例的输出结果如下：

```
{'a', 'c', 'd', 'b'}
a 和 b 的差集:{'a', 'b'}
a 和 b 的并集:{'b', 'a', 'f', 'd', 'c', 'e'}
a 和 b 的交集:{'c', 'd'}
a 和 b 中不同时存在的元素:{'a', 'e', 'f', 'b'}
```

4. 向集合中添加元素

add()方法用于向集合中添加元素，如果添加的元素已经存在，则不执行任何操作。

```
s1 = set(("Google", "Baidu", "Taobao"))
s1.add("Facebook")
print(s1) #输出{'Taobao', 'Facebook', 'Google', 'Baidu'}
```

update()方法也可以添加元素，且参数可以是列表、元组、字典等。它可以有多个参数，用逗号分开。

```
s1 = set(("Google", "Baidu", "Taobao"))
s1.update([1,2,3])
print(s1) #输出{1, 2, 3, 'Taobao', 'Google', 'Baidu'}
```

5. 删除集合元素

remove(x)方法用于将元素 x 从集合 s1 中删除，如果元素不存在，则会发生 KeyError 错误。

```
s1 = set(("Google", "Baidu", "Taobao"))
s1.remove("Baidu")
print(s1) #输出{'Taobao', 'Google'}
```

用户还可以使用 pop()方法从集合中删除元素并且返回一个任意的值。

```
s1 = set(("Google", "Baidu", "Taobao"))
a = s1.pop() #返回一个任意的值，例如'Baidu'
b = s1.pop() #返回一个任意的值，例如'Taobao'
```

6. 删除集合中的所有元素

clear()方法用于删除集合中的所有元素。

```
s1 = set(("Google", "Baidu", "Taobao"))
s1.clear() #空集合
```

7. 集合关系的子集和超集

当一个集合 s 中的元素包含另一个集合 t 中的所有元素时，称集合 s 是集合 t 的超集，反过来，称 t 是 s 的子集。当两个集合中的元素相同时，两个集合等价。子集、超集方法和对应运算符如表 2-17 所示。

表 2-17　子集、超集方法和对应运算符

方　法	运算符	含　义
s.issubset(t)	s<=t	s 是 t 的子集，返回 True，否则返回 False
s.issuperset(t)	s>=t	s 是 t 的超集，返回 True，否则返回 False
—	s==t	s 是否与 t 相等，如果是，返回 True，否则返回 False

```
x = {1, 2, 3, 4}
x2 = {2, 6}
y = {2, 4, 5, 6}
#子集和超集
print(x.issubset(y))            #False
print(y.issuperset(x2))         #True
```

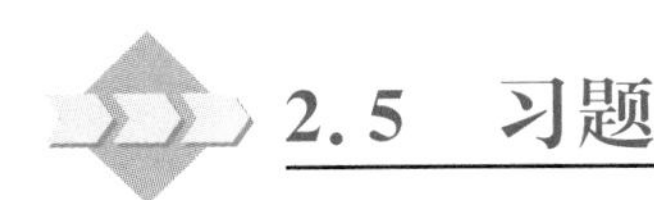

2.5 习题

1. Python 数据类型有哪些？分别有什么用途？

2. 把下列数学表达式转换成等价的 Python 表达式。

(1) $\frac{-b+\sqrt{b^2-4ac}}{2a}$　　(2) $\frac{x^2+y^2}{2a^2}$　　(3) $\frac{x+y+z}{\sqrt{x^3+y^3+z^3}}$

(4) $\frac{(3+a)^2}{2c+4d}$　　(5) $2\sin\left(\frac{x+y}{2}\right)\cos\left(\frac{x-y}{2}\right)$

提示：math.sin(x)函数返回 x 弧度的正弦值，math.cos(x)函数返回 x 弧度的余弦值，math.sqrt(x)函数返回 x 的平方根。函数的内容请参考第 4 章。

3. 数学上的 $3<x<10$ 表示成正确的 Python 表达式为________。

4. 以 3 为实部、4 为虚部，Python 复数的表达形式为________。

5. 表达式[1,2,3]*3 的执行结果为____________________。

6. 假设列表对象 aList 的值为[3,4,5,6,7,9,11,13,15,17]，那么切片 aList[3:7]得到的值是____________________。

7. 语句[5 for i in range(10)]的执行结果为____________________。

8. Python 内置函数________可以返回列表、元组、字典、集合、字符串以及 range 对象中元素的个数。

9. 计算下列表达式的值(可在上机时验证)，设 a=7，b=−2，c=4。

(1) 3 * 4 ** 5 / 2　　(2) a * 3 % 2

(3) a%3 + b * b − c//5　　(4) b ** 2 − 4 * a * c

10. 求列表 s=[9,7,8,3,2,1,55,6]中的元素个数、最大数、最小数。如何在列表 s 中添加一个元素 10？如何从列表 s 中删除一个元素 55？

11. 元组与列表的主要区别是什么？s=(9,7,8,3,2,1,55,6)能添加元素吗？

12. 已知有列表 lst=[54,36,75,28,50]，请完成以下操作：

(1)在列表的尾部插入元素 52；(2)在元素 28 的前面插入 66；(3)删除并输出 28；(4)将列表按降序排序；(5)清空整个列表。

13. 有以下 3 个集合，集合成员分别是会 Python、C、Java 语言的人名。

```
Pythonset = {'王海', '李黎明', '王铭年', '李晗'}
Cset = {'朱佳', '李黎明', '王铭年', '杨鹏'}
Javaset = {'王海', '杨鹏', '王铭年', '罗明', '李晗'}
```

请使用集合运算输出只会 Python 不会 C 的人和 3 种语言都会使用的人各有哪些。

第3章

Python控制语句

对于 Python 程序中的执行语句，默认是按照书写顺序依次执行的，称这样的语句是顺序结构的。但是仅有顺序结构是不够的，因为有时需要根据特定的情况有选择地执行某些语句，这时就需要一种选择结构的语句。另外，还可以在给定条件下重复执行某些语句，这时称这些语句是循环结构的。有了这 3 种基本的结构，就能够构建任意复杂的程序了。

视频讲解

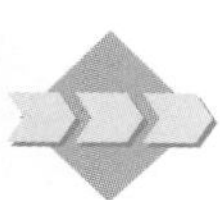

3.1 选择结构

3 种基本程序结构中的选择结构可用 if 语句、if…else 语句和 if…elif…else 语句实现。

3.1.1 if 语句

Python 中 if 语句的功能跟其他语言非常相似，都是用来判断给出的条件是否满足，然后根据判断的结果(即真或假)决定是否执行给出的操作。if 语句是一种单选结构，它选择的是做或不做。它由 3 部分组成，即关键字 if 本身、测试条件真假的表达式(简称为条件表达式)和表达式结果为真(即表达式的值为非 0)时要执行的代码。if 语句的语法形式如下：

```
if 表达式:
    语句 1
```

if 语句的流程图如图 3-1 所示。

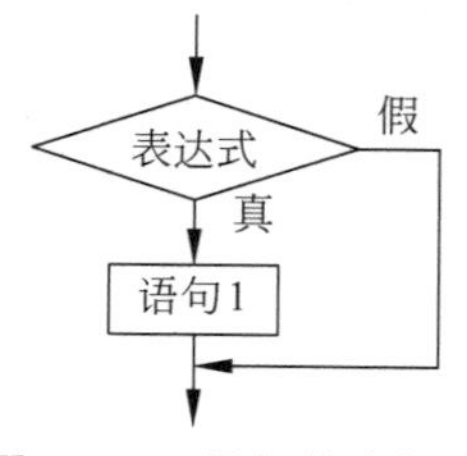

图 3-1 if 语句的流程图

if 语句的表达式用于判断条件，可以用>(大于)、<(小于)、==(等于)、>=(大于或等于)、<=(小于或等于)来表示其关系。

下面用一个示例程序演示 if 语句的用法。程序很简单，只要用户输入一个整数，如果这个数大于 6，那么就输出一行字符串，否则直接退出程序。代码如下：

```
# 比较输入的整数是否大于 6
a = input("请输入一个整数: ")        # 取得一个字符串
a = int(a)                          # 将字符串转换为整数
if a > 6:
    print( a, "大于 6")
```

通常,每个程序都会有输入与输出,这样可以与用户进行交互。用户输入一些信息,程序对输入的内容进行一些适当的操作,然后输出用户想要的结果。Python 可以用 input 进行输入,用 print 进行输出,这些都是简单的控制台输入与输出,复杂的有处理文件等。

3.1.2 if…else 语句

上面的 if 语句是一种单选结构,也就是说,如果条件为真(即表达式的值为非 0),执行指定的操作,否则跳过该操作。if…else 语句是一种双选结构,在两种备选行动中选择一个。if…else 语句由 5 部分组成,即关键字 if、测试条件真假的表达式、表达式结果为真(即表达式的值为非 0)时要执行的代码,以及关键字 else 和表达式结果为假(即表达式的值为 0)时要执行的代码。if…else 语句的语法形式如下:

```
if 表达式:
    语句 1
else:
    语句 2
```

if…else 语句的流程图如图 3-2 所示。

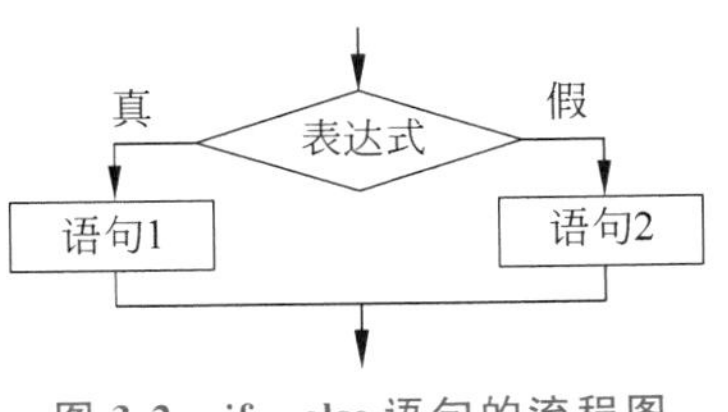

图 3-2 if…else 语句的流程图

下面对上面的示例程序进行修改,以演示 if…else 语句的使用方法。程序很简单,只要用户输入一个整数,如果这个数大于 6,那么就输出一行信息,指出输入的数大于 6,否则输出另一行字符串,指出输入的数小于或等于 6。代码如下:

```
a = input("请输入一个整数: ")   # 取得一个字符串
a = int(a)                     # 将字符串转换为整数
if a > 6:
    print(a, "大于 6")
else:
    print(a, "小于或等于 6")
```

【例 3-1】 任意输入 3 个数,按从小到大的顺序输出。

分析: 先将 x 与 y 比较,把较小者放入 x 中,较大者放入 y 中;再将 x 与 z 比较,把较小者放入 x 中,较大者放入 z 中,此时 x 为三者中的最小者;最后将 y 与 z 比较,把较小者放入 y 中,较大者放入 z 中,此时 x、y、z 已按由小到大的顺序排列。

```
x = input('x = ')                  # 输入 x
y = input('y = ')                  # 输入 y
```

```
z = input('z = ')              #输入 z
if x > y:
    x, y = y, x                #x 与 y 互换
if x > z:
    x, z = z, x                #x 与 z 互换
if y > z:
    y, z = z, y                #y 与 z 互换
print(x, y, z)
```

假如 x、y、z 分别输入 1、4、3，以上代码的输出结果如下：

```
x = 1↙  (输入 x 的值,↙表示回车)
y = 4↙  (输入 y 的值)
z = 3↙  (输入 z 的值)
1 3 4
```

其中，“x, y = y, x”这种语句同时赋值，将赋值号右侧的表达式依次赋给左侧的变量。例如，“x, y = 1, 4”就相当于“x=1; y=4”的效果，可见 Python 语法非常简洁。

3.1.3 if…elif…else 语句

有时候需要在多组动作中选择一组执行，这时就会用到多选结构，对于 Python 语言来说就是 if…elif…else 语句。该语句可以利用一系列条件表达式进行检查，并在某个表达式为真的情况下执行相应的代码。需要注意的是，虽然 if…elif…else 语句的备选动作较多，但是有且只有一组动作被执行。该语句的语法形式如下：

```
if 表达式 1:
    语句 1
elif 表达式 2:
    语句 2
    ⋮
elif 表达式 n:
    语句 n
else:
    语句 n+1
```

注意：最后一个 elif 子句之后的 else 子句没有进行条件判断，它实际上处理跟前面所有条件都不匹配的情况，所以 else 子句必须放在最后。

if…elif…else 语句的流程图如图 3-3 所示。

下面对前面的示例程序进行修改，以演示 if…elif…else 语句的使用方法。用户输入一个整数，如果这个数大于 6，就输出一行信息，指出输入的数大于 6；如果这个数小于 6，则输出另一行字符串，指出输入的数小于 6；否则指出输入的数等于 6。具体的代码如下：

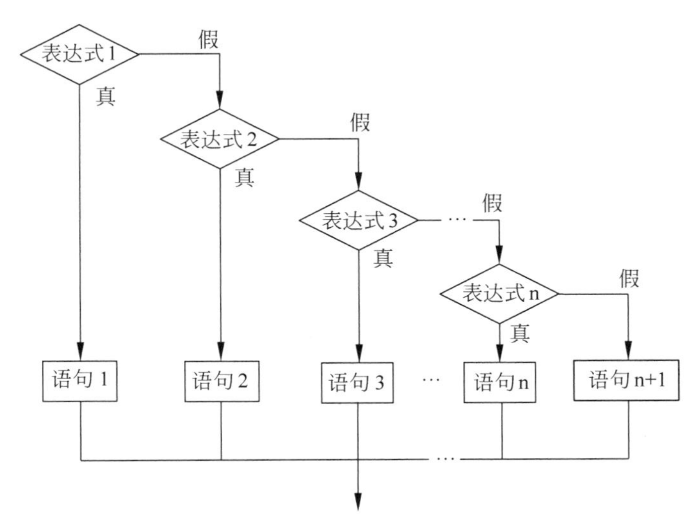

图 3-3 if…elif…else 语句的流程图

```
a = input("请输入一个整数：")   #取得一个字符串
a = int(a)                      #将字符串转换为整数
if a > 6:
    print(a, "大于 6")
elif a == 6:
    print(a, "等于 6")
else:
    print(a, "小于 6")
```

【例 3-2】 输入学生的成绩 score，按分数输出其等级：score≥90 为优，90 > score≥80 为良，80 > score≥70 为中等，70 > score≥60 为及格，score < 60 为不及格。

```
score = int(input("请输入成绩"))      # int()转换字符串为整型
if score >= 90:
    print("优")
elif score >= 80:
    print("良")
elif score >= 70:
    print("中等")
elif score >= 60:
    print("及格")
else:
    print("不及格")
```

说明：在 3 种选择语句中，条件表达式都是必不可少的组成部分。当条件表达式的值为 0 时，表示条件为假；当条件表达式的值为非 0 时，表示条件为真。那么哪些表达式可以作为条件表达式呢？基本上最常用的是关系表达式和逻辑表达式。例如：

```
if a == x and b == y:
    print("a = x, b = y")
```

除此之外，条件表达式还可以是任何数值类型表达式，甚至字符串也可以。例如：

```
if 'a': # 'abc':也可以
    print("a = x, b = y")
```

另外，C语言用花括号{}来区分语句体，Python的语句体是用缩进形式来表示的，如果缩进不正确，将会导致逻辑错误。

3.1.4 pass语句

Python提供了一个关键字pass，类似于空语句，可以用在类和函数的定义中或者选择结构中。当暂时没有确定如何实现功能，或者为以后的软件升级预留空间，又或者为其他类型功能时，可以使用该关键字来“占位”。例如下面的代码是合法的：

```
if a<b:
    pass         #什么操作也不做
else:
    z=a
class A:         #类的定义
    pass
def demo():      #函数的定义
    pass
```

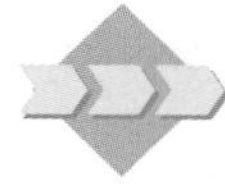

3.2 循环结构

程序在一般情况下是按顺序执行的。编程语言提供了各种控制结构，允许更复杂的执行路径。循环语句允许执行一个语句或语句组多次，Python提供了while循环（在Python中没有do…while循环）和for循环。

视频讲解

3.2.1 while语句

在Python编程中while语句用于循环执行程序，即在某条件下循环执行某段程序，以处理需要重复处理的相同任务。while语句的流程图如图3-4所示。其基本形式为：

while 判断条件：

    执行语句

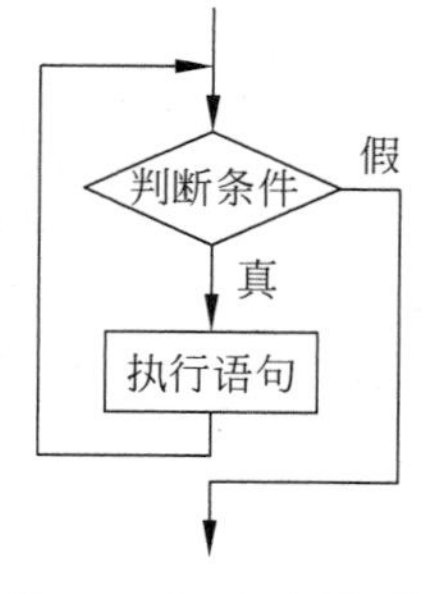

图3-4 while语句的流程图

判断条件可以是任何表达式，任何非0或非空（null）的值均为真。当判断条件为假时循环结束。执行语句可以是单个语句或语句块。注意程序中的冒号和缩进。例如：

```
count = 0
while count < 9:
    print('The count is:', count)
    count = count + 1
print("Goodbye!")
```

以上代码的输出结果如下：

```
The count is: 0
The count is: 1
The count is: 2
The count is: 3
The count is: 4
The count is: 5
The count is: 6
The count is: 7
The count is: 8
Goodbye!
```

此外，while语句中的判断条件还可以是常值，表示循环必定成立。例如：

```
count = 0
while 1:                                   #判断条件是常值1
    print('The count is:', count)
    count = count + 1
print("Goodbye!")
```

这样就形成无限循环，可以借助后面学习的break语句结束循环。

【例3-3】 输入两个正整数，求它们的最大公约数。

分析：求最大公约数可以用“辗转相除法”，方法如下。

(1) 比较两数m和n，并使m大于n。

(2) 将m作为被除数，n作为除数，相除后余数为r。

(3) 循环判断r，若r=0，则n为最大公约数，结束循环；若r≠0，执行步骤m←n，n←r；将m作为被除数，n作为除数，相除后余数为r。

```
num1 = int(input("输入第一个数: "))   #用户输入两个数
num2 = int(input("输入第二个数: "))
m = num1
n = num2
if m < n:                            #m和n交换值
    t = m
    m = n
    n = t
r = m % n
while r!= 0:
    m = n
```

```
    n = r
    r = m % n
print(num1,"和", num2,"的最大公约数为", n)
```

执行以上代码输出的结果如下：

```
输入第一个数：36
输入第二个数：48
36 和 48 的最大公约数为 12
```

视频讲解

3.2.2 for 语句

for 语句可以遍历任何序列的项目，例如一个列表、元组或者一个字符串。

1. for 循环的语法

for 循环的语法格式如下：

for 迭代变量 in 序列：
    循环体

for 语句的执行过程是：每次循环从序列中依次取出一个元素，存放于迭代变量，该元素值提供给循环体内的语句使用，直到所有元素取完为止，结束循环。例如：

for 循环把字符串中的字符遍历出来。

```
for letter in 'Python':                  #第一个实例
    print('当前字母:', letter)
```

以上实例的输出结果如下：

```
当前字母：P
当前字母：y
当前字母：t
当前字母：h
当前字母：o
当前字母：n
```

for 循环把列表中的元素遍历出来。

```
fruits = ['banana', 'apple', 'mango']
for fruit in fruits:                          #第二个实例
    print('元素:', fruit)
print("Goodbye!")
```

此时会依次打印 fruits 的每一个元素。以上实例的输出结果如下：

```
元素 : banana
```

```
元素 : apple
元素 : mango
Goodbye!
```

【例 3-4】 计算 1～10 的整数之和,可以用一个 sum 变量做累加。

```
sum = 0
for x in [1, 2, 3, 4, 5, 6, 7, 8, 9, 10]:
    sum = sum + x
print(sum)
```

如果要计算 1～100 的整数之和,从 1 写到 100 有点困难,幸好 Python 提供了 range()内置函数,可以生成一个整数序列,再通过 list()函数可以转换为 list。

例如,range(0, 5)或 range(5)生成的序列是从 0 开始到小于 5 的整数,不包括 5。实例如下:

```
>>> list(range(5))
[0, 1, 2, 3, 4]
```

range(1, 101)可以生成 1～100 的整数序列。计算 1～100 的整数之和的代码如下:

```
sum = 0
for x in range(1,101):
    sum = sum + x
print(sum)
```

请自行运行上述代码,看看结果是不是当年高斯同学心算出的 5050。

2. 通过索引执行循环

对于一个列表,另外一种执行循环的遍历方式是通过索引(元素的下标)。实例如下:

```
fruits = ['banana', 'apple', 'mango']
for i in range(len(fruits)):
   print('当前水果:', fruits[i])
print("Goodbye!")
```

以上实例的输出结果如下:

```
当前水果: banana
当前水果: apple
当前水果: mango
Goodbye!
```

以上实例使用了内置函数 len()和 range()。len()函数返回列表的长度,即元素的个数,通过索引 i 访问每个元素 fruits[i]。

3.2.3 continue和break语句

continue语句的作用是终止当前循环，并忽略continue之后的语句，然后回到循环的顶端，提前进入下一次循环。

break语句在while循环和for循环中都可以使用，一般放在if选择结构中，一旦break语句被执行，将使得整个循环提前结束。

除非break语句让代码更简单或更清晰，否则不要轻易使用。

【例3-5】 continue和break语句用法示例。

```
#continue和break语句用法
i = 1
while i < 10:
    i += 1
    if i % 2 > 0:              #非偶数时跳过输出
        continue
    print(i)                   #输出偶数2、4、6、8、10
i = 1
while 1:                       #循环条件为1必定成立
    print(i)                   #输出1～10
    i += 1
    if i > 10:                 #当i大于10时跳出循环
        break
```

3.2.4 循环嵌套

Python语言允许在一个循环体里面嵌入另一个循环，可以在循环体内嵌入其他的循环体，例如在while循环中可以嵌入for循环；也可以在for循环中嵌入while循环。嵌套一般不超过3层，以保证程序的可读性。

注意：

（1）循环嵌套时，外层循环和内层循环间是包含关系，即内层循环必须被完全包含在外层循环中。

（2）当程序中出现循环嵌套时，程序每执行一次外层循环，其内层循环必须循环所有的次数（即内层循环结束）后才能进入外层循环的下一次循环。

【例3-6】 打印九九乘法表。

```
for i in range(1,10):
    for j in range(1,i+1):
        print(i,'*',j,'=',i*j,'\t',end="")     #end=""的作用是不换行
    print("")                                  #仅起换行作用
```

执行以上代码输出的结果如图3-5所示。

```
1 * 1 = 1
2 * 1 = 2    2 * 2 = 4
3 * 1 = 3    3 * 2 = 6    3 * 3 = 9
4 * 1 = 4    4 * 2 = 8    4 * 3 = 12   4 * 4 = 16
5 * 1 = 5    5 * 2 = 10   5 * 3 = 15   5 * 4 = 20   5 * 5 = 25
6 * 1 = 6    6 * 2 = 12   6 * 3 = 18   6 * 4 = 24   6 * 5 = 30   6 * 6 = 36
7 * 1 = 7    7 * 2 = 14   7 * 3 = 21   7 * 4 = 28   7 * 5 = 35   7 * 6 = 42   7 * 7 = 49
8 * 1 = 8    8 * 2 = 16   8 * 3 = 24   8 * 4 = 32   8 * 5 = 40   8 * 6 = 48   8 * 7 = 56   8 * 8 = 64
9 * 1 = 9    9 * 2 = 18   9 * 3 = 27   9 * 4 = 36   9 * 5 = 45   9 * 6 = 54   9 * 7 = 63   9 * 8 = 72   9 * 9 = 81
```

图 3-5　九九乘法表

【例 3-7】　使用嵌套循环输出 2～100 的素数。

素数是除 1 和本身外，不能被其他任何整数整除的整数。判断一个数 m 是否为素数，只要依次用 2、3、4、…、m－1 作为除数去除 m，如果有一个能被整除，m 就不是素数。

```
m = int(input("请输入一个整数"))
j = 2
while j <= m - 1:
    if m % j == 0: break        #退出循环
    j = j + 1
if (j > m - 1):
    print(m, "是素数")
else:
    print(m, "不是素数")
```

应用上述代码，对于一个非素数而言，判断过程往往可以很快结束。例如判断 30 009 时，因为该数能被 3 整除，所以只需判断 j=2，3 两种情况。在判断一个素数尤其是当该数较大时，例如判断 30 011，要从 j=2 一直判断到 30 010 都不能被整除才能得出其为素数的结论。实际上，只要从 2 判断到 $\sqrt{m}$，若 m 不能被其中任何一个数整除，则 m 即为素数。

```
#找出 100 以内的所有素数
import math                          #导入 math 数学模块
m = 2
while m < 100:                       #外层循环
    j = 2
    while j <= math.sqrt(m) :        #内层循环, math.sqrt()用于求平方根
        if m % j == 0: break         #退出内层循环
        j = j + 1
    if (j > math.sqrt(m)) :
        print(m, "是素数")
    m = m + 1
print("Goodbye!")
```

【例 3-8】　使用嵌套循环输出如图 3-6 所示的金字塔图案。

图 3-6　金字塔图案

分析：观察图形包含 8 行，因此外层循环执行 8 次；每行内容由两部分组成，即空格和星号。假设第 1 行星号在第 10 列，则第 i 行空格的数量为 10－i，星号数量为 2 * i－1。

```
for i in range(1,9):                          #外层循环
    for j in range(0,10 - i):                 #循环输出每行空格
        print(" ", end = "")
    for j in range(0,2 * i - 1):              #循环输出每行星号
        print(" * ", end = "")
    print("")                                 #仅起换行作用
```

也可以用如下代码实现：

```
for i in range(1,9):
    print(" " * (10 - i), " * " * (2 * i - 1))     #使用重复运算符输出每行空格、星号
```

3.2.5 列表生成式

列表生成式(list comprehension)是 Python 内置的一种极其强大的生成列表的表达式。如果要生成一个 list [1,2,3,4,5,6,7,8,9]，可以用 range(1,10)。

```
>>> L = list(range(1, 10))      #L是[1, 2, 3, 4, 5, 6, 7, 8, 9]
```

如果要生成[1 * 1,2 * 2,3 * 3,…,10 * 10]，可以使用循环：

```
>>> L = []
>>> for x in range(1 , 10):
    L.append(x * x)
>>> L
[1, 4, 9, 16, 25, 36, 49, 64, 81]
```

而使用列表生成式，可以用一句代替以上烦琐的循环来完成上面的操作：

```
>>> [x * x for x in range(1 , 11)]
[1, 4, 9, 16, 25, 36, 49, 64, 81, 100]
```

列表生成式的书写格式：把要生成的元素 x * x 放到前面，后面跟上 for 循环。这样就可以把列表创建出来。for 循环后面还可以加上 if 判断。例如筛选出偶数的平方：

```
>>> [x * x for x in range(1 , 11) if x%2 == 0]
[4, 16, 36, 64, 100]
```

再如，把一个列表中所有的字符串变成小写形式：

```
>>> L = ['Hello', 'World', 'IBM', 'Apple']
>>> [s.lower() for s in L]
['hello', 'world', 'ibm', 'apple']
```

当然,列表生成式也可以使用两层循环。例如,生成'ABC'和'XYZ'中字母的全部组合:

```
>>> print( [m + n for m in 'ABC' for n in 'XYZ'] )
['AX', 'AY', 'AZ', 'BX', 'BY', 'BZ', 'CX', 'CY', 'CZ']
```

再例如生成所有的扑克牌的列表。

```
>>> color = ["草花","方块","红桃","黑桃"]
>>> rank = ["A","2","3","4","5","6","7","8","9","10","J","Q","K"]
>>> print( [m + n for m in color for n in rank])
['草花 A', '草花 2', '草花 3', '草花 4', '草花 5', '草花 6', '草花 7', '草花 8', '草花 9', '草花 10',
'草花 J', '草花 Q', '草花 K', '方块 A', '方块 2', '方块 3', '方块 4', '方块 5', '方块 6', '方块 7', '方
块 8', '方块 9', '方块 10', '方块 J', '方块 Q', '方块 K', '红桃 A', '红桃 2', '红桃 3', '红桃 4', '红
桃 5', '红桃 6', '红桃 7', '红桃 8', '红桃 9', '红桃 10', '红桃 J', '红桃 Q', '红桃 K', '黑桃 A', '黑
桃 2', '黑桃 3', '黑桃 4', '黑桃 5', '黑桃 6', '黑桃 7', '黑桃 8', '黑桃 9', '黑桃 10', '黑桃 J', '黑
桃 Q', '黑桃 K']
```

for 循环其实可以同时使用两个甚至多个变量,例如字典的 items()可以同时迭代键和值:

```
>>> d = {'x': 'A', 'y': 'B', 'z': 'C' }          #字典(dict)
>>> for k, v in d.items():
        print(k, '键 = ', v, endl = ';')
```

输出结果如下:

```
y 键 = B; x 键 = A; z 键 = C;
```

因此,列表生成式也可以使用两个变量来生成列表:

```
>>> d = {'x': 'A', 'y': 'B', 'z':'C' }
>>>[ k + ' = ' + v for k, v in d.items()]
['y = B', 'x = A', 'z = C']
```

3.3 常用算法及应用实例

3.3.1 累加与累乘

累加与累乘是最常见的一类算法,这类算法就是在原有的基础上不断地加上或乘以一个新的数。例如求 $1+2+3+\cdots+n$、求 n 的阶乘、计算某个数列前 n 项的和,以及计算一个

级数的近似值等。

【例 3-9】 求自然对数 e 的近似值，近似公式为：

$$e=1+\frac{1}{1}!+\frac{1}{2}!+\frac{1}{3}!+\cdots+\frac{1}{n}!$$

分析：这是一个收敛级数，可以通过求其前 n 项和来实现近似计算。通常该类问题会给出一个计算误差，例如可设定当某项的值小于 10^{-5} 时停止计算。

此题既涉及累加，也包含了累乘。程序如下：

```
i = 1
p = 1
sum_e = 1
t = 1/p
while t > 0.00001:
    p = p * i                # 计算 i 的阶乘
    t = 1/ p
    sum_e = sum_e + t
    i = i + 1                # 为计算下一项做准备
print("自然对数 e 的近似值为" ,sum_e)
```

运行结果如下：

```
自然对数 e 的近似值为 2.7182815255731922
```

3.3.2 求最大数和最小数

求数据中的最大数和最小数的算法是类似的，可以采用“打擂”算法。这里以求最大数为例，可先用其中第一个数作为最大数，再用其与其他数逐个比较，并将找到的较大的数替换为最大数。

【例 3-10】 求区间[100, 200]内 10 个随机整数中的最大数。

分析：本例随机产生整数，所以引入 random 模块随机数函数，其中 random.randrange()可以从指定范围内获取一个随机数。例如，random.randrange(6)从 0～5 中随机挑选一个整数，不包括数 6；random.randrange(2,6)从 2～5 中随机挑选一个整数，不包括数 6。

```
import random
x = random.randrange(100,201)         # 产生[100, 200]的一个随机数 x
maxn = x                              # 设定最大数
print(x,end = " ")
for i in range(2, 11):
    x = random.randrange(100,201)     # 再产生[100, 200]的一个随机数 x
    print(x,end = " ")
    if x > maxn:
        maxn = x;                     # 若新产生的随机数大于最大数,则进行替换
print("最大数: ",maxn)
```

运行结果如下：

```
185 173 112 159 116 168 111 107 190 188 最大数：190
```

当然，在 Python 中求最大数有相应的函数 max()。例如：

```
print("最大数：",max([185,173, 112, 159, 116, 168, 111, 107, 190, 188]) #求序列的最大数
```

运行结果如下：

```
最大数：190
```

所以上例可以修改如下：

```
import random
a = []                                  #列表
for i in range(1, 11):
    x = random.randrange(100,201)       #产生[100, 200]的一个随机数 x
    print(x,end = " ")
    a.append(x)
print("最大数：",max(a))
```

3.3.3 枚举法

枚举法又称为穷举法，此算法将所有可能出现的情况一一进行测试，从中找出符合条件的所有结果。例如计算“百钱买百鸡”问题，又如列出满足 $x \times y = 100$ 的所有组合等。

【例 3-11】 公鸡每只 5 元，母鸡每只 3 元，小鸡 3 只 1 元，现要求用 100 元买 100 只鸡，问公鸡、母鸡和小鸡各买几只？

分析：设买公鸡 x 只，母鸡 y 只，小鸡 z 只。根据题意可列出以下方程组：

$$\begin{cases} x + y + z = 100 \\ 5x + 3y + z/3 = 100 \end{cases}$$

由于两个方程式中有 3 个未知数，属于无法直接求解的不定方程，故可采用“枚举法”进行试根，即逐一测试各种可能的 x、y、z 组合，并输出符合条件者。

```
for x in range(0, 100):
    for y in range(0, 100):
        z = 100 - x - y
        if z >= 0 and 5 * x + 3 * y + z/3 == 100:
            print('公鸡 %d 只,母鸡 %d 只,小鸡 %d 只' % (x, y, z))
```

运行结果如下：

```
公鸡 0 只,母鸡 25 只,小鸡 75 只
公鸡 4 只,母鸡 18 只,小鸡 78 只
公鸡 8 只,母鸡 11 只,小鸡 81 只
公鸡 12 只,母鸡 4 只,小鸡 84 只
```

【例 3-12】 输出“水仙花数”。所谓水仙花数是指一个 3 位的十进制数，其各位数字的立方和等于该数本身。例如，153 是水仙花数，因为 $153=1^3+5^3+3^3$。

```
for i in range(100,1000):
    ge = i % 10
    shi = i // 10 % 10
    bai = i // 100
    if ge ** 3 + shi ** 3 + bai ** 3 == i:
        print(i,end = " ")
```

运行结果如下：

```
153 370 371 407
```

【例 3-13】 编写程序，输出由 1、2、3、4 这 4 个数字组成的每位数都不相同的所有 3 位数。

```
digits = (1, 2, 3, 4)
for i in digits:
    for j in digits:
        for k in digits:
            if i!= j and j!= k and i!= k:
                print(i * 100 + j * 10 + k)
```

3.3.4 递推与迭代

1. 递推

利用递推算法或迭代算法可以将一个复杂的问题转换为一个简单的过程重复执行。这两种算法的共同特点是通过前一项的计算结果推出后一项；不同点是递推算法不存在变量的自我更迭，而迭代算法在每次循环中用变量的新值取代其原值。

【例 3-14】 输出斐波那契(Fibonacci)数列的前 20 项。该数列的第 1 项和第 2 项为 1，从第 3 项开始，每一项均为其前面两项之和，即 1,1,2,3,5,8,…。

分析：设数列中相邻的 3 项分别为变量 f1、f2 和 f3，则有如下递推算法。

(1) f1 和 f2 的初值为 1。

(2) 每次执行循环，用 f1 和 f2 产生后项，即 f3 = f1 + f2。

(3) 通过递推产生新的 f1 和 f2，即 f1 = f2，f2 = f3。

(4) 如果未达到规定的循环次数，则返回步骤(2)，否则停止计算。

```
f1 = 1
f2 = 1
print("1:", f1)
print("2:", f2)
for i in range(3, 21):
    f3 = f1 + f2          #递推公式
    print(i,":",f3)
    f1 = f2
    f2 = f3
```

说明：解决递推问题必须具备两个条件，即初始条件和递推公式。本题的初始条件为 f1=1 和 f2=1，递推公式为 f3=f1+f2，f1=f2，f2=f3。

【例 3-15】 有一分数序列 2/1，3/2，5/3，8/5，13/8，21/13，…，求出这个数列的前 20 项之和。

分析：根据分子与分母的变化规律，可知后项分母为前项分子，后项分子为前项分子与分母之和。

```
number = 20
a = 2
b = 1
s = 0
for n in range(1,number + 1):
    s = s + a/b
    #以下 3 句是程序的关键，可以替换为 a,b = a + b,a
    t = a
    a = a + b
    b = t
print(s)
```

2. 迭代

迭代法也称辗转法，是一种不断用变量的旧值递推新值的过程。迭代法是用计算机解决问题的一种基本方法。它利用计算机运算速度快、适合做重复性操作的特点，让计算机对一组指令（或一定步骤）进行重复执行，在每次执行这组指令（或这些步骤）时都从变量的原值推出它的一个新值。

【例 3-16】 用迭代法求 a 的平方根。求平方根的公式为 $x_{n+1}=(x_n+a/x_n)/2$，求出的平方根的精度是前后项差的绝对值小于 10^{-5}。

分析：用迭代法求 a 的平方根的算法如下。

(1) 设定一个 x 的初值 x0（在如下程序中取 x0=a/2）。

(2) 用求平方根的公式 x1=(x0+a/x0)/2 求出 x 的下一个值 x1；将求出的 x1 与真正的平方根相比，误差很大。

(3) 判断 x1−x0 的绝对值是否大于 10^{-5}，如果满足，则将 x1 作为 x0，重新求出新 x1，如此继续下去，直到前后两次求出的 x 值（x1 和 x0）的差的绝对值小于 10^{-5}。

```
a = int(input("Input a positive number:"))          #输入被开方数
x0  =  a / 2                                         #任取的初值
x1  =  (x0  +  a / x0)/2                             #x0 和 x1 分别代表前一项和后一项
while abs(x1  -  x0)> 0.00001:                       #abs(x)函数用来求参数 x 的绝对值
    x0  =  x1
    x1  =  (x0  +  a / x0) / 2
print("The square root is: " ,x1)
```

运行结果如下：

```
Input a positive number:2↙
The square root is: 1.4142137800471977
```

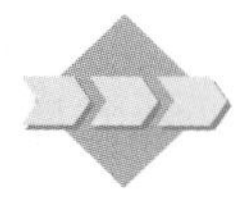

3.4　程序的异常处理

程序在运行过程中总会遇到一些问题，例如设计师要求输入数值数据，用户却输入字符串数据，这样必然会导致严重错误。这些错误统称为异常。异常也称为例外，是在程序运行中发生的会打断程序正常执行的事件。Python 中提供了 try…except…finally 程序异常处理语句。

有时候程序会出现一些错误或异常，导致程序中止。例如做除法时，除数为 0，会引起一个 ZeroDivisionError。例如：

```
a = 10
b = 0
c = a/b
print("done")
```

程序的运行结果如下：

```
Traceback(most recent call last):
File "C:/openfile.py", line 3, in <module>
c = a/b
ZeroDivisionError: integer division or modulo by zero
```

运行时程序因为 ZeroDivisionError 而中断了，语句 print("done")没有运行。为了保证程序运行的稳定性，这类运行异常错误应该被程序捕获并合理控制。Python 提供了 try…except…finally 机制处理异常，语法格式如下：

```
try:
    可能触发异常的语句块
except [exceptionType]:
    捕获可能触发的异常[可以指定处理的异常类型]
```

```
except [exceptionType][,data]:
    捕获异常并获取附加数据
except:
    没有指定异常类型,捕获任意异常
[else:
    没有触发异常时执行的语句块]
[finally:
    无论异常是否发生都要执行的语句块]
```

try…except…finally 的工作过程如下。

(1) 在执行一个 try 语句块时,当出现异常后,向下匹配执行第一个与该异常匹配的 except 子句,如果没有找到与异常匹配的 except 子句(也可以不指定异常类型)将结束程序。

更改上面的代码:

```
a = 10
b = 0
try:
    c = a/b
    print(c)
except ZeroDivisionError,e: # 处理 ZeroDivisionError 异常
    print(e.message)
print("done")
```

程序的运行结果如下:

```
integer division or modulo by zero
done
```

这样一来,程序就不会因为异常而中断,从而 print("done")语句正常执行。

在开发程序时把可能发生错误的语句放在 try 模块里,用 except 语句来处理异常。except 语句可以处理一个专门的异常,也可以处理一组圆括号中的异常,如果 except 后没有指定异常,则默认处理所有的异常。每个 try 语句都必须至少有一个 except 语句。

(2) 如果在 try 语句块执行时没有发生异常,Python 将执行 else 中的语句,注意 else 语句是可选的,不是必需的。例如:

```
a = 10
b = 0
try:
    c = b/ a
    print c
except(IOError,ZeroDivisionError),x:
    print(x)
else:
    print("no error")
print("done")
```

程序的运行结果如下：

```
0
no error
done
```

其中，IOError 是输入/输出操作失败异常类，ZeroDivisionError 是除(或取模)零异常类。

(3) 不管异常是否发生，在程序结束前，finally 中的语句都会被执行。

```
a = 10
b = 0
try:
    print(a/b)
except:
    print("error")
finally:
    print("always excute")
```

程序的运行结果如下：

```
error
always excute
```

视频讲解

3.5 游戏初步——猜单词游戏

【案例 3-1】 游戏初步——猜单词游戏。计算机随机产生一个单词，打乱字母的顺序，让玩家去猜。

分析：游戏中需要随机产生单词以及随机数，所以引入 random 模块随机数函数，其中 random.choice()可以从序列中随机选取元素。例如：

```
WORDS = ("python", "jumble", "easy", "difficult", "answer", "continue",
         "phone", "position", "pose", "game")
#从序列中随机挑出一个单词
word = random.choice(WORDS)
```

word 就是从单词序列中随机挑出的一个单词。

从游戏中随机挑出一个单词 word 后，如何把单词 word 的字母顺序打乱？方法是随机从单词字符串中选择一个位置 position，把 position 位置上的字母加入乱序后单词 jumble，同时将原单词 word 中 position 位置上的字母删去(通过连接 position 位置前的字符串和其后字符串实现)。通过多次循环就可以产生新的乱序后单词 jumble。

```
while word: #word 不是空串时循环
    #根据 word 的长度产生 word 的随机位置
```

```
    position = random.randrange(len(word))
    #将 position 位置上的字母组合到乱序后单词
    jumble += word[position]
    #通过切片将 position 位置上的字母从原单词中删除
    word = word[:position] + word[(position + 1):]
print("乱序后单词:", jumble)
```

猜单词游戏程序的代码如下：

```
#Word Jumble 猜单词游戏
import random
#创建单词序列
WORDS = ("python", "jumble", "easy", "difficult", "answer", "continue",
         "phone", "position", "position", "game")
#开始游戏
print(
"""
    欢迎参加猜单词游戏
  把字母组合成一个正确的单词.
"""
)
iscontinue = "y"
while iscontinue == "y" or iscontinue == "Y":
    #从序列中随机挑出一个单词
    word = random.choice(WORDS)
    #一个用于判断玩家是否猜对的变量
    correct = word
    #创建乱序后单词
    jumble = ""
    while word: #word 不是空串时循环
        #根据 word 的长度产生 word 的随机位置
        position = random.randrange(len(word))
        #将 position 位置上的字母组合到乱序后单词
        jumble += word[position]
        #通过切片将 position 位置上的字母从原单词中删除
        word = word[:position] + word[(position + 1):]
    print("乱序后单词:", jumble)
    guess = input("\n 请你猜: ")
    while guess != correct and guess != "":
        print("对不起,不正确.")
        guess = input("继续猜: ")
    if guess == correct:
        print("真棒,你猜对了!\n")
    iscontinue = input("\n\n 是否继续(Y/N): ")
```

运行结果如下：

```
    欢迎参加猜单词游戏
  把字母组合成一个正确的单词.
乱序后单词: yaes
请你猜: easy
真棒,你猜对了!
```

```
是否继续(Y/N): y
乱序后单词: diufctlfi
请你猜: difficutl
对不起,不正确.
继续猜: difficult
真棒,你猜对了!
是否继续(Y/N): n
>>>
```

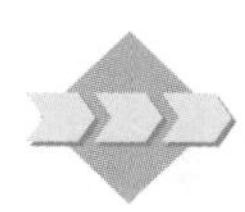

3.6 习题

1. 输入一个整数n,判断其能否同时被5和7整除,如果能,输出“n能同时被5和7整除”,否则输出“n不能同时被5和7整除”。要求n为输入的具体数据。

2. 输入一个百分制的成绩,经判断后输出该成绩的对应等级。其中,90分以上为A,80～89分为B,70～79分为C,60～69分为D,60分以下为E。

3. 某百货公司为了促销采用购物打折的办法。消费1000元以上者,按九五折优惠;消费2000元以上者,按九折优惠;消费3000元以上者,按八五折优惠;消费5000元以上者,按八折优惠。编写程序,输入购物款数,计算并输出优惠价。

4. 编写一个求整数n的阶乘(n!)的程序。

5. 利用循环创建一个包含10个奇数的列表,并计算该列表的和与平均值。

6. 编写程序,求1!+3!+5!+7!+9!。

7. 编写程序,计算下列公式中s的值(n是运行程序时输入的一个正整数)。

$$s = 1 + (1 + 2) + (1 + 2 + 3) + \cdots + (1 + 2 + 3 + \cdots + n)$$

$$s = 12 + 22 + 32 + \cdots + (10 \times n + 2)$$

$$s = 1 \times 2 - 2 \times 3 + 3 \times 4 - 4 \times 5 + \cdots + (-1)^{(n-1)} \times n \times (n + 1)$$

8. 百马百瓦问题:有100匹马驮100块瓦,大马驮3块,小马驮两块,两个马驹驮一块,问大马、小马和马驹各有多少匹。

9. 有一个数列,其前3项分别为1、2、3,从第4项开始,每项均为其相邻的前3项之和的1/2,问该数列从第几项开始,其数值超过1200。

10. 找出1～100的全部同构数。同构数是这样一种数:它出现在它的平方数的右端。例如,5的平方是25,5是25中右端的数,5就是同构数,25也是一个同构数,它的平方是625。

11. 猴子吃桃问题:猴子第一天摘下若干个桃子,当即吃了一半,还不过瘾,又多吃了一个;第二天早上将剩下的桃子吃掉一半,又多吃了一个;以后每天早上都吃前一天剩下的一半桃子再加一个;到第10天早上想再吃时发现只剩下一个桃子。求第一天共摘了多少个桃子。

12. 输入一个字符串,然后依次显示该字符串的每个字符以及该字符的ASCII码。

13. 开发猜数小游戏。计算机随机生成100以内的数,让玩家去猜,如果猜的数过大或过小都会给出提示,直到猜中该数,显示“恭喜!你猜对了”,同时要统计玩家猜的次数。

14. 已知abc+cba=1333,其中a、b、c均为一位数,编写程序求出a、b、c分别代表什么数字。

第4章

Python函数与模块

到目前为止,所编写的代码都是以一个代码块的形式出现的。当某些任务,例如求一个数的阶乘,需要在一个程序中的不同位置重复执行时,这样会造成代码的重复率高,应用程序代码烦琐。解决这个问题的方法就是使用函数。无论在哪门编程语言当中,函数(在类中称作方法,其意义是相同的)都扮演着至关重要的角色。模块是 Python 的代码组织单元,它将函数、类和数据封装起来以便重用,模块往往对应 Python 程序文件,Python 标准库和第三方库提供了大量的模块。

4.1 函数的定义和使用

视频讲解

在 Python 程序的开发过程中将完成某一特定功能并经常使用的代码编写成函数,放在函数库(模块)中供大家选用,在需要使用时直接调用,这就是程序中的函数。开发人员要善于使用函数,以提高编码效率,减少编写程序段的工作量。

4.1.1 函数的定义

在某些编程语言当中,函数声明和函数定义是区分开的(在这些编程语言当中函数声明和函数定义可以出现在不同的文件中,例如 C 语言),但是在 Python 中函数声明和函数定义是视为一体的。在 Python 中,函数定义的基本形式如下:

```
def 函数名(函数参数):
    函数体
    return 表达式或者值
```

在这里说明几点:

(1) 在 Python 中采用 def 关键字进行函数的定义,不用指定返回值的类型。

(2) 函数参数可以是零个、一个或者多个。同样地,函数参数也不用指定参数类型,因为在 Python 中变量都是弱类型的，Python 会自动根据值来维护其类型。

（3）在 Python 函数的定义中缩进部分是函数体。

（4）函数的返回值是通过函数中的 return 语句获得的。return 语句是可选的，它可以在函数体内的任何地方出现，表示函数调用的执行到此结束。如果没有 return 语句，会自动返回 None（空值）；如果有 return 语句，但是 return 后面没有接表达式或者值，也是返回 None（空值）。

下面定义 3 个函数：

```
def printHello():              #打印'hello'字符串
    print('hello')
def printNum():                #输出数字 0~9
    for i in range(0,10):
        print(i)
    return
def add(a,b):                  #实现求两个数的和
    return a + b
```

4.1.2 函数的使用

在定义了函数之后，就可以使用该函数了。但是在 Python 中要注意一个问题，就是在 Python 中不允许前向引用，即在函数定义之前不允许调用该函数。大家看一个例子就明白了。

```
print(add(1,2))
def add(a,b):
    return a + b
```

这段程序运行时的错误提示如下：

```
Traceback(most recent call last):
  File "C:/Users/xmj/4 - 1.py", line 1, in <module>
    print(add(1,2))
NameError: name 'add' is not defined
```

从报错的信息可以知道，名字为 add 的函数未进行定义。所以在任何时候调用某个函数必须确保其定义在调用之前。

【例 4-1】 编写函数实现最大公约数算法，通过函数调用代码实现求最大公约数。

分析：这里求两个数 x、y 的最大公约数的算法使用的是遍历法。循环变量 i 从 1 到较小数，用 x、y 同时去除它，如果能整除则赋值给 hcf，最后返回最大的 hcf（当然最后一次赋值最大）。

```
#Filename: 4 - 1.py
#定义一个函数
```

```
def hcf(x, y):
    """该函数返回两个数的最大公约数"""
    #获取较小数
    if x > y:
        smaller = y
    else:
        smaller = x
    for i in range(1,smaller + 1):
        if((x % i == 0) and (y % i == 0)):                    #x、y同时整除i,则i是最大公约数
            hcf = i
    return hcf
#用户输入两个数
num1 = int(input("输入第一个数: "))
num2 = int(input("输入第二个数: "))
print(num1,"和", num2,"的最大公约数为", hcf(num1, num2))   #hcf(num1, num2)函数调用
```

程序的运行结果如下：

```
输入第一个数: 54
输入第二个数: 24
54 和 24 的最大公约数为 6
```

4.1.3 Lambda 表达式

Lambda 表达式可以用来声明匿名函数，即没有函数名字的、临时使用的小函数，它只可以包含一个表达式，且该表达式的计算结果为函数的返回值，不允许包含其他复杂的语句，但在表达式中可以调用其他函数。

例如：

```
f = lambda x,y,z:x + y + z
print(f(1,2,3))
```

执行以上代码输出的结果如下：

```
6
```

等价于定义：

```
def f(x,y,z):
    return x + y + z
print(f(1,2,3))
```

可以将 Lambda 表达式作为列表的元素，从而实现跳转表的功能，也就是函数的列表。Lambda 表达式列表的定义方法如下：

```
列表名 = [(Lambda 表达式 1),(Lambda 表达式 2),…]
```

调用列表中 Lambda 表达式的方法如下：

```
列表名[索引](Lambda 表达式的参数列表)
```

例如：

```
L=[(lambda x:x**2),(lambda x:x**3),(lambda x:x**4)]
print(L[0](2),L[1](2),L[2](2))
```

程序分别计算并打印 2 的平方、立方和四次方。执行以上代码输出的结果如下：

```
4 8 16
```

4.1.4 函数的返回值

函数使用 return 返回值，也可以将 Lambda 表达式作为函数的返回值。

【例 4-2】 定义一个函数 math。当参数 k 等于 1 时返回计算加法的 Lambda 表达式；当参数 k 等于 2 时返回计算减法的 Lambda 表达式；当参数 k 等于 3 时返回计算乘法的 Lambda 表达式；当参数 k 等于 4 时返回计算除法的 Lambda 表达式。

代码如下：

```
def math(k):
    if(k==1):
        return lambda x,y: x+y
    if(k==2):
        return lambda x,y: x-y
    if(k==3):
        return lambda x,y: x*y
    if(k==4):
        return lambda x,y: x/y
#调用函数
action = math(1)            #返回加法 Lambda 表达式
print("10+2=", action(10,2))
action = math(2)            #返回减法 Lambda 表达式
print("10-2=",action(10,2))
action = math(3)            #返回乘法 Lambda 表达式
print("10*2=",action(10,2))
action = math(4)            #返回除法 Lambda 表达式
print("10/2=",action(10,2))
```

程序的运行结果为：

```
10+2= 12
10-2= 8
10*2= 20
10/2= 5.0
```

最后需要补充一点：Python 中的函数是可以返回多个值的，如果返回多个值，会将多个值放在一个元组或者其他类型的集合中来返回。

```
def function():
    x = 2
    y = [3,4]
    return(x,y)
print(function())
```

程序的运行结果如下：

```
(2, [3, 4])
```

【例 4-3】 编写函数实现求字符串中大写、小写字母的个数。

分析：需要返回大写、小写字母的个数，由于返回两个数，所以使用列表返回。

```
def demo(s):
    result = [0,0]
    for ch in s:
        if 'a'<= ch <= 'z':
            result[1] += 1
        elif 'A'<= ch <= 'Z':
            result[0] += 1
    return result          #返回列表
print(demo('aaaabbbbC'))
```

程序的运行结果如下：

```
[1, 8]
```

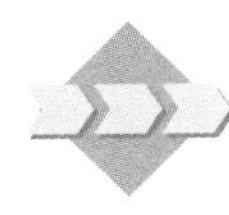

4.2　函数的参数

视频讲解

在学习 Python 语言中函数的时候，遇到的问题主要有形参和实参的区别、参数的传递和改变、变量的作用域。下面来逐一讲解。

4.2.1　函数形参和实参的区别

形参的全称是形式参数，在用 def 关键字定义函数时函数名后面括号里的变量称为形式参数。实参的全称为实际参数，在调用函数时提供的值或者变量称为实际参数。例如：

```
#这里的 a 和 b 就是形参
def add(a,b):
    return a + b
```

```
#下面是调用函数
add(1,2)          #这里的1和2是实参
x = 2
y = 3
add(x,y)          #这里的x和y是实参
```

4.2.2 参数的传递

在大多数高级语言中，对参数的传递方式这个问题的理解一直是难点和重点，因为它理解起来并不是那么直观明了，但是如果不理解，在编写程序的时候又极其容易出错。下面来探讨 Python 中函数参数的传递问题。

在讨论这个问题之前首先需要明确一点，就是在 Python 中一切皆对象，变量中存放的是对象的引用。这个确实有点难以理解，“一切皆对象”在 Python 中确实是这样，大家之前经常用到的字符串常量、整型常量都是对象。可以验证一下：

```
x = 2
y = 2
print(id(2))
print(id(x))
print(id(y))
z = 'hello'
print(id('hello'))
print(id(z))
```

程序的运行结果如下：

```
1353830160
1353830160
1353830160
51231464
51231464
```

先解释一下函数 id()的作用。id(object)函数是返回对象 object 的 id 标识(在内存中的地址)，id 函数的参数类型是一个对象，因此对于这个语句 id(2)没有报错，就可以知道 2 在这里是一个对象。

从结果可以看出，id(x)、id(y)和 id(2)的值是一样的，id(z)和 id('hello')的值也是一样的。

在 Python 中一切皆对象，像 2、'hello'这样的值都是对象，只不过 2 是一个整型对象，而'hello'是一个字符串对象。上面的 x=2，在 Python 中实际的处理过程是这样的：先申请一段内存分配给一个整型对象来存储整型值 2，然后让变量 x 去指向这个对象，实际上就是指向这段内存(这里和 C 语言中的指针有点类似)。而 id(2)和 id(x)的结果一样，说明 id 函数在作用于变量时，其返回的是变量指向的对象的地址。在这里可以将 x 看成对象 2 的一个

引用。同理，y=2，所以变量 y 也指向这个整型对象 2，如图 4-1 所示。

下面就来讨论函数的参数传递问题。

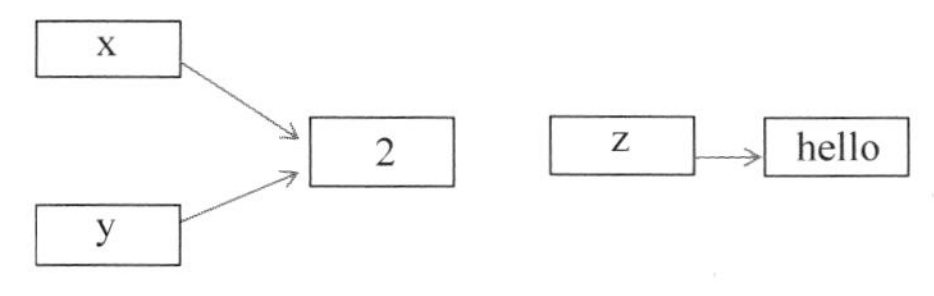

图 4-1 两个变量引用同一个对象的示意图

在 Python 中参数传递采用的是值传递，这和 C 语言有点类似。在绝大多数情况下，在函数内部直接修改形参的值不会影响实参。例如下面的示例：

```
def addOne(a):
    a += 1
    print(a)        #输出 4
a = 3
addOne(a)
print(a)            #输出 3
```

在有些情况下，可以通过特殊的方式在函数内部修改实参的值。例如下面的代码：

```
def modify1(m,K):
    m = 2
    K = [4,5,6]
    return
def modify2(m,K):
    m = 2
    K[0] = 0        #同时修改了实参的内容
    return
#主程序
n = 100
L = [1,2,3]
modify1(n,L)
print(n)
print(L)
modify2(n,L)
print(n)
print(L)
```

程序的运行结果如下：

```
100
[1, 2, 3]
100
[0, 2, 3]
```

从结果可以看出，在执行 modify1()之后，n 和 L 都没有发生任何改变；在执行 modify2()之后，n 还是没有改变，L 发生了改变。因为在 Python 中参数传递采用的是值传递方式，在执行 modify1()函数时，先获取 n 和 L 的 id()值，然后为形参 m 和 K 分配空间，让 m 和 K 分别指向对象 100 和对象[1,2,3]。m=2 这句让 m 重新指向对象 2，而 K=[4,5,6]这句让

K重新指向对象[4,5,6]。这种改变并不会影响到实参n和L,所以在执行modify1()之后n和L没有发生任何改变。

同理,在执行modify2()函数时,让m和K分别指向对象2和对象[1,2,3],然而K[0]=0让K[0]重新指向了对象0(注意这里K和L指向的是同一段内存),所以对K指向的内存数据进行的任何改变也会影响L,因此在执行modify2()后L发生了改变,如图4-2所示。

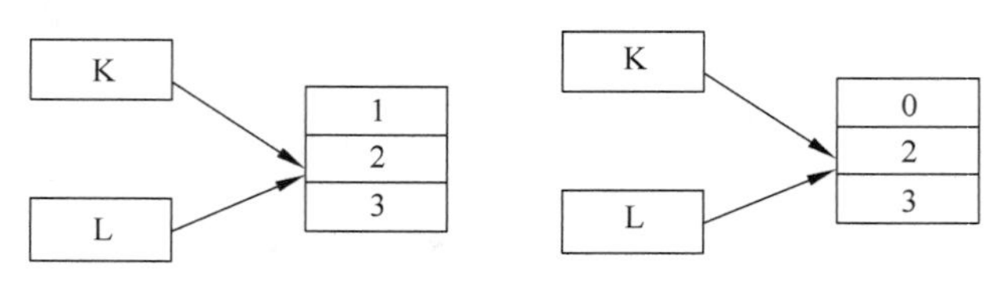

图4-2　执行modify2()前后的示意图

下面两个例子也是在函数内部修改实参的值。

```
def modify(v, item):  #为列表增加元素
    v.append(item)
#主程序
a = [2]
modify(a,3)
print(a)                #输出为[2, 3]
```

程序的运行结果如下：

```
[2, 3]
```

再如修改字典元素值：

```
def modify(d):     #修改字典元素值或为字典增加元素
    d['age'] = 38
#主程序
a = {'name':'Dong', 'age':37, 'sex':'Male'}
print(a)           #输出为{'age': 37, 'name': 'Dong', 'sex': 'Male'}
modify(a)
print(a)           #输出为{'age': 38, 'name': 'Dong', 'sex': 'Male'}
```

程序的运行结果为：

```
{'sex': 'Male', 'age': 37, 'name': 'Dong'}
{'sex': 'Male', 'age': 38, 'name': 'Dong'}
```

4.2.3　函数参数的类型

在C语言中,调用函数时必须依照函数定义时的参数个数以及类型来传递参数,否则将会发生错误,这是进行严格规定的。然而在Python中函数参数的定义和传递方式相比

而言就灵活多了。

1. 默认值参数

默认值参数是指它能够给函数参数提供默认值。例如：

```
def display(a='hello',b='world'):
    print(a+b)
#主程序
display()
display(b='world')
display(a='hello')
display('world')
```

程序的运行结果如下：

```
helloworld
helloworld
helloworld
worldworld
```

在上面的代码中，分别给a和b指定了默认参数，即如果不给a或者b传递参数，它们就分别采用默认值。在给参数指定了默认值后，如果传递参数时不指定参数名，则会从左到右依次传递参数，例如display('world')没有指定'world'是传递给a还是b，则默认从左向右匹配，即传递给a。

默认值参数如果使用不当，会导致很难发现的逻辑错误。

2. 关键字参数

大家前面接触到的函数参数定义和传递方式叫作位置参数，即参数是通过位置进行匹配的，从左到右依次进行匹配，这对参数的位置和个数都有严格的要求。在Python中还有一种是通过参数名字来匹配的，不需要严格按照参数定义时的位置来传递参数，这种参数叫作关键字参数。关键字参数避免了用户需要牢记位置参数顺序的麻烦。下面举两个例子：

```
def display(a,b):
    print(a)
    print(b)
#主程序
display('hello','world')
```

这段程序是想输出'hello world'，可以正常运行。如果像下面这样编写，结果可能就不是预期的样子了。

```
def display(a,b):
    print(a)
    print(b)
#主程序
```

```
display('hello')              #这样会报错,参数不足
display('world','hello')      #这样会输出'world hello'
```

可以看出,在Python中默认采用位置参数来传递参数。在调用函数时必须严格按照函数定义时的参数个数和位置来传递参数,否则将会出现预想不到的结果。下面这段代码采用的就是关键字参数:

```
def display(a,b):
    print(a)
    print(b)
```

下面两句达到的效果是相同的。

```
display(a='world',b='hello')
display(b='hello',a='world')
```

可以看到,在通过指定参数名字传递参数时,参数位置对结果是没有影响的。

3. 任意个数参数

一般情况下,在定义函数时函数参数的个数是确定的,然而在某些情况下是不能确定参数的个数的。例如要存储某个人的名字和他的小名,某些人的小名可能有两个或者更多个,此时无法确定参数的个数,只需在参数前面加上'*'或者'**'。

```
def storename(name, *nickName):
    print('real name is %s' % name)
    for nickname in nickName:
        print('小名',nickname)
#主程序
storename('张海')
storename('张海','小海')
storename('张海','小海','小豆豆')
```

程序的运行结果如下:

```
real name is 张海
real name is 张海
小名小海
real name is 张海
小名小海
小名小豆豆
```

'*'和'**'表示能够接受0到任意多个参数,'*'表示将没有匹配的值都放在同一个元组中,'**'表示将没有匹配的值都放在一个字典中。

假如使用'**':

```
def demo( ** p):
    for item in p.items():
        print(item)
demo(x = 1,y = 2,z = 3)
```

程序的运行结果如下：

```
('x', 1)
('y', 2)
('z', 3)
```

假如使用' * '：

```
def demo( * p):
    for item in p:
        print(item,end = " ")
demo(1,2,3)
```

程序的运行结果如下：

```
1 2 3
```

4.2.4 变量的作用域

当引入函数的概念之后，就出现了变量作用域的问题。变量起作用的范围称为变量的作用域。一个变量在函数外部定义和在函数内部定义，其作用域是不同的。如果用特殊的关键字定义一个变量，也会改变其作用域。本节讨论变量的作用域规则。

1. 局部变量

在函数内定义的变量只在该函数内起作用，称为局部变量。它们与函数外具有相同名称的其他变量没有任何关系，即变量名称对于函数来说是局部的。所有局部变量的作用域是它们被定义的块，从它们的名称被定义处开始。当函数结束时，其局部变量被自动删除。下面通过一个例子说明局部变量的使用。

```
def fun():
    x = 3
    count = 2
    while count > 0:
        print(x)
        count = count - 1
fun()
print(x)            # 错误: NameError: name 'x' is not defined
```

在函数 fun()中定义变量 x，在函数内部定义的变量的作用域仅限于函数内部，在函数外部是不能够调用的,所以在函数外 print(x)会出现错误提示。

2. 全局变量

在 Python 中还有一种变量叫作全局变量,它是在函数外部定义的,作用域是整个程序。全局变量可以直接在函数里面使用,但是如果要在函数内部改变全局变量的值,必须使用 global 关键字进行声明。

```
x = 2                          #全局变量
def fun1():
    print(x, end = " ")
def fun2():
    global x                   #在函数内部改变全局变量的值必须使用 global 关键字
    x = x + 1
    print(x, end = " ")
fun1()
fun2()
print(x, end = " ")
```

程序的运行结果如下:

```
2 3 3
```

在 fun2()函数中如果没有 global x 声明,则编译器认为 x 是局部变量,而局部变量 x 又没有创建,从而出错。

在函数内部直接将一个变量声明为全局变量,而在函数外没有定义,在调用这个函数之后将变量增加为新的全局变量。

如果一个局部变量和一个全局变量重名,则局部变量会"屏蔽"全局变量,也就是局部变量起作用。

视频讲解

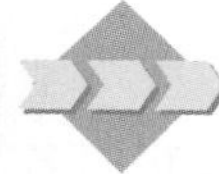

4.3 闭包和函数的递归调用

4.3.1 闭包

在 Python 中,闭包(closure)指函数的嵌套。可以在函数内部定义一个嵌套函数,将嵌套函数视为一个对象,所以可以将嵌套函数作为定义它的函数的返回结果。

【例 4-4】 使用闭包的例子。

```
def func_lib():
    def add(x, y):
        return x + y
    return add          #返回函数对象

fadd = func_lib()
print(fadd(1, 2))
```

在函数 func_lib()中定义了一个嵌套函数 add(x,y),并作为函数 func_lib()的返回值。程序的运行结果为 3。

4.3.2 函数的递归调用

1. 递归调用

函数在执行的过程中直接或间接地调用自己本身,称为递归调用。Python 语言允许递归调用。

【例 4-5】 求 1~5 的平方和。

```
def f(x):
    if x == 1:                          # 递归调用结束的条件
        return 1
    else:
        return(f(x - 1) + x * x)        # 调用 f()函数本身
print(f(5))
```

在调用 f()函数的过程中又调用了 f()函数,这是直接调用本函数。如果在调用 f1()函数的过程中要调用 f2()函数,而在调用 f2()函数的过程中又要调用 f1()函数,这是间接调用本函数,如图 4-3 所示。

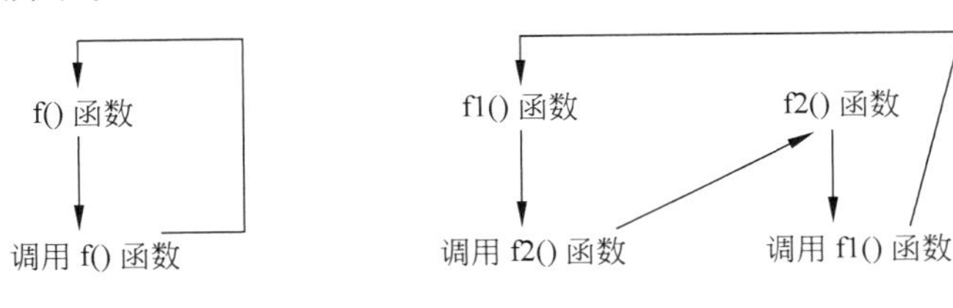

(a) 直接递归调用示意图　　(b) 间接递归调用示意图

图 4-3　函数的递归调用示意图

从图 4-3 可以看到,递归调用都是无终止地调用自己。在程序中不应该出现这种无止境的递归调用,而应该出现有限次数、有终止的递归调用。这可以使用 if 语句来控制,当满足某一条件时递归调用结束。例如,在求 1~5 的平方和中递归调用结束的条件是 x=1。

【例 4-6】 从键盘输入一个整数,求该数的阶乘。

根据求一个数 n 的阶乘的定义 n!=n(n-1)!,可写成如下形式:

```
fac(n) = 1                  # n = 1
fac(n) = n * fac(n - 1)     # n > 1
```

程序如下:

```
def fac(n):
    if n == 1:                  # 递归调用结束的条件
        p = 1
```

```
    else:
        p = (fac(n - 1) * n)        #调用fac()函数本身
    return p
x = int(input("输入一个正整数:"))
print(fac(x))
```

执行以上代码输出的结果如下：

```
输入一个正整数: 4↙
24
```

思考：根据递归的处理过程，若 fac()函数中没有语句 if n==1:p=1，程序的运行结果将如何？

2. 递归调用的执行过程

递归调用的执行过程分为递推过程和回归过程两部分。这两个过程由递归终止条件控制，即逐层递推，直到递归终止条件，然后逐层回归。递归调用和普通的函数调用一样利用了先进后出的栈结构来实现。每次调用时，在栈中分配内存单元保存返回地址以及参数和局部变量。与普通的函数调用不同的是，由于递推的过程是一个逐层调用的过程，因此存在一个逐层连续的参数入栈过程，调用过程每调用一次自身，把当前参数压栈，每次调用时都首先判断递归终止条件，直到达到递归终止条件为止。接着回归过程不断从栈中弹出当前的参数，直到栈空返回到初始调用处为止。

图 4-4 显示了例 4-3 的递归调用过程。

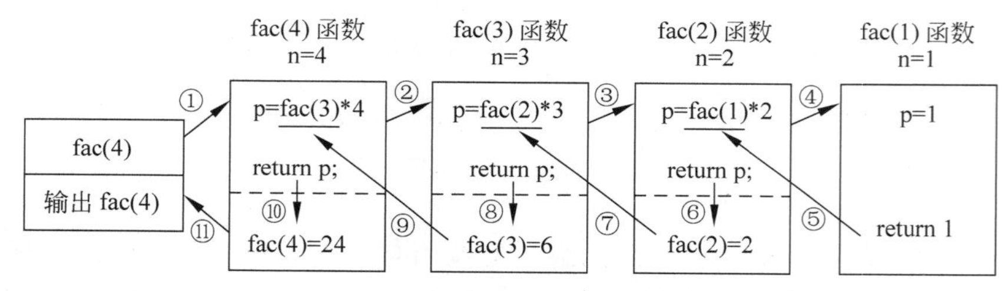

图 4-4　递归调用 n! 的执行过程

注意：无论是直接递归还是间接递归都必须保证在有限次调用之后能够结束，即递归必须有结束条件并且递归能向结束条件发展。例如，fac()函数中的参数 n 在递归调用中每次减 1，总可以达到 n=1 的状态而结束。

函数递归调用解决的问题也可用非递归函数实现，例如在上例中可用循环实现求 n!。但在许多情形下如果不用递归方法，程序算法将十分复杂，很难编写。

下面的实例显示了递归设计技术的效果。

【例 4-7】 汉诺塔(Tower of Hanoi)问题。汉诺塔源自古印度，是非常著名的智力趣题，在很多算法书籍和智力竞赛中都有涉及。有 A、B、C 三根柱子(如图 4-5 所示)，A 柱上有 n 个大小不等的盘子，大盘在下，小盘在上。要求将所有盘子由 A 柱搬动到 C 柱上，每次只能搬动一个盘子，在搬动过程中可以借助任何一根柱子，但必须满足大盘在下，小盘在上。

编程求解汉诺塔问题并打印出搬动的步骤。

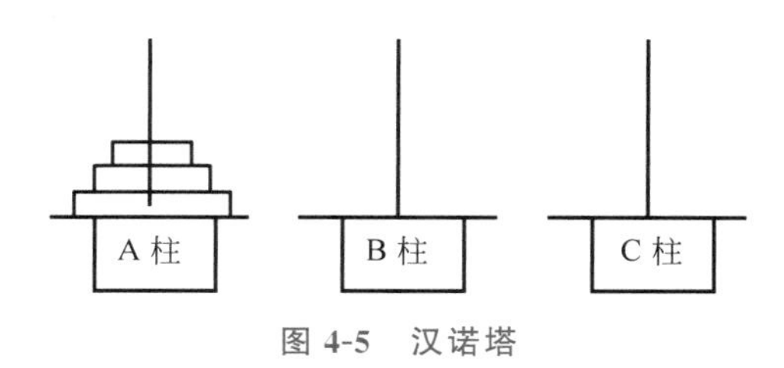

图 4-5 汉诺塔

分析：

(1) A柱只有一个盘子的情况：A柱→C柱。

(2) A柱有两个盘子的情况：小盘A柱→B柱，大盘A柱→C柱，小盘B柱→C柱。

(3) A柱有n个盘子的情况：将此问题看成上面n−1个盘子和最下面第n个盘子的情况。n−1个盘子A柱→B柱，第n个盘子A柱→C柱，n−1个盘子B柱→C柱。问题转化成搬动n−1个盘子的问题，同样将n−1个盘子看成上面n−2个盘子和下面第n−1个盘子的情况，进一步转化为搬动n−2个盘子的问题，类推下去，直到最后成为搬动一个盘子的问题。

这是一个典型的递归问题，递归结束于只搬动一个盘子。

算法可以描述如下：

① n−1个盘子A柱→B柱，借助于C柱。

② 第n个盘子A柱→C柱。

③ n−1个盘子B柱→C柱，借助于A柱。

其中，步骤①和步骤③继续递归下去，直到搬动一个盘子为止。由此可以定义两个函数：一个是递归函数，命名为hanoi(n, source, temp, target)，实现将n个盘子从源柱source借助中间柱temp搬到目标柱target；另一个函数命名为move(source, target)，用来输出搬动一个盘子的提示信息。

```
def move(source, target):
    print(source," = =>",target)
def hanoi(n, source, temp, target):
    if(n == 1):
        move(source,target)
    else:
        hanoi(n - 1,source,target,temp)        #将n-1个盘子搬到中间柱
        move(source,target)                    #将最后一个盘子搬到目标柱
        hanoi(n - 1,temp,source,target)        #将n-1个盘子搬到目标柱
#主程序
n = int(input("输入盘子数: "))
print(" 移动 ",n ," 个盘子的步骤是: ")
hanoi(n,'A','B','C')
```

执行以上代码输出的结果如下：

```
输入盘子数: 3 ↙
移动 3 个盘子的步骤是:
A = =>C
```

```
A= =>B
C= =>B
A= =>C
B= =>A
B= =>C
A= =>C
```

注意：计算一个数的阶乘的问题可以利用递归函数和非递归函数解决，对于汉诺塔问题，为其设计一个非递归程序却不是一件简单的事情。

视频讲解

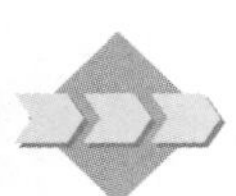

4.4 内置函数

内置函数(built-in function)又称系统函数或内建函数，是指 Python 本身所提供的函数，在任何时候都可以使用。Python 常用的内置函数有数学运算函数、集合操作函数、字符串函数、反射函数和 I/O 函数等。

4.4.1 数学运算函数

数学运算函数完成算术运算，如表 4-1 所示。

表 4-1 数学运算函数

函　　数	具体说明
abs(x)	求绝对值。参数可以是整型，也可以是复数，若参数是复数，则返回复数的模
complex([real[,imag]])	创建一个复数
divmod(a, b)	分别取商和余数。例如，divmod(20,6)的结果是(3,2)
float(x)	将一个字符串或数转换为浮点数。如果无参数将返回 0.0。例如，float('123')的结果是 123.0
int([x[,base]])	将一个字符转换为 int 类型，base 表示进制。例如，int('100',base=2)的结果是 4
pow(x,y)	返回 x 的 y 次幂。例如，pow(2,3)的结果是 8
range([start],stop[,step])	产生一个序列，默认从 0 开始
round(x[,n])	对参数 x 的第 n+1 位小数进行四舍五入，返回一个小数位数为 n 的浮点数
sum(iterable[,start])	对集合求和
bool(x)	将 x 转换为 boolean 类型。例如，bool(5)的结果是 True，bool(0)的结果是 False
oct(x)	将整数 x 转换为八进制字符串
hex(x)	将整数 x 转换为十六进制字符串
chr(i)	返回整数 i 对应的 ASCII 字符
bin(x)	将整数 x 转换为二进制字符串
eval(str)	将字符串 str 当成有效的表达式来求值并返回计算结果。例如，eval("1+2 * 3")的结果是 7

4.4.2 集合操作函数

集合操作函数完成对集合的操作，如表 4-2 所示。

表 4-2　集合操作函数

函　　数	具体说明
format(value [, format_spec])	格式化输出字符串。格式化的参数顺序从 0 开始，例如"I am {0}, I like {1}"
unichr(i)	返回给定 int 类型的 Unicode
enumerate(sequence[,start = 0])	返回一个可枚举的对象，该对象的 next()方法将返回一个元组
max(iterable[, args…][key])	返回集合中的最大值
min(iterable[, args…][key])	返回集合中的最小值
dict([arg])	创建数据字典
list([iterable])	将一个集合类转换为列表
set()	set 对象实例化
frozenset([iterable])	产生一个不可变的 set
str([object])	转换为 string 类型
sorted(iterable)	集合排序
tuple([iterable])	生成一个 tuple 类型
len(s)	返回集合中元素的个数

4.4.3 字符串函数

常用的 Python 字符串操作有字符串的替换、删除、截取、复制、连接、比较、查找、分割等。字符串函数如表 4-3 所示。

表 4-3　字符串函数

函　　数	具体说明
string.capitalize()	把字符串的第一个字符大写
string.count(str, beg=0, end=len(string))	返回 str 在 string 里面出现的次数，如果 beg 或者 end 指定，则返回指定范围内 str 出现的次数
string.decode(encoding='UTF-8')	以 encoding 指定的编码格式解码 string
string.endswith(obj, beg = 0, end = len(string))	检查字符串是否以 obj 结束，如果 beg 或者 end 指定范围，则检查指定范围是否以 obj 结束，如果是则返回 True，否则返回 False
string.find(str, beg = 0, end = len(string))	检测 str 是否包含在 string 中，如果 beg 和 end 指定范围，则检查是否包含在指定范围内，如果是则返回开始的索引值，否则返回－1
string.index(str, beg=0, end=len(string))	跟 find()方法一样，只不过如果 str 不在 string 中则会报一个异常
string.isalnum()	如果 string 至少有一个字符并且所有字符都是字母或数字，则返回 True，否则返回 False
string.isalpha()	如果 string 至少有一个字符并且所有字符都是字母，则返回 True，否则返回 False
string.isdecimal()	如果 string 只包含十进制数字则返回 True，否则返回 False

续表

函　　数	具体说明
string. isdigit()	如果 string 只包含数字则返回 True,否则返回 False
string. islower()	如果 string 中至少包含一个区分大小写的字符,并且所有这些(区分大小写的)字符都是小写,则返回 True,否则返回 False
string. isnumeric()	如果 string 中只包含数字字符,则返回 True,否则返回 False
string. isspace()	如果 string 中只包含空格,则返回 True,否则返回 False
string. istitle()	如果 string 是标题化的(见 title()),则返回 True,否则返回 False
string. isupper()	如果 string 中至少包含一个区分大小写的字符,并且所有这些(区分大小写的)字符都是大写,则返回 True,否则返回 False
string. join(seq)	以 string 作为分隔符,将 seq 中所有的元素(的字符串表示)合并为一个新的字符串
string. ljust(width)	返回一个原字符串左对齐并使用空格填充至长度 width 的新字符串
string. lower()	转换 string 中的所有大写字符为小写
string. lstrip()	截掉 string 左边的空格
max(str)	返回字符串 str 中最大的字母
min(str)	返回字符串 str 中最小的字母
string. replace(str1, str2, num)	把 string 中的 str1 替换成 str2,如果 num 指定,则替换不超过 num 次
string. rfind(str, beg=0, end=len(string))	类似于 find()函数,不过是从右边开始查找
string. rindex(str, beg=0, end=len(string))	类似于 index(),不过是从右边开始
string. rstrip()	删除 string 字符串末尾的空格
string. split(str="", num=string.count(str))	以 str 为分隔符切片 string,如果 num 有指定值,则仅分隔 num 个子字符串
string. startswith(obj, beg=0, end=len(string))	检查字符串是不是以 obj 开头,是则返回 True,否则返回 False。如果 beg 和 end 指定值,则在指定范围内检查
string. upper()	转换 string 中的小写字母为大写

分割和组合字符串函数的应用实例如下:

```
str1 = "hello world Python";
list1 = str1.split(" ");                      #按空格分割字符串 str1,形成列表 list1
print(list1);                                 #结果是['hello', 'world', 'Python']
str1 = "hello world\nPython";
list1 = str1.splitlines();                    #按换行符分割字符串 str1,形成列表 list1
print(list1);
list1 = ["hello", "world", "Python"]
str1 = "#"
print(str1.join(list1))                       #用#连接列表元素形成字符串 str1
```

结果是:

```
['hello', 'world', 'Python']
['hello world', 'Python']
hello#world#Python
```

4.4.4 反射函数

反射函数主要用于获取类型、对象的标识、基类等操作，如表 4-4 所示。

表 4-4 反射函数

函　　数	具体说明
getattr(object,name [,default])	获取一个类的属性
globals()	返回一个描述当前全局符号表的字典
hasattr(object,name)	判断对象 object 是否包含名为 name 的特性
hash(object)	如果对象 object 为哈希表类型，返回对象 object 的哈希值
id(object)	返回对象的唯一标识
isinstance(object,classinfo)	判断 object 是不是 class 的实例
issubclass(class,classinfo)	判断是不是子类
locals()	返回当前的变量列表
map(function,iterable,…)	遍历每个元素，执行 function 操作
memoryview(obj)	返回一个内存镜像类型的对象
next(iterator[,default])	类似于 iterator. next()
object()	基类
property([fget[,fset[,fdel[,doc]]]])	属性访问的包装类，设置后可以通过 c. x=value 等来访问 setter 和 getter
reload(module)	重新加载模块
setattr(object,name,value)	设置属性值
repr(object)	将一个对象变换为可打印的格式
staticmethod	声明静态方法，是一个注解
super(type[,object-or-type])	引用父类
type(object)	返回该 object 的类型
vars([object])	返回对象的变量，若无参数则与 dict()方法类似

4.4.5 I/O 函数

I/O 函数主要用于输入与输出等操作，如表 4-5 所示。

表 4-5 I/O 函数

函　　数	具体说明
file(filename[,mode[,bufsize]])	file 类型的构造函数，作用为打开一个文件，如果文件不存在且 mode 为写或追加时，文件将被创建。添加 b 到 mode 参数中，将对文件以二进制形式操作。添加+到 mode 参数中，将允许对文件同时进行读/写操作。 ➢ 参数 filename：文件名称。 ➢ 参数 mode：'r'(读)、'w'(写)、'a'(追加)。 ➢ 参数 bufsize：如果为 0 则表示不进行缓冲；如果为 1 则表示进行缓冲；如果是一个大于 1 的数则表示缓冲区的大小
input([prompt])	获取用户的输入，输入都是作为字符串处理
open(name[,mode[,buffering]])	打开文件，推荐使用 open
print()	打印函数

视频讲解

4.5 模块

模块(module)能够有逻辑地组织 Python 代码段，把相关的代码分配到一个模块里能让代码更好用，更易懂。简单地说，模块就是一个保存了 Python 代码的文件。在模块里能定义函数、类和变量。

Python 中的模块和 C 语言中的头文件以及 Java 中的包很类似，例如在 Python 中要调用 sqrt()函数，必须用 import 关键字引入 math 这个模块。下面就来学习 Python 中的模块。

4.5.1 导入模块

1. 导入模块的方式

在 Python 中用关键字 import 导入某个模块。方式如下：

import 模块名　　　# 导入模块

例如要引用模块 math，就可以在文件最开始的地方用 import math 来导入。

在调用模块中的函数时必须这样调用：

模块名.函数名

例如：

```
import math                      # 导入 math 模块
print("50 的平方根：", math.sqrt(50))
y = math.pow(5,3)
print("5 的 3 次方：",y)        # 5 的 3 次方：125.0
```

为什么在调用时必须加上模块名呢？因为可能存在这样一种情况：在多个模块中含有相同名称的函数，此时如果只是通过函数名来调用，解释器无法知道到底要调用哪个函数。所以在像上述那样导入模块的时候，调用函数必须加上模块名。

有时只需要用到模块中的某个函数，只需引入该函数即可，此时可以通过以下语句引入：

from 模块名 import 函数名 1，函数名 2，…

在通过这种方式引入的时候，调用函数时只能给出函数名，不能给出模块名，但是当两个模块中含有相同名称函数的时候，后面一次引入会覆盖前一次引入。

也就是说，假如模块 A 中有函数 fun()，模块 B 中也有函数 fun()，如果引入 A 中的 fun()在先、B 中的 fun()在后，那么当调用 fun()函数的时候会去执行模块 B 中的 fun()函数。

如果想一次性导入 math 中的所有内容，还可以通过：

```
from math import *
```

这种方式提供了一个简单的方式来导入模块中的所有项目，然而不建议过多地使用这种方式。

2. 模块位置的搜索顺序

当导入一个模块时，Python 解析器对模块位置的搜索顺序如下：

(1) 当前目录。

(2) 如果不在当前目录，Python 则搜索 PYTHON PATH 环境变量下的每个目录。

(3) 如果都找不到，Python 会查看由安装过程决定的默认目录。

模块搜索路径存储在 system 模块的 sys. path 变量中。变量中包含当前目录、PYTHON PATH 和由安装过程决定的默认目录。

例如：

```
>>> import sys
>>> print(sys.path)
```

输出结果如下：

```
['','D:\\Python\\Python35-32\\Lib\\idlelib', 'D:\\Python\\Python35-32\\python35.zip', 'D:
\\Python\\Python35-32\\DLLs', 'D:\\Python\\Python35-32\\lib', 'D:\\Python\\Python35-32',
'D:\\Python\\Python35-32\\lib\\site-packages']
```

3. 列举模块内容

dir(模块名)函数返回一个排好序的字符串列表，内容是模块中定义的变量和函数。

例如下面一个简单的实例：

```
import math          # 导入 math 模块
content = dir(math)
print(content)
```

输出结果如下：

```
['__doc__', '__loader__', '__name__', '__package__', '__spec__', 'acos', 'acosh', 'asin', 'asinh',
'atan', 'atan2', 'atanh', 'ceil', 'copysign', 'cos', 'cosh', 'degrees', 'e', 'erf', 'erfc', 'exp', 'expm1',
'fabs', 'factorial', 'floor', 'fmod', 'frexp', 'fsum', 'gamma', 'gcd', 'hypot', 'inf', 'isclose',
'isfinite','isinf', 'isnan', 'ldexp', 'lgamma', 'log', 'log10', 'log1p', 'log2', 'modf', 'nan', 'pi',
'pow', 'radians', 'sin', 'sinh', 'sqrt', 'tan', 'tanh', 'trunc']
```

在这里，特殊字符串变量__name__指模块的名字，__file__指该模块所在的文件名，__doc__指该模块的文档字符串。

4.5.2 定义自己的模块

在 Python 中，每个 Python 文件都可以作为一个模块，模块的名字就是文件的名字。

例如有一个文件 fibo. py，在 fibo. py 中定义了 3 个函数 add()、fib()和 fib2()：

```
#fibo.py
#斐波那契(Fibonacci)数列模块
def fib(n):                 #定义到 n 的斐波那契数列
    a, b = 0, 1
    while b < n:
        print(b, end = '')
        a, b = b, a + b
    print()
def fib2(n):                #返回到 n 的斐波那契数列
    result = []
    a, b = 0, 1
    while b < n:
        result.append(b)
        a, b = b, a + b
    return result
def add(a,b):
    return a + b
```

那么在其他文件(例如 test.py)中就可以如下使用：

```
#test.py
import fibo
```

加上模块名称来调用函数：

```
fibo.fib(1000)      #结果是 1 1 2 3 5 8 13 21 34 55 89 144 233 377 610 987
fibo.fib2(100)      #结果是[1, 1, 2, 3, 5, 8, 13, 21, 34, 55, 89]
fibo.add(2,3)       #结果是 5
```

当然也可以通过“from fibo import add,fib,fib2”来引入。

直接用函数名来调用函数：

```
fib(500)      #结果是 1 1 2 3 5 8 13 21 34 55 89 144 233 377
```

如果想列举 fibo 模块中定义的属性列表，可以如下使用：

```
import fibo
dir(fibo)      #得到自定义模块 fibo 中定义的变量和函数
```

输出结果如下：

```
['__name__', 'fib', 'fib2', 'add']
```

下面学习一些常用的标准模块。

4.5.3 time 模块

在 Python 中通常用以下两种方式来表示时间。

➢ 时间戳：从 1970 年 1 月 1 日 00:00:00 开始到现在的秒数。
➢ 时间元组 struct_time：其中共有 9 个元素，具体有 tm_year(年，例如 2011)、tm_mon(月)、tm_mday(日)、tm_hour(小时，0～23)、tm_min(分，0～59)、tm_sec(秒，0～59)、tm_wday(星期，0～6，0 表示周日)、tm_yday(一年中的第几天，1～366)、tm_isdst(是不是夏令时，默认 1 为夏令时)。

在 time 模块中既有时间处理函数，也有转换时间格式的函数，如表 4-6 所示。

表 4-6 time 模块中的函数

函　　数	具体说明
time.asctime([tupletime])	接收时间元组并返回一个可读的形式为"Tue Dec 11 18:07:14 2008"(2008 年 12 月 11 日周二 18 时 07 分 14 秒)的 24 个字符的字符串
time.clock()	用以浮点数计算的秒数返回当前的 CPU 时间，用来衡量不同程序的耗时，比 time.time()更有用
time.ctime([secs])	作用相当于 asctime(localtime(secs))，获取当前时间字符串
time.gmtime([secs])	接收时间戳(1970 纪元后经过的浮点秒数)并返回时间元组 t
time.localtime([secs])	接收时间戳(1970 纪元后经过的浮点秒数)并返回当地时间的时间元组 t
time.mktime(tupletime)	接收时间元组并返回时间戳(1970 纪元后经过的浮点秒数)
time.sleep(secs)	推迟调用线程的运行，secs 指秒数
time.strftime(fmt[,tupletime])	接收时间元组，并返回以可读字符串表示的当地时间，格式由 fmt 决定
time.strptime(str,fmt='%a %b %d %H:%M:%S %Y')	根据 fmt 的格式把一个时间字符串解析为时间元组
time.time()	返回当前时间的时间戳(1970 纪元后经过的浮点秒数)

例如：

```
>>> import time
>>> time.localtime()                           #将当前时间转换为 struct_time 时间元组
    time.struct_time(tm_year=2016, tm_mon=7, tm_mday=30, tm_hour=10, tm_min=52, tm_
sec=45, tm_wday=5, tm_yday=212, tm_isdst=0)
>>> time.localtime(1469847200.2749472)         #将时间戳转换为 struct_time 时间元组
    time.struct_time(tm_year=2016, tm_mon=7, tm_mday=30, tm_hour=10, tm_min=53, tm_
sec=20, tm_wday=5, tm_yday=212, tm_isdst=0)
>>> time.time()                                #返回当前时间的时间戳，是一个浮点数
    1469847200.2749472
>>> time.mktime(time.localtime())              #将一个 struct_time 转换为时间戳
    1469847200.2749472
>>> time.strptime('2016-05-05 16:37:06', '%Y-%m-%d %X')
                                               #把一个格式化时间字符串转换为 struct_time
```

```
    time.struct_time(tm_year = 2016, tm_mon = 5, tm_mday = 5, tm_hour = 16, tm_min = 37, tm_
sec = 6, tm_wday = 3, tm_yday = 126, tm_isdst = -1)
#把一个时间元组 struct_time(例如由 time.localtime()和 time.gmtime()返回)转换为格式化的
#时间字符串
>>> time.strftime("%Y-%m-%d %X", time.localtime())
    '2016-07-30 10:58:01'
```

4.5.4 calendar 模块

此模块的函数都是与日历相关的，例如打印某月的字符月历。星期一是默认的每周第一天，星期天是默认的最后一天。更改设置需调用 calendar.setfirstweekday()函数。calendar 模块中的函数如表 4-7 所示。

表 4-7 日历(calendar)模块中的函数

函　　数	具体说明
calendar(year,w=2,l=1,c=6)	返回一个多行字符串格式的 year 年年历，3 个月一行，每日宽度间隔为 w 字符。间隔距离为 c。每行长度为 21 * w+18+2 * c。l 是每星期行数
firstweekday()	返回当前每周起始日期的设置。在默认情况下，首次载入 calendar 模块时返回 0，即星期一
isleap(year)	是闰年返回 True，否则返回 False
leapdays(y1,y2)	返回在 y1、y2 两年之间的闰年总数
month(year,month,w=2,l=1)	返回一个多行字符串格式的 year 年 month 月日历，两行标题，一周一行。每日宽度间隔为 w 字符。每行的长度为 7 * w+6。l 是每星期的行数
monthcalendar(year,month)	返回一个整数的单层嵌套列表。每个子列表装载代表一个星期的整数。year 年 month 月外的日期都设为 0；范围内的日子都由该月的第几日表示，从 1 开始
monthrange(year,month)	返回两个整数。第一个是该月的星期几的日期码，第二个是该月的日期码。日从 0(星期一)到 6(星期日)；月从 1 到 12
setfirstweekday(weekday)	设置每周的起始日期码，从 0(星期一)到 6(星期日)
timegm(tupletime)	和 time.gmtime()相反，接收一个时间元组形式，返回该时刻的时间戳(1970 纪元后经过的浮点秒数)
weekday(year,month,day)	返回给定日期的日期码。日从 0(星期一)到 6(星期日)。月份从 1(1 月)到 12(12 月)

4.5.5 datetime 模块

datetime 模块为日期和时间处理提供了更直观、更容易调用的函数方法；在支持日期和时间运算的同时，还有更有效地处理和格式化输出；同时该模块还支持时区处理。

datetime 模块还包含 3 个类，即 date、time 和 datetime。

1. date 类

date 类对象表示一个日期。日期由年、月、日组成。

date 类的构造函数如下：

```
date(year, month, day)
```

构造函数，接收年、月、日 3 个参数，返回一个 date 对象。

其常用函数方法如下。

- timetuple()：返回一个 time 的时间格式对象，等价于 time.localtime()。
- today()：返回当前日期 date 对象，等价于 fromtimestamp(time.time())。
- toordinal()：返回公元公历开始到现在的天数。公元 1 年 1 月 1 日为 1。
- weekday()：返回星期几，从 0(星期一)到 6(星期日)。
- year，month，day：返回 date 对象的年、月、日。

2. time 类

time 类表示时间，由时、分、秒以及微秒组成。

time 类的构造函数如下：

```
class datetime.time(hour[ , minute[ , second[ , microsecond[ , tzinfo] ] ] ] )
```

其中，hour 的范围为[0，24)，minute 的范围为[0，60)，second 的范围为[0，60)，microsecond 的范围为[0，1000000)。

其常用函数方法如下。

- time([hour[，minute[，second[，microsecond[，tzinfo]]]]])：构造函数，返回一个 time 对象。所有参数均为可选。
- dst()：返回时区信息的描述。如果实例中没有 tzinfo 参数，则返回空。
- isoformat()：返回 HH:MM:SS[.mmmmmm][+HH:MM]格式字符串。

3. datetime 类

datetime 模块还包含一个 datetime 类，通过 from datetime import datetime 导入的才是 datetime 类。

如果仅导入 import datetime，则必须引用全名 datetime.datetime。

datetime 类的构造函数如下：

```
datetime(year, month, day[, hour[, minute[, second[, microsecond[,tzinfo]]]]])
```

该构造函数返回一个 datetime 对象。year、month、day 为必选参数。

其常用函数方法如下。

- datetime.now()：返回当前日期和时间，其类型是 datetime。
- combine()：根据给定 date、time 对象合并后返回一个对应值的 datetime 对象。
- ctime()：返回 ctime 格式的字符串。

➢ date():返回具有相同 year、month、day 的 date 对象。
➢ fromtimestamp():根据时间戳数值返回一个 datetime 对象。
➢ now():返回当前时间。

例如:

```
>>> from datetime import date
>>> now = date.today()                    #创建表示今天日期的 date 类对象
>>> now
datetime.date(2016, 7, 30)
>>> now.year
2016
>>> now.timetuple()                       #将当前日期转换为 struct_time 时间元组
time.struct_time(tm_year=2016, tm_mon=7, tm_mday=30, tm_hour=0, tm_min=0, tm_sec=0,
tm_wday=5, tm_yday=212, tm_isdst=-1)
>>> birthday = date(1974, 7, 20)          #创建表示日期的 date 类对象
>>> age = now - birthday                  #age 是 datetime.timedelta
>>> age.days
15351                                     #两个日期相差的天数
#时间加减
>>> from datetime import datetime, timedelta
>>> now = datetime(2016, 5, 18, 16, 57, 13)  #2016 年 5 月 18 日 16 点 57 分 13 秒
>>> now + timedelta(hours=10)             #增加 10 小时
datetime.datetime(2016, 5, 19, 2, 57, 13)
>>> now - timedelta(days=1)               #减 1 天
datetime.datetime(2016, 5, 17, 16, 57, 13)
>>> now + timedelta(days=2, hours=12)     #增加两天,12 个小时
datetime.datetime(2016, 5, 21, 4, 57, 13)
```

4.5.6 random 模块

随机数可以用于数学、游戏等领域中,还经常被嵌入算法中,用于提高算法效率,并提高程序的安全性。随机数函数在 random 模块中,random 模块中的函数如表 4-8 所示。

表 4-8 random 模块中的函数

函　　数	具体说明
random.choice(seq)	从序列的元素中随机挑选一个元素,例如 random.choice(range(10)),在从 0 到 9 中随机挑选一个整数
random.randrange([start,] stop [,step])	从指定范围内按指定 step 递增的集合中获取一个随机数,step 的默认值为 1,例如 random.randrange(6),在 0～5 中随机挑选一个整数
random.random()	随机生成下一个实数,它在[0,1)内
random.seed([x])	改变随机数生成器的种子 seed。如果用户不了解其原理,不必特别去设定 seed,Python 会帮用户选择 seed
random.shuffle(list)	将序列的所有元素随机排序
random.uniform(x, y)	随机生成下一个实数,它在[x,y]内

4.5.7　math 模块和 cmath 模块

math 模块提供了许多对浮点数的数学运算函数，这些函数一般是对 C 语言库中同名函数的简单封装。math 模块的数学运算函数如表 4-9 所示。

表 4-9　math 模块的数学运算函数

函　　数	具体说明
math.e	自然常数 e
math.pi	圆周率 pi
math.degrees(x)	弧度转度
math.radians(x)	度转弧度
math.exp(x)	返回 e 的 x 次方
math.expm1(x)	返回 e 的 x 次方减 1
math.log(x[,base])	返回 x 的以 base 为底的对数，base 默认为 e
math.log10(x)	返回 x 的以 10 为底的对数
math.pow(x,y)	返回 x 的 y 次方
math.sqrt(x)	返回 x 的平方根
math.ceil(x)	返回不小于 x 的整数
math.floor(x)	返回不大于 x 的整数
math.trunc(x)	返回 x 的整数部分
math.modf(x)	返回 x 的小数和整数
math.fabs(x)	返回 x 的绝对值
math.fmod(x,y)	返回 x%y(取余)
math.factorial(x)	返回 x 的阶乘
math.hypot(x,y)	返回以 x 和 y 为直角边的斜边长
math.copysign(x,y)	若 y<0，返回−1 乘以 x 的绝对值，否则返回 x 的绝对值
math.ldexp(m,i)	返回 m 乘以 2 的 i 次方
math.sin(x)	返回 x(弧度)的三角正弦值
math.asin(x)	返回 x(弧度)的反三角正弦值
math.cos(x)	返回 x(弧度)的三角余弦值
math.acos(x)	返回 x(弧度)的反三角余弦值
math.tan(x)	返回 x(弧度)的三角正切值
math.atan(x)	返回 x(弧度)的反三角正切值
math.atan2(x,y)	返回 x/y(弧度)的反三角正切值

例如：

```
>>> import math
>>> math.pow(5,3)      #结果为 125.0
>>> math.sqrt(3)       #结果为 1.7320508075688772
>>> math.ceil(5.2)     #结果为 6.0
>>> math.floor(5.8)    #结果为 5.0
>>> math.trunc(5.8)    #结果为 5
```

另外，在 Python 的 cmath 模块中包含了一些用于复数运算的函数。cmath 模块的函数与 math 模块的函数基本一致，区别是 cmath 模块运算的是复数，math 模块进行的是数学运算。

```
>>> import cmath
>>> cmath.sqrt(-1)          #结果为 1j
>>> cmath.sqrt(9)           #结果为(3+0j)
>>> cmath.sin(1)            #结果为(0.8414709848078965+0j)
>>> cmath.log10(100)        #结果为(2+0j)
```

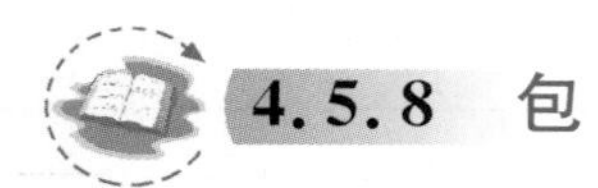

4.5.8 包

在创建许多模块后，可能希望将某些功能相近的模块文件组织在同一文件夹下，这时就需要运用包的概念。通常包是一个文件夹，需要注意的是，该文件夹必须存在__init__.py 文件，否则 Python 就把这个文件夹当成普通文件夹，而不是一个包。

包中是一些模块文件和子文件夹，假如子文件夹中也有__init__.py，那么它就是这个包的子包。__init__.py(文件内容可以为空)一般用来进行包的某些初始化工作或者设置__all__列表变量。

从包中导入模块时用“包名.模块名”方式。例如 pg1 文件夹下有 3 个文件，分别是__init__.py、ModuleA.py 和 fibo.py，同时还有 pg2 子文件夹。结构如下：

```
pg1(文件夹)
|-- __init__.py
|-- ModuleA.py
|-- fibo.py
|-- pg2(文件夹)
      |--__init__.py
      |-- ModuleB.py
```

如果要导入 pg1 包下的 ModuleA、fibo 模块，那么在其他文件(例如 test.py)中就可以如下使用：

```
#test.py
import pg1.ModuleA
import pg1.fibo
import pg1.pg2.ModuleB
```

在使用时必须用全路径名，加上模块名称来调用函数：

```
pg1.fibo.fib(1000)        #结果是 1 1 2 3 5 8 13 21 34 55 89 144 233 377 610 987
pg1.fibo.fib2(100)        #结果是[1, 1, 2, 3, 5, 8, 13, 21, 34, 55, 89]
```

另外也可以直接导入模块中的函数，使用方式如下：

```
from 包名.子包名.模块名 import 函数名
from 包名.子包名.模块名 import *
```

例如文件(如 test.py)中:

```
from pg1.fibo import fib
from pg1.fibo import *
from pg1.pg2.ModuleB import *
fib(1000)     #直接通过函数名来调用函数
```

注意:在使用 from package import * 时,如果包的__init__.py 定义了一个名为__all__的列表变量,它包含的模块名字的列表将作为被导入的模块列表。例如:

在 pg1 包的__init__.py 文件中添加__all__变量:

```
__all__ = ['ModuleA','fibo']
```

如果包的__init__.py 没有定义__all__,from package import * 这条语句导入的内容为空,不会导入所有的 package 的子模块。

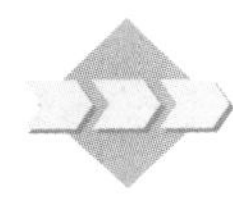

4.6 游戏初步

【案例 4-1】 扑克牌发牌程序。

4 名牌手打牌,计算机随机将 52 张牌(不含大/小鬼)发给 4 名牌手,在屏幕上显示每位牌手的牌。程序的运行结果如图 4-6 所示。

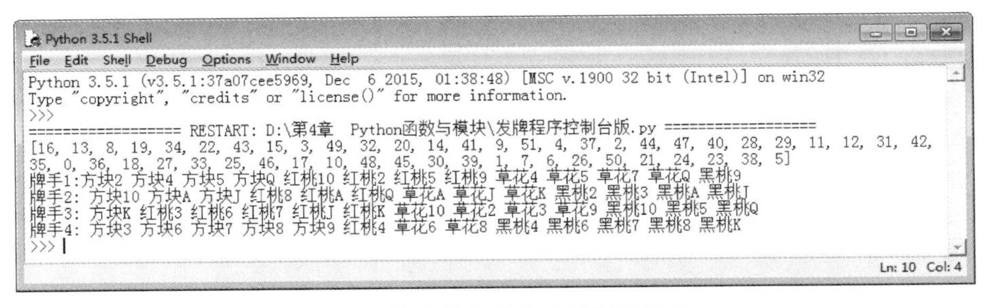

图 4-6 扑克牌发牌程序的运行结果

分析:将要发的 52 张牌按草花 0…12、方块 13…25、红桃 26…38、黑桃 39…51 顺序编号并存储在 pocker 列表(未洗牌之前)中。也就是说,列表中某元素存储的是 14,则说明是方块 2,是 26 则说明是红桃 A。gen_pocker(n)随机产生两个位置索引,交换两个位置的牌,随机交换两张牌 100 次,从而达到洗牌的目的。

发牌时,将交换后的 pocker 列表按顺序加到 4 个牌手的列表中。

```
import random
n = 52
```

```
def gen_pocker(n):                          #交换牌的顺序 100 次,达到洗牌的目的
    x = 100
    while(x > 0):
        x = x - 1
        p1 = random.randint(0,n - 1)
        p2 = random.randint(0,n - 1)
        t = pocker[p1]
        pocker[p1] = pocker[p2]
        pocker[p2] = t
    return pocker
def getColor(x):                            #获取牌的花色
    color = ["草花","方块","红桃","黑桃"]
    c = int(x/13)
    if c < 0 or c >= 4:
        return "ERROR!"
    return color[c]
def getValue(x):                            #获取牌的牌面大小
    value = x % 13
    if value == 0:
        return 'A'
    elif value >= 1 and value <= 9:
        return str(value + 1)
    elif value == 10:
        return 'J'
    elif value == 11:
        return 'Q'
    elif value == 12:
        return 'K'
def getPuk(x):
    return getColor(x) + getValue(x)
#主程序
(a,b,c,d) = ([],[],[],[])                    #a、b、c、d 共 4 个列表分别存储 4 个人的牌
pocker = [i for i in range(n)]               #未洗牌之前
pocker = gen_pocker(n)                       #洗牌的目的
print(pocker)
for x in range(13):                          #发牌,每人 13 张牌
    m = x * 4
    a.append(getPuk(pocker[m]))
    b.append(getPuk(pocker[m + 1]))
    c.append(getPuk(pocker[m + 2]))
    d.append(getPuk(pocker[m + 3]))
a.sort()                                     #排序牌手的牌,相当于理牌,同花色的牌在一起
b.sort()
c.sort()
d.sort()
print("牌手 1",end = ":")
for x in a:
    print(x,end = " ")
print("\n 牌手 2",end = ": ")
```

```
for x in b:
    print(x,end = " ")
print("\n 牌手 3",end = ": ")
for x in c:
    print(x,end = " ")
print("\n 牌手 4",end = ": ")
for x in d:
    print(x,end = " ")
```

实际上，如果 pocker 列表（未洗牌之前）直接存储扑克牌，而不是扑克牌的编号，则程序更加简单，不过 pocker 列表的创建书写起来麻烦一些。修改后代码如下：

```
#主程序
import random
(a,b,c,d) = ([],[],[],[])          #a、b、c、d 共 4 个列表分别存储 4 个人的牌
#未洗牌之前
pocker = ['草花 A', '草花 2', '草花 3', '草花 4', '草花 5', '草花 6', '草花 7', '草花 8', '草花 9',
'草花 10','草花 J', '草花 Q', '草花 K', '方块 A', '方块 2', '方块 3', '方块 4', '方块 5', '方块 6',
'方块 7', '方块 8', '方块 9', '方块 10', '方块 J', '方块 Q', '方块 K', '红桃 A', '红桃 2', '红桃 3',
'红桃 4', '红桃 5', '红桃 6', '红桃 7', '红桃 8', '红桃 9', '红桃 10', '红桃 J', '红桃 Q', '红桃 K',
'黑桃 A', '黑桃 2', '黑桃 3', '黑桃 4', '黑桃 5', '黑桃 6', '黑桃 7', '黑桃 8', '黑桃 9', '黑桃 10',
'黑桃 J', '黑桃 Q', '黑桃 K']   #未洗牌之前
random.shuffle(pocker)          #将序列中的所有元素随机排序，达到洗牌的目的
for x in range(13):             #发牌，每人 13 张牌
    a.append(pocker.pop(0))
    b.append(pocker.pop(0))
    c.append(pocker.pop(0))
    d.append(pocker.pop(0))
print("牌手 1",end = ":")
for x in a:
    print(x,end = " ")
print("\n 牌手 2",end = ": ")
for x in b:
    print(x,end = " ")
print("\n 牌手 3",end = ": ")
for x in c:
    print(x,end = " ")
print("\n 牌手 4",end = ": ")
for x in d:
    print(x,end = " ")
```

在未洗牌之前也可以使用列表生成式产生扑克牌列表 pocker。

```
color = ['草花','方块', '红桃','黑桃']
points = ['A','1', '2','3','4', '5','6','7', '8','9','10', 'J','Q','K']
pocker = [c + p for c in color for p in points]
```

【案例 4-2】 人机对战井字棋游戏。

在九宫方格内进行，如果一方抢先于某方向（横、竖、斜）连成 3 子，则获取胜利。在游戏中输入方格位置代号的形式如下：

0	1	2
3	4	5
6	7	8

在游戏中，board棋盘存储玩家、计算机落子信息，未落子处为EMPTY。由于人机对战，需要实现计算机的智能性，下面是为这个计算机机器人设计的简单策略：

(1) 如果有一步棋可以让计算机机器人在本轮获胜，就选那一步走。

(2) 否则，如果有一步棋可以让玩家在本轮获胜，就选那一步走。

(3) 否则，计算机机器人应该选择最佳空位置来走。最佳位置就是中间那个，第二好位置是4个角，剩下的就都算第三好的了。

在程序中定义一个元组BEST_MOVES存储最佳方格位置：

```
#按优劣顺序排序的下棋位置
BEST_MOVES = (4, 0, 2, 6, 8, 1, 3, 5, 7)        #最佳下棋位置顺序表
```

按上述规则设计程序，这样就可以实现计算机的智能性。

井字棋的输赢判断比较简单，不像五子棋赢的时候连成五子的情况很多，这里只有8种方式(即3颗同样的棋子排成一条直线)。每种获胜方式都被写成一个元组，这样就可以得到嵌套元组WAYS_TO_WIN。

```
#所有赢的可能情况，例如(0, 1, 2)就是第一行，(0, 4, 8), (2, 4, 6)就是对角线
WAYS_TO_WIN = ((0, 1, 2), (3, 4, 5), (6, 7, 8), (0, 3, 6),
               (1, 4, 7), (2, 5, 8), (0, 4, 8), (2, 4, 6))
```

通过遍历，就可以判断是否赢了。下面是井字棋游戏的代码。

```
#Tic-Tac-Toe 井字棋游戏
#全局常量
X = "X"
O = "O"
EMPTY = " "
#询问是否继续
def ask_yes_no(question):
    response = None
    while response not in("y", "n"):        #如果输入不是"y"或"n",继续重新输入
        response = input(question).lower()
    return response
#输入位置数字
def ask_number(question, low, high):
    response = None
    while response not in range(low, high):
        response = int(input(question))
    return response
#询问谁先走，先走方为X,后走方为O
#函数返回计算机方、玩家的角色代号
```

```
def pieces():
    go_first = ask_yes_no("玩家你是否先走 (y/n): ")
    if go_first == "y":
        print("\n 玩家你先走。")
        human = X
        computer = O
    else:
        print("\n 计算机先走。")
        computer = X
        human = O
    return computer, human
#产生新的棋盘
def new_board():
    board = []
    for square in range(9):
        board.append(EMPTY)
    return board
#显示棋盘
def display_board(board):
    board2 = board[:]                       #创建副本,修改不影响原来的列表 board
    for i in range(len(board)):
        if board[i] == EMPTY:
            board2[i] = i
    print("\t", board2[0], "|", board2[1], "|", board2[2])
    print("\t", "---------")
    print("\t", board2[3], "|", board2[4], "|", board2[5])
    print("\t", "---------")
    print("\t", board2[6], "|", board2[7], "|", board2[8], "\n")
#产生可以合法走棋的位置序列(也就是还未下过子的位置)
def legal_moves(board):
    moves = []
    for square in range(9):
        if board[square] == EMPTY:
            moves.append(square)
    return moves
#判断输赢
def winner(board):
    #所有赢的可能情况,例如(0, 1, 2)就是第一行,(0, 4, 8), (2, 4, 6)就是对角线
    WAYS_TO_WIN = ((0, 1, 2), (3, 4, 5), (6, 7, 8), (0, 3, 6),
                   (1, 4, 7), (2, 5, 8), (0, 4, 8), (2, 4, 6))
    for row in WAYS_TO_WIN:
        if board[row[0]] == board[row[1]] == board[row[2]] != EMPTY:
            winner = board[row[0]]
            return winner                   #返回赢方
    #棋盘没有空位置
    if EMPTY not in board:
        return "TIE"                        #"平局和棋,游戏结束"
    return False
#人走棋
```

```
def human_move(board, human):
    legal = legal_moves(board)
    move = None
    while move not in legal:
        move = ask_number("你走哪个位置? (0 - 8):", 0, 9)
        if move not in legal:
            print("\n此位置已经落过子了")
    #print("Fine…")
    return move
#计算机走棋
def computer_move(board, computer, human):
    #make a copy to work with since function will be changing list
    board = board[:]                                #创建副本,修改不影响原来的列表 board
    #按优劣顺序排序的下棋位置
    BEST_MOVES = (4, 0, 2, 6, 8, 1, 3, 5, 7)        #最佳下棋位置顺序表
    #如果计算机能赢,就走那个位置
    for move in legal_moves(board):
        board[move] = computer
        if winner(board) == computer:
            print("计算机下棋位置…",move)
            return move
        #取消走棋方案
        board[move] = EMPTY
    #如果玩家能赢,就堵住那个位置
    for move in legal_moves(board):
        board[move] = human
        if winner(board) == human:
            print("计算机下棋位置…",move)
            return move
        #取消走棋方案
        board[move] = EMPTY
    #如果不是上面情况,也就是这一轮赢不了
    #则从最佳下棋位置表中挑出第一个合法位置
    for move in BEST_MOVES:
        if move in legal_moves(board):
            print("计算机下棋位置…",move)
            return move
#转换角色
def next_turn(turn):
    if turn == X:
        return O
    else:
        return X
#主函数
def main():
    computer, human = pieces()
    turn = X
    board = new_board()
    display_board(board)
    while not winner(board):                    #当返回 False 时继续,否则结束循环
```

```
        if turn == human:
            move = human_move(board, human)
            board[move] = human
        else:
            move = computer_move(board, computer, human)
            board[move] = computer
        display_board(board)
        turn = next_turn(turn)                      #转换角色
    #游戏结束,输出输赢或和棋信息
    the_winner = winner(board)
    if the_winner == computer:
        print("计算机赢!\n")
    elif the_winner == human:
        print("玩家赢!\n")
    elif the_winner == "TIE":           #"平局和棋"
        print("平局和棋,游戏结束\n")
#主程序,很简单就是调用main()函数
#start the program
main()
input("按任意键退出游戏。")
```

游戏的运行结果如下：

```
玩家你是否先走 (y/n): y
玩家你先走。
     0 | 1 | 2
     ---------
     3 | 4 | 5
     ---------
     6 | 7 | 8
你走哪个位置? (0 - 8):0
     X | 1 | 2
     ---------
     3 | 4 | 5
     ---------
     6 | 7 | 8
计算机下棋位置… 4
     X | 1 | 2
     ---------
     3 | O | 5
     ---------
     6 | 7 | 8
…
计算机下棋位置… 6
     X | X | O
     ---------
     X | O | 5
     ---------
     O | 7 | 8
计算机赢!按任意键退出游戏。
```

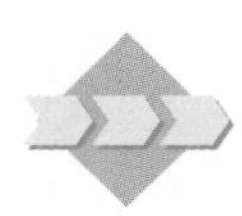

4.7 函数式编程

函数式编程(functional programming)是一种编程的基本风格,也就是构建程序结构的方式。函数式编程虽然也可以归结为面向过程的程序设计,但其思想更接近数学计算,也就是可以使用表达式编程。

函数式编程就是一种抽象程度很高的编程范式,纯粹的函数式编程语言编写的函数没有变量,因此,任意一个函数,只要输入是确定的,输出就是确定的,这种纯函数称为没有副作用。而允许使用变量的程序设计语言,由于函数内部的变量状态不确定,同样的输入可能得到不同的输出,因此这种函数是有副作用的。

函数式编程的特点是,允许把函数本身作为参数传入另一个函数,还允许返回一个函数。Python 对函数式编程提供部分支持。由于 Python 允许使用变量,所以 Python 不是纯函数式编程语言。

4.7.1 高阶函数

1. 高阶函数的概念

高阶函数是可以将其他函数作为参数或返回结果的函数。例如,定义一个简单的高阶函数:

```
def add(x, y, f):
    return f(x) + f(y)
```

如果传入 abs 作为参数 f 的值:

```
add( - 5, 9, abs)
```

根据函数的定义,函数执行的代码实际上是:

```
abs( - 5) + abs(9)
```

参数 x、y 和 f 都可以任意传入,如果 f 传入其他函数就可以得到不同的返回值。

```
add(65, 66, chr)            #结果是'AB',chr 函数是获取 ASCII 数字对应的字符
```

2. 返回函数

高阶函数除了可以接收函数作为参数外,还可以把函数作为结果值返回。

下面实现一个可变参数的求和。在通常情况下,求和的函数是这样定义的:

```
def calc_sum( * args):
    ax = 0
```

```
    for n in args:
        ax = ax + n
    return ax
```

但是，如果不需要立刻求和，而是在后面的代码中根据需要再计算，怎么办？可以不返回求和的结果，而是返回求和的函数：

```
def lazy_sum( * args):
    def sum():
        ax = 0
        for n in args:
                ax = ax + n
        return ax
    return sum
```

当调用 lazy_sum()时，返回的并不是求和结果，而是求和函数：

```
>>> f = lazy_sum(1, 3, 5, 7, 9)
>>> f
< function lazy_sum.< locals >. sum at0x101c6ed90 >
```

在调用函数 f()时，才真正计算求和的结果：

```
>>> f()
25
```

在这个例子中，在函数 lazy_sum()中又定义了函数 sum()，并且内部函数 sum()可以引用外部函数 lazy_sum()的参数和局部变量，当 lazy_sum()返回函数 sum()时，相关参数和变量都保存在返回的函数中，这种称为闭包(closure)的程序结构拥有极大的威力。

注意，当调用 lazy_sum()时，每次调用都会返回一个新的函数，即使传入相同的参数：

```
>>> f1 = lazy_sum(1, 3, 5, 7, 9)
>>> f2 = lazy_sum(1, 3, 5, 7, 9)
>>> f1 == f2
False
```

f1()和 f2()的调用结果互不影响。

4.7.2 Python 函数式编程常用的函数

1. map()函数

map()函数是 Python 内置的高阶函数，它有两个参数，一个是函数 f()，另一个是列表 list，并通过把函数 f()依次作用在 list 的每个元素上得到一个新的 list 作为 map()函数的返回结果。

例如，对于 list [1, 2, 3, 4, 5, 6, 7, 8, 9]，如果希望把 list 的每个元素都平方，就可以用 map()函数。只需要传入函数 f(x)=x * x，就可以利用 map()函数完成这个计算：

```
def f(x):
    return x * x
list1 = map( f, [1, 2, 3, 4, 5, 6, 7, 8, 9] )
print(list(list1))
```

输出结果如下：

```
[1, 4, 9, 10, 25, 36, 49, 64, 81]
```

注意：map()函数不改变原有的 list，而是返回一个新的 list。利用 map()函数可以把一个 list 转换为另一个 list，只需要传入转换函数。由于 list 包含的元素可以是任何类型，所以 map()函数不仅可以处理只包含数值的 list，事实上它还可以处理包含任意类型的 list，只要传入的函数 f()可以处理这种数据类型。

```
list1 = [2, 4, 6, 8, 10]
list2 = map(lambda x: x ** 2, list1)
for e inlist2:
    print(e,end = ",")                    #结果是 4,16,36,64,100,
```

2. reduce()函数

reduce()函数也是 Python 内置的一个高阶函数。reduce()函数接收的参数和 map()类似，一个是函数 f()，一个是列表 list，但行为和 map()不同，reduce()传入的函数 f()必须接收两个参数。reduce()对列表 list 的每个元素反复调用函数 f()，并返回最终结果值。

例如，编写一个 f()函数，接收 x 和 y，返回 x 和 y 的和：

```
from functools import reduce
def f(x, y):
    return x + y
```

在调用 reduce(f, [1, 3, 5, 7, 9])时，reduce()函数将做如下计算：先计算头两个元素 f(1, 3)，结果为 4；然后把结果和第 3 个元素计算 f(4, 5)，结果为 9；接着把结果和第 4 个元素计算 f(9, 7)，结果为 16；再把结果和第 5 个元素计算 f(16, 9)，结果为 25，由于没有更多的元素了，计算结束，返回结果 25。

上述计算实际上是对 list 的所有元素求和。虽然 Python 内置了求和函数 sum()，但是利用 reduce()求和也很简单。

reduce()还可以接收第 3 个可选参数，作为计算的初始值。如果把初始值设为 100 计算：

```
reduce(f, [1, 3, 5, 7, 9], 100)
```

结果将变为125。

因为第一轮计算是计算初始值和第一个元素f(100, 1),结果为101;再把结果和第2个元素计算f(101, 3),结果为104,以此类推。

3. filter()函数

filter()函数是Python内置的另一个有用的高阶函数,filter()函数接收一个函数f()和一个list,这个函数f()的作用是对每个元素进行判断,返回True或False,filter()根据判断结果自动过滤掉不符合条件的元素,返回由符合条件的元素组成的新list。

例如要从一个list [1, 4, 6, 7, 9, 12, 17]中删除偶数,保留奇数。首先要编写一个判断奇数的函数:

```
def is_odd(x):
    return x % 2 = = 1
```

然后利用filter()过滤掉偶数:

```
filter(is_odd, [1, 4, 6, 7, 9, 12, 17])          #结果为[1, 7, 9, 17]
```

利用filter()可以完成很多有用的功能,例如删除None或者空字符串:

```
def is_not_empty(s):
    return s and len(s.strip()) > 0
filter(is_not_empty, ['test', None, '', 'str', '  ', 'END'])
```

结果如下:

```
['test', 'str', 'END']
```

注意:s.strip()删除字符串s中开头、结尾处的空白符(包括'\n'、'\r'、'\t'、' ')。

4. zip()函数

zip()函数以一系列列表作为参数,将列表中对应的元素打包成一个个元组,然后返回由这些元组组成的列表。例如:

```
a = [1,2,3]
b = [4,5,6]
zipped = zip(a,b)
for element in zipped:
    print(element)
```

运行结果是:

```
(1, 4)
(2, 5)
(3, 6)
```

5. sorted()函数

使用 Python 内置的 sorted()函数可以对 list 进行排序：

```
>>> sorted([36, 5, 12, 9, 21])                #默认升序,所以结果是[5, 9, 12, 21, 36]
```

但 sorted()也是一个高阶函数，Python 3.7 中它的格式如下：

```
sorted(list,key = None,reverse = False)
```

参数 key 可以接收一个函数(仅有一个参数)来实现自定义排序，key 指定的函数将作用于 list 的每一个元素上，并根据 key 指定的函数返回的结果进行排序。其默认值为 None。

参数 reverse 是一个布尔值。如果设置为 True，列表元素将被倒序排列，其默认为 False。

例如，按绝对值大小排序：

```
>>> sorted([36, 5, -12, 9, -21],key = abs)      #结果是[5, 9, -12, -21, 36]
```

对比原始的 list 和经过 key=abs 处理过的 list：

```
list = [36, 5, -12, 9, -21]
keys = [36, 5, 12, 9, 21]
```

然后 sorted()函数按照 keys 进行排序，并按照对应关系返回 list 相应的元素。

```
keys 排序结果=>[5, 9,   12,   21, 36]
               |  |    |     |   |
最终结果     =>[5, 9, -12, -21, 36]
```

这样调用 sorted()并传入参数 key 就可以实现自定义排序。例如对学生按年龄排序：

```
students = [('john', 'A', 15), ('jane', 'B', 12), ('dave','B', 10)]
sorted(students,key = lambda s:s[2])           #按照年龄来排序
```

结果如下：

```
[('dave','B', 10), ('jane', 'B', 12), ('john', 'A', 15)]
```

参数 key 是 lambda 函数，lambda s：s[2]可以获取 students 列表中每个元组的第 3 个

元素(年龄)信息。

如果按姓名信息排序,代码如下:

```
sorted(students,key = lambda s: s[0])            #按照姓名来排序
```

如果将[36, 5, 12, 9, 21]列表中的偶数放前、奇数放后并各自升序排列,代码如下:

```
>>> sorted([36, 5, 12, 9, 21] ,key = lambda s: (s % 2 = = 1,s))
[12, 36, 5, 9, 21]
```

其中,s % 2 ==1 的作用是保证偶数放前、奇数放后。

sorted()也可以对字符串进行排序,字符串默认按照 ASCII 大小来比较:

```
>>> sorted(['bob', 'about', 'Zoo', 'Credit'])
['Credit', 'Zoo', 'about', 'bob']
```

'Zoo'排在'about'之前是因为'Z'的 ASCII 码比'a'小。

现在提出排序应该忽略大小写,按照字母顺序排序。要实现这个算法,不必对现有代码大加改动,只要用一个 key 函数把字符串映射为忽略大小写排序即可。忽略大小写比较两个字符串,实际上就是先把字符串都变成大写(或者都变成小写),然后再比较。

这样给 sorted()传入 key 函数,即可实现忽略大小写的排序:

```
>>> sorted(['bob', 'about', 'Zoo','Credit'], key = str.lower)
['about', 'bob', 'Credit', 'Zoo']
```

如果要进行反向排序,不必改动 key 指定的函数,可以传入第 3 个参数 reverse=True:

```
>>> sorted(['bob', 'about', 'Zoo','Credit'], key = str.lower, reverse = True)
['Zoo', 'Credit', 'bob', 'about']
```

从上述例子可以看出,高阶函数的抽象能力是非常强大的,而且核心代码可以保持得非常简洁。

4.7.3 迭代器

迭代器是访问集合内元素的一种方式。迭代器对象从序列(列表、元组、字典、集合)的第一个元素开始访问,直到所有的元素都被访问一遍后结束。迭代器不能回退,只能往前进行迭代。

使用内建函数 iter(iterable)可以获取序列的迭代器对象,方法如下:

迭代器对象= iter(序列对象)

使用 next()函数可以获取迭代器的下一个元素,方法如下:

next(迭代器对象)

【例 4-8】 使用 iter()函数获取序列的迭代器对象的例子。

```
list = ['China','Japan', 333]
it = iter(list)                    #获取迭代器对象
print(next(it))
print(next(it))
print(next(it))
```

运行结果如下：

```
China
Japan
333
```

4.7.4 普通编程与函数式编程的对比

【例 4-9】 以普通编程方式计算列表元素中的正数之和。

```
list =[2, -6, 11, -7, 8, 15, -14, -1, 10, -13, 18]
sum = 0
for i in range(len(list)):
    if list[i]> 0:
        sum += list[i]
print(sum)
```

运行结果如下：

```
64
```

以函数式编程方式实现计算列表元素中正数之和的功能。

```
from functools import reduce
list =[2, -6, 11, -7, 8, 15, -14, -1, 10, -13, 18]
sum = filter(lambda x: x>0, list)          #[2,11,8,15,10,18]为正数序列
s = reduce(lambda x,y: x+y, sum)
print(s)                                   #结果是 64
```

通过对比可以发现函数式编程具有如下特点。

(1) 代码更简单。数据、操作和返回值都放在一起。

(2) 没有循环体，几乎没有临时变量，也就不用分析程序的流程和数据变化过程了。

(3) 代码用来实现做什么，而不是怎么去做。

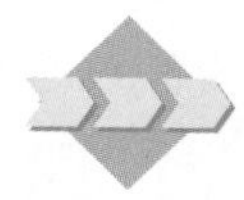

4.8 函数和字典综合应用案例——通讯录程序

【案例 4-3】 用字典存储数据，实现一个具有基本功能的通讯录，具有查询、更新、删除联系人信息功能。具体功能要求如下。

(1) 查询全部联系人信息：显示所有联系人的电话信息。

(2) 查询联系人：输入姓名，可以查询当前通讯录中的联系人信息。若联系人存在，则输出联系人信息；若联系人不存在，则输出“联系人不存在”。

(3) 插入联系人：可以向通讯录中新建联系人，若联系人已经存在，则询问是否修改联系人信息；若联系人不存在，则新建联系人。

(4) 删除联系人：可以删除联系人，若联系人不存在，则告知。

案例代码如下：

```
print("|---欢迎进入通讯录程序---|")
print("|---1:查询全部联系人 ---|")
print("|---2:查询特定联系人 ---|")
print("|---3:更新联系人信息 ---|")
print("|---4:插入新的联系人 ---|")
print("|---5:删除已有联系人 ---|")
print("|---6:清除全部联系人 ---|")
print("|---7:退出通讯录程序 ---|")
print("")
#构建字典，存储联系人信息
dict = {'潘明': '13988887777', '张海虹': '13866668888', '吕京': '13143211234',
        '赵雪': '13000112222', '刘飞': '13344556655'}
#定义各功能函数
#查询所有联系人信息
def queryAll():
    if dict == {}:
        print('通讯录无任何联系人信息')
    else:
        i = 1
        for key,value in dict.items():
            print("{0} 姓名:{1},电话号码:{2}".format(i,key,value))
            i = i + 1
#查询一个联系人信息
def queryOne():
    name = input('请输入要查询的联系人姓名:')
    print(name + ":" + dict.get(name, '联系人不存在'))
#更新联系人信息
def update():
    name = input('请输入要修改的联系人姓名:')
    if (name in dict):
        value = input("请输入电话号码:")
        dict[name] = value
    else:
        print("联系人不存在")
#插入一个新联系人
def insertOne():
    name = input('请输入要插入的联系人姓名:')
    if (name in dict):
        print("您输入的姓名在通讯录中已存在" + "-->>" + name + ":" + dict[name])
        iis = input("输入'Y'修改用户资料，输入其他字符结束插入联系人")
```

```
            if iis in ['YES','yes','Y','y','Yes']:
                value = input("请输入电话号码:")
                dict[name] = value
        else:
            value = input("请输入电话号码:")
            dict[name] = value
#删除一个用户
def deleteOne():
    name = input("请输入联系人姓名")
    value = dict.pop(name,'联系人不存在')
    if value == '联系人不存在':
        print("联系人不存在")
    else:
        print("联系人" + name +"已删除" )
#清空通讯录
def clearAll():
    cis = input("提示:确认清空通讯录吗?确认操作输入'Y',输入其他字符退出")
    if cis in ['YES', 'yes', 'Y', 'y', 'Yes']:
        dict.clear()
#构建无限循环,实现重复操作
while True:
    n = input("请根据菜单输入操作序号:")
    if (n == '1'):
        queryAll()
    elif (n == '2'):
        queryOne()
    elif (n == '3'):
        update()
    elif (n == '4'):
        insertOne()
    elif (n == '5'):
        deleteOne()
    elif (n == '6'):
        clearAll()
    elif (n == '7'):
        print("|---感谢使用通讯录程序---|")
        print("")
        break        #结束循环,退出程序
```

4.9 习题

1. 编写一个函数,将华氏温度转换为摄氏温度。公式为 $C=(F-32)\times 5/9$。
2. 编写一个函数,判断一个数是否为素数,并通过调用该函数求出所有3位数的素数。
3. 编写一个函数,求满足以下条件的最大的n值:

$$1^2+2^2+3^2+4^2+\cdots+n^2<1000$$

4. 编写一个函数multi(),参数个数不限,返回所有参数的乘积。

5. 编写一个函数，功能是求两个正整数 m 和 n 的最小公倍数。

6. 编写一个函数，求方程 $ax^2+bx+c=0$ 的根，用 3 个函数分别求当 b^2-4ac 大于 0、等于 0 和小于 0 时的根，并输出结果。要求从主函数输入 a、b、c 的值。

7. 编写一个函数，调用该函数能够打印一个由指定字符组成的 n 行金字塔。其中，指定打印的字符和行数 n 分别由两个形参表示。

8. 编写一个判断完数的函数。完数是指一个数恰好等于它的因子之和，例如 6=1+2+3，6 就是完数。

9. 编写一个将十进制数转换为二进制数的函数。

10. 编写一个判断字符串是否为回文的函数。回文就是一个字符串从左向右读和从右向左读是完全一样的。例如，"level""aaabbaaa""ABA""1234321"都是回文。

11. 编写一个函数，实现统计字符串中单词的个数并返回。

12. 利用 map()函数把用户输入的不规范的英文名字变为首字母大写、其他字母小写的规范名字。例如输入['adam', 'LISA', 'barT']，输出['Adam', 'Lisa', 'Bart']。

13. 请利用 filter()筛选出回数。回数是指从左向右读和从右向左读都是一样的数，例如 12321、909。

14. 假设用一组 tuple 表示学生的名字和成绩：

L = [('Bob', 75), ('Adam', 92), ('Bart',66), ('Lisa', 88)]

请用 sorted()对上述列表元素分别按名字排序。

15. 用 filter()把一个序列中的空字符串删掉。

第5章

Python文件的使用

在程序运行时，数据保存在内存的变量中。内存中的数据在程序结束或关机后就会消失。如果想要在下次开机运行程序时还使用同样的数据，就需要把数据存储在不易失的存储介质中，例如硬盘、光盘或U盘中。不易失的存储介质上的数据保存在以存储路径命名的文件中。通过读/写文件，程序就可以在运行时保存数据。在本章中主要学习使用Python在磁盘上创建、读/写以及关闭文件。本章只讲述基本的文件操作函数，对于更多函数请参考Python标准文档。

视频讲解

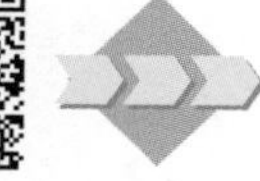

5.1 文件

简单地说，文件是由字节组成的信息，在逻辑上具有完整意义，通常在磁盘上永久保存。Windows系统的数据文件按照编码方式分为两大类，即文本文件和二进制文件。文本文件可以处理各种语言所需的字符，只包含基本文本字符，不包含字体、字号、颜色等信息。它可以在文本编辑器和浏览器中显示，即在任何情况下文本文件都是可读的。

使用其他编码方式的文件即二进制文件，例如Word文档、PDF文件、图像和可执行程序等。如果用文本编辑器打开一个JPG文件或Word文档，会看到一堆乱码，如图5-1所示。也就是说，每一种二进制文件都需要用自己的处理程序才能打开并操作。

在本章中重点学习文本文件的操作。当然二进制文件也可以使用Python提供的模块进行处理。

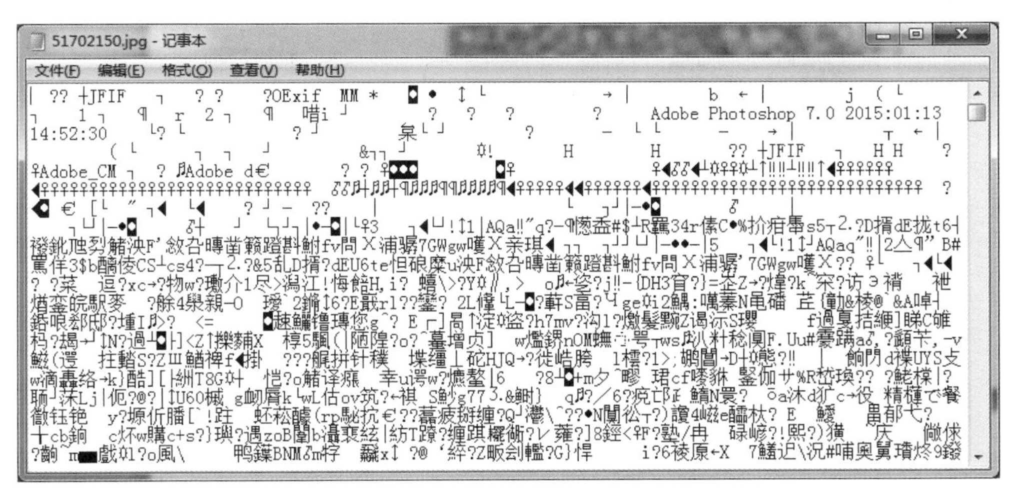

图 5-1 用文本编辑器打开 JPG 文件的运行效果

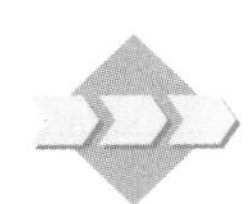

5.2 文件的访问

视频讲解

对文件的访问是指对文件进行读/写操作。使用文件跟大家平时生活中使用记事本很相似。在使用记事本时需要先打开本子，使用后要合上它。打开记事本后，既可以读取信息，也可以向本子里写内容。不管哪种情况，都需要知道在哪里进行读/写。在记事本中既可以一页页从头到尾地读，也可以直接跳转到所需要的地方。使用文件也是一样。

在 Python 中对文件的操作通常按照以下 3 个步骤进行。

(1) 使用 open()函数打开(或建立)文件，返回一个 file 对象。

(2) 使用 file 对象的读/写方法对文件进行读/写操作。其中，将数据从外存传输到内存的过程称为读操作，将数据从内存传输到外存的过程称为写操作。

(3) 使用 file 对象的 close()方法关闭文件。

5.2.1 打开(建立)文件

在 Python 中要访问文件，必须打开 Python Shell 与磁盘上文件之间的连接。当使用 open()函数打开或建立文件时会建立文件和使用它的程序之间的连接，并返回代表连接的文件对象。通过文件对象就可以在文件所在磁盘和程序之间传递文件内容，执行文件上的所有后续操作。文件对象有时也称为文件描述符或文件流。

当建立了 Python 程序和文件之间的连接后，就创建了“流”数据，如图 5-2 所示。通常程序使用输入流读出数据，使用输出流写入数据，就好像数据流入程序并从程序中流出。在打开文件后，才能读或写(或读并且写)文件内容。

open()函数用来打开文件。open()函数需要一个字符串路径，表明希望打开文件，并返回一个文件对象。其语法如下：

```
fileobj = open(filename[,mode[,buffering]])
```

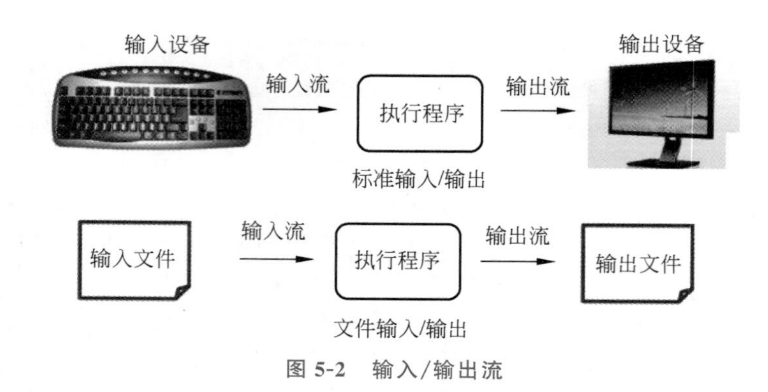

图 5-2　输入/输出流

其中，fileobj 是 open()函数返回的文件对象。参数 filename 是文件名，是必写参数，它既可以是绝对路径，也可以是相对路径。mode(模式)和 buffering(缓冲)可选。

mode 是指明文件类型和操作的字符串，可以使用的值如表 5-1 所示。

表 5-1　open()函数中 mode 参数的常用值

mode 值	描　述
'r'	读模式。如果文件不存在，则发生异常
'w'	写模式。如果文件不存在，则创建文件再打开；如果文件存在，则清空文件内容再打开
'a'	追加模式。如果文件不存在，则创建文件再打开；如果文件存在，则打开文件后将新内容追加至原内容之后
'b'	二进制模式。可添加到其他模式中使用
'+'	读/写模式。可添加到其他模式中使用

说明：

(1) 当 mode 参数省略时，可以获得能读取文件内容的文件对象，即'r'是 mode 参数的默认值。

(2) '+'参数指明读和写都是允许的，可以用到其他任何模式中。例如'r+'可以打开一个文本文件并读/写。

(3) 'b'参数改变处理文件的方法。通常 Python 处理的是文本文件。当处理二进制文件时(例如声音文件或图像文件)，应该在模式参数中增加'b'。例如可以用'rb'来读取一个二进制文件。

open()函数的第 3 个参数 buffering 控制缓冲。当参数取 0 或 False 时，输入/输出(I/O)是无缓冲的，所有读/写操作直接针对硬盘。当参数取 1 或 True 时，I/O 有缓冲，此时 Python 使用内存代替硬盘，使程序的运行速度更快，只有在使用 flush()或 close()时才会将数据写入硬盘。当参数大于 1 时，表示缓冲区的大小，以字节为单位。负数表示使用默认缓冲区大小。

下面举例说明 open()函数的使用。

先用记事本创建一个文本文件，取名为 hello. txt。输入以下内容并保存在 D:\Python 中。

```
Hello!
Henan  Zhengzhou
```

在交互式环境中输入以下代码：

```
>>> helloFile = open("D:\\Python\\hello.txt")
```

这条命令将以读取文本文件的方式打开放在D盘Python文件夹下的hello.txt文件。读模式是Python打开文件的默认模式。当文件以读模式打开时，只能从文件中读取数据而不能向文件写入或修改数据。

当调用open()函数时将返回一个文件对象，在本例中文件对象保存在helloFile变量中。

```
>>> print helloFile
<_io.TextIOWrapper name = 'D:\\Python\\hello.txt', mode = 'r' encoding = 'cp936'>
```

打开文件对象时可以看到文件名、读/写模式和编码格式。cp936就是指Windows系统中第936号编码格式，即GB2312的编码。接下来就可以调用helloFile文件对象的方法读取文件中的数据了。

5.2.2 读取文本文件

可以调用文件对象的多种方法读取文件内容。

1. read()方法

不设置参数的read()方法将整个文件的内容读取为一个字符串。read()方法一次读取文件的全部内容，性能根据文件大小而变化，例如1GB的文件读取时需要使用同样大小的内存。

【例5-1】 调用read()方法读取hello.txt文件中的内容。

```
helloFile = open("D:\\Python\\hello.txt")
fileContent = helloFile.read()
helloFile.close()
print(fileContent)
```

输出结果如下：

```
Hello!
Henan Zhengzhou
```

用户也可以通过设置最大读入字符数来限制read()方法一次返回的大小。

【例5-2】 设置参数，一次从文件中读取3个字符。

```
helloFile = open("D:\\Python\\hello.txt")
fileContent = ""
while True:
    fragment = helloFile.read(3)
```

```
    if fragment == "":          #或者 if not fragment
        break
    fileContent += fragment
helloFile.close()
print(fileContent)
```

当读到文件结尾后，read()方法会返回空字符串，此时 fragment＝＝""成立，退出循环。

2. readline()方法

readline()方法从文件中获取一个字符串，这个字符串就是文件中的一行。

【例 5-3】 调用 readline()方法读取 hello. txt 文件的内容。

```
helloFile = open("D:\\Python\\hello.txt")
fileContent = ""
while True:
  line = helloFile.readline()
  if line == "":          #或者 if not line
    break
  fileContent += line
helloFile.close()
print(fileContent)
```

当读取到文件结尾后，readline()方法同样返回空字符串，使得 line＝＝""成立，跳出循环。

3. readlines()方法

readlines()方法返回一个字符串列表，其中的每一项是文件中每一行的字符串。

【例 5-4】 使用 readlines()方法读取文件内容。

```
helloFile = open("D:\\Python\\hello.txt")
fileContent = helloFile.readlines()
helloFile.close()
print(fileContent)
for line in fileContent:          #输出列表
    print(line)
```

readlines()方法也可以设置参数，指定一次读取的字符数。

视频讲解

5.2.3 写文本文件

写文件与读文件相似，都需要先创建文件对象连接，所不同的是打开文件时以写模式或添加模式打开。如果文件不存在，则创建该文件。

与读文件时不能添加或修改数据类似，写文件时也不允许读取数据。当以写模式打开已有文件时会覆盖文件的原有内容，从头开始，就像用一个新值覆写一个变量的值。例如：

```
>>> helloFile = open("D:\\Python\\hello.txt","w")    #写模式打开已有文件时会覆盖文件的原有内容
>>> fileContent = helloFile.read()
Traceback (most recent call last):
  File "<pyshell#1>", line 1, in <module>
    fileContent = helloFile.read()
IOError: File not open for reading
>>> helloFile.close()
>>> helloFile = open("D:\\Python\\hello.txt")
>>> fileContent = helloFile.read()
>>> len(fileContent)
0
>>> helloFile.close()
```

由于写模式打开已有文件，文件的原有内容会被清空，所以再次读取内容时长度为0。

1. write()方法

write()方法将字符串参数写入文件。

【例5-5】 用write()方法写文件。

```
helloFile = open("D:\\Python\\hello.txt","w")
helloFile.write("First line.\nSecond line.\n")
helloFile.close()
helloFile = open("D:\\Python\\hello.txt","a")
helloFile.write("third line. ")
helloFile.close()
helloFile = open("D:\\Python\\hello.txt")
fileContent = helloFile.read()
helloFile.close()
print(fileContent)
```

运行结果如下：

```
First line.
Second line.
third line.
```

当以写模式打开文件hello.txt时，文件的原有内容被覆盖。调用write()方法将字符串参数写入文件，这里"\n"代表换行符。关闭文件之后再次以添加模式打开文件hello.txt，调用write()方法写入的字符串"third line."被添加到了文件末尾。最终以读模式打开文件后读取到的内容共有3行字符串。

注意：write()方法不能自动在字符串末尾添加换行符，需要自己添加"\n"。

【例5-6】 完成一个自定义函数copy_file()，实现文件的复制功能。

copy_file()函数需要两个参数，即指定需要复制的文件oldfile和文件的备份newfile。分别以读模式和写模式打开两个文件，从oldfile一次读入50个字符并写入newfile。当读到文件末尾时fileContent=="" 成立，退出循环并关闭两个文件。

```
def copy_file(oldfile,newfile):
    oldFile = open(oldfile,"r")
    newFile = open(newfile,"w")
    while True:
        fileContent = oldFile.read(50)
        if fileContent == "":           #读到文件末尾时
            break
        newFile.write(fileContent)
    oldFile.close()
    newFile.close()
    return
copy_file("D:\\Python\\hello.txt","D:\\Python\\hello2.txt")
```

2. writelines()方法

writelines(sequence)方法向文件写入一个序列字符串列表，如果需要换行，则要自己加入每行的换行符。例如：

```
obj = open("log.py","w")
list02 = ["11","test","hello","44","55"]
obj.writelines(list02)
obj.close()
```

运行结果是生成一个 log.py 文件，内容是"11testhello4455"，可见没有换行。

注意：writelines()方法写入的序列必须是字符串序列，若是整数序列，则会产生错误。

5.2.4 文件内的移动

无论读或写文件，Python 都会跟踪文件中的读/写位置。在默认情况下，文件的读/写都从文件的开始位置进行。Python 提供了控制文件读/写起始位置的方法，使得用户可以改变文件读/写操作发生的位置。

当使用 open()函数打开文件时，open()函数在内存中创建缓冲区，将磁盘上的文件内容复制到缓冲区。文件内容复制到文件对象缓冲区后，文件对象将缓冲区视为一个大的列表，其中的每一个元素都有自己的索引，文件对象按字节对缓冲区索引计数。同时，文件对象对文件当前位置(即当前读/写操作发生的位置)进行维护，如图 5-3 所示。许多方法隐式使用当前位置。例如调用 readline()方法后，文件当前位置移动到下一个回车处。

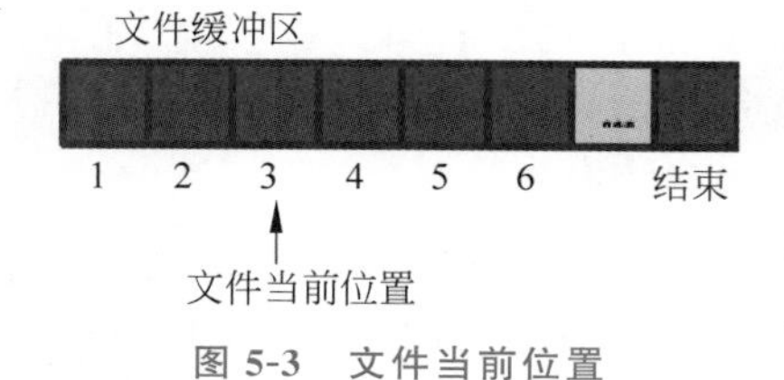

图 5-3　文件当前位置

Python 使用一些函数跟踪文件当前位置。tell()函数可以计算文件当前位置和开始位置之间的字节偏移量。

```
>>> exampleFile = open("D:\\Python\\example.txt","w")
>>> exampleFile.write("0123456789")
>>> exampleFile.close()
```

```
>>> exampleFile = open("D:\\Python\\example.txt")
>>> exampleFile.read(2)
'01'
>>> exampleFile.read(2)
'23'
>>> exampleFile.tell()
4L
>>> exampleFile.close()
```

这里 exampleFile.tell()函数返回的是一个整数 4,表示文件当前位置和开始位置之间有 4 字节的偏移量。因为已经从文件中读取 4 个字符了,所以有 4 字节的偏移量。

seek()函数设置新的文件当前位置,允许在文件中跳转,实现对文件的随机访问。

seek()函数有两个参数：第一个参数是字节数；第二个参数是引用点。seek()函数将文件当前指针由引用点移动指定的字节数到指定的位置。其语法如下：

```
seek(offset[,whence])
```

说明：offset 是一个字节数,表示偏移量。引用点 whence 有以下 3 个取值。

- 文件开始处为 0,也是默认取值,意味着使用该文件的开始处作为基准位置,此时字节偏移量必须非负。
- 当前文件位置为 1,则是使用当前位置作为基准位置,此时偏移量可以取负值。
- 文件结尾处为 2,则该文件的末尾将被作为基准位置。

注意：当文件以文本文件方式打开时,只能默认从文件头计算偏移量,即 whence 参数为 1 或 2 时,offset 参数只能取 0,Python 解释器不接受非零偏移量。当文件以二进制方式打开时,可以使用上述参数值进行定位。

【例 5-7】 用 seek()函数在指定位置写文件。

```
exampleFile = open("D:\\Python\\example.txt","w")
exampleFile.write("0123456789")
exampleFile.seek(3)
exampleFile.write("ZUT")
exampleFile.close()
exampleFile = open("D:\\Python\\example.txt")
s = exampleFile.read()
print(s)
exampleFile.close()
```

运行结果为：

```
'012ZUT6789'
```

注意：在追加模式"a"下打开文件,不能使用 seek()函数进行定位追加。改用"a+"模式打开文件,即可使用 seek()函数进行定位。

5.2.5 文件的关闭

大家应该牢记使用 close()方法关闭文件。关闭文件是取消程序和文件之间连接的过程,内存缓冲区中的所有内容将写入磁盘,因此必须在使用文件后关闭文件,以确保信息不会丢失。

要确保文件关闭,可以使用 try/finally 语句,在 finally 子句中调用 close()方法:

```
helloFile = open("D:\\Python\\hello.txt","w")
try:
    helloFile.write("Hello,Sunny Day!")
finally:
    helloFile.close()
```

另外,也可以使用 with 语句自动关闭文件:

```
with open("D:\\Python\\hello.txt") as helloFile:
    s = helloFile.read()
print(s)
```

with 语句可以打开文件并赋值给文件对象,之后就可以对文件进行操作。文件会在语句结束后自动关闭,即使是由于异常引起的结束也是如此。

5.2.6 二进制文件的读/写

Python 没有二进制类型,但是可以用 string(字符串)类型来存储二进制类型数据,因为 string 是以字节为单位的。

1. 数据转换成字节串

pack()方法可以把数据转换成字节串(以字节为单位的字符串)。格式:

pack(格式化字符串,数据)

格式化字符串中可用的格式字符见表 5-2。例如:

```
import struct
a = 20
bytes = struct.pack('i',a)          #将 a 变为字符串
print(bytes)
```

运行结果为:

```
b'\x14\x00\x00\x00'
```

此时 bytes 就是一个字符串,字符串(按字节)与 a 的二进制存储内容相同。结果中\x 是十六进制的意思,20 的十六进制是 14。

如果字符串是由多个数据构成的，代码如下：

```
a = 'hello'
b = 'world! '
c = 2
d = 45.123
bytes = struct.pack('5s6sif',a.encode('utf-8'),b.encode('utf-8'),c,d)
```

'5s6sif'就是格式化字符串，由数字加字符构成。5s 表示占 5 个字符宽度的字符串，2i 表示两个整数等。表 5-2 所示为可用的格式字符及 C 语言、Python 中的对应类型。

表 5-2　可用的格式字符及 C 语言、Python 中的对应类型

格式字符	C 语言中的类型	Python 中的类型	字节数
c	char	string of length 1	1
b	signed char	integer	1
B	unsigned char	integer	1
?	_bool	bool	1
h	short	integer	2
H	unsigned short	integer	2
i	int	integer	4
I	unsigned int	integer or long	4
l	long	integer	4
L	unsigned long	long	4
q	long long	long	8
Q	unsigned long long	long	8
f	float	float	4
d	double	float	8
s	char[]	string	1
p	char[]	string	1
P	void *	long	与 OS 有关

```
bytes = struct.pack('5s6sif',a.encode('utf-8'),b.encode('utf-8'),c,d)
```

此时的 bytes 就是二进制形式的数据了，可以直接写入文件。例如：

```
binfile = open("D:\\Python\\hellobin.txt","wb")
binfile.write(bytes)
binfile.close()
```

2. 字节串还原成数据

unpack()方法可以把相应数据的字节串还原成数据。

```
bytes = struct.pack('i',20)          #将 20 变为字节串
```

再进行反操作，将现有的字节串（其实就是二进制数据 bytes）转换成 Python 的数据类型：

```
a, = struct.unpack('i',bytes)
```

注意：unpack()返回的是元组。所以如果只有一个变量：

```
bytes = struct.pack('i',a)
```

那么解码的时候需要：

```
a, = struct.unpack('i',bytes)
```

或者

```
(a,) = struct.unpack('i',bytes)
```

如果直接用 a=struct.unpack('i',bytes)，那么 a=(20,)是一个元组而不是原来的整数。

例如，把"D:\\Python\\hellobin.txt"文件中的数据读取并显示：

```
import struct
binfile = open("D:\\Python\\hellobin.txt","rb")
bytes = binfile.read()
(a,b,c,d) = struct.unpack('5s6sif',bytes)   # 通过 struct.unpack()解码成 Python 变量
t = struct.unpack('5s6sif',bytes)           # 通过 struct.unpack()解码成元组
print(t)
```

读取结果为：

```
(b'hello', b'world!', 2, 45.12300109863281)
```

视频讲解

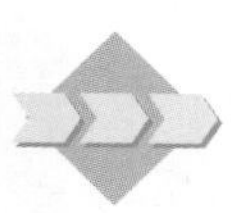

5.3 文件夹的操作

文件有两个关键属性——路径和文件名。路径指明了文件在磁盘上的位置。例如，Python 安装在路径 D:\Python35 下，在这个文件夹下可以找到 python.exe 文件，运行该文件可以打开 Python 的交互界面。文件名中圆点后面的部分称为扩展名（或后缀），它指明了文件的类型。

路径中的 D:\称为根文件夹，它包含了本分区内的所有其他文件和文件夹。文件夹可以包含文件和其他子文件夹。Python35 是 D 盘下的一个子文件夹，它包含了 python.exe 文件。

5.3.1 当前工作目录

每个运行在计算机上的程序都有一个当前工作目录。所有没有从根文件夹开始的文件名或路径都假定工作在当前工作目录下。在交互式环境中输入以下代码：

```
>>> import os
>>> os.getcwd()
```

运行结果为：

```
'D:\\Python35'
```

在 Python 的 GUI 环境中运行时，当前工作目录是 D:\Python35。路径中多出的一个反斜杠是 Python 的转义字符。

5.3.2 目录操作

在大多数操作系统中，文件被存储在多级目录（文件夹）中。这些文件和目录（文件夹）被称为文件系统。Python 的标准 os 模块可以处理它们。

1. 创建新目录

程序可以用 os.makedirs()函数创建新目录。在交互式环境中输入以下代码：

```
>>> import os
>>> os.makedirs("E:\\Python1\\ch5files")
```

os.makedirs()在 E 盘下分别创建了 Python1 文件夹及其子文件夹 ch5files，也就是说，路径中所有必需的文件夹都会被创建。

2. 删除目录

当目录不再使用，可以将它删除。使用 rmdir()函数删除目录：

```
>>> import os
>>> os.rmdir("E:\\Python1")
```

这时出现错误：

```
WindowsError: [Error 145] : 'E:\\Python1'
```

因为 rmdir()函数在删除文件夹时要保证文件夹内不包含文件及子文件夹。也就是说，os.rmdir()函数只能删除空文件夹。

```
>>> os.rmdir("E:\\Python1\\ch5files")
```

```
>>> os.rmdir("E:\\Python1")
>>> os.path.exists("E:\\Python1")        #运行结果为 False
```

Python 的 os.path 模块中包含了许多与文件名及文件路径相关的函数。上面的例子使用了 os.path.exists()函数判断文件夹是否存在。os.path 是 os 模块中的模块，所以只要执行 import os 就可以导入它。

3. 列出目录内容

使用 os.listdir()函数可以返回给出路径中文件名及文件夹名的字符串列表：

```
>>> os.mkdir("E:\\Python1")
>>> os.listdir("E:\\Python1")
[]
>>> os.mkdir("E:\\Python1\\ch5files")
>>> os.listdir("E:\\Python1")
['ch5files']
>>> dataFile = open("E:\\Python1\\data1.txt","w")
>>> for n in range(26):
    dataFile.write(chr(n + 65))
>>> dataFile.close()
>>> os.listdir("E:\\Python1")
['ch5files', 'data1.txt']
```

由于刚创建的 Python1 文件夹是一个空文件夹，所以返回的是一个空列表。后续在文件夹下分别创建了一个子文件夹 ch5files 和一个文件 data1.txt，列表中返回的是子文件夹名和文件名。

4. 修改当前目录

使用 os.chdir()函数可以更改当前工作目录：

```
>>> os.chdir("E:\\Python1")
>>> os.listdir(".")      #.代表当前工作目录
['ch5files', 'data1.txt']
```

5. 查找匹配文件或文件夹

使用 glob()函数可以查找匹配文件或文件夹(目录)。glob()函数使用 UNIX Shell 的规则来查找。

- *：匹配任意长度的任意字符。
- ?：匹配单个任意字符。
- [字符列表]：匹配字符列表中的任意一个字符。
- [!字符列表]：匹配除列表以外的其他字符。

```
import glob
glob.glob("d*")          #查找以 d 开头的文件或文件夹
```

```
glob.glob("d????")          #查找以 d 开头并且全长为 5 个字符的文件或文件夹
glob.glob("[abcd]*")        #查找以 abcd 中任一字符开头的文件或文件夹
glob.glob("[!abd]*")        #查找不以 abd 中任一字符开头的文件或文件夹
```

5.3.3 文件操作

os.path 模块主要用于文件属性的获取，在编程中经常用到。

1. 获取路径和文件名

- os.path.dirname(path)：返回 path 参数中的路径名称字符串。
- os.path.basename(path)：返回 path 参数中的文件名。
- os.path.split(path)：返回参数的路径名称和文件名组成的字符串元组。

```
>>> helloFilePath = "E:\\Python\\ch5files\\hello.txt"
>>> os.path.dirname(helloFilePath)
'E:\\Python\\ch5files'
>>> os.path.basename(helloFilePath)
'hello.txt'
>>> os.path.split(helloFilePath)
('E:\\Python\\ch5files', 'hello.txt')
>>> helloFilePath.split(os.path.sep)
['E:', 'Python', 'ch5files', 'hello.txt']
```

如果想要得到路径中每一个文件夹的名字，可以使用字符串方法 split()，通过 os.path.sep 对路径进行正确的分隔。

2. 检查路径的有效性

如果提供的路径不存在，许多 Python 函数会崩溃报错。os.path 模块提供了一些函数帮助用户判断路径是否存在。

- os.path.exists(path)：判断参数 path 的文件或文件夹是否存在，是则返回 True，否则返回 False。
- os.path.isfile(path)：判断参数 path 若存在且是一个文件，则返回 True，否则返回 False。
- os.path.isdir(path)：判断参数 path 若存在且是一个文件夹，则返回 True，否则返回 False。

3. 查看文件的大小

os.path 模块中的 os.path.getsize()函数可以查看文件的大小。此函数与前面介绍的 os.path.listdir()函数配合使用可以统计文件夹的大小。

【例 5-8】 统计 D:\\Python 文件夹下所有文件的大小。

```
import os
totalSize = 0
```

```
os.chdir("D:\\Python")
for fileName in os.listdir(os.getcwd()):
    totalSize += os.path.getsize(fileName)
print(totalSize)
```

4. 重命名文件

os.rename()函数可以帮助用户重命名文件。

```
os.rename("D:\\Python\\hello.txt","D:\\Python\\helloworld.txt")
```

5. 复制文件和文件夹

shutil 模块中提供了一些函数，可以帮助用户复制、移动、改名和删除文件夹，还可以实现文件的备份。

- shutil.copy(source,destination)：复制文件。
- shutil.copytree(source,destination)：复制整个文件夹，包括其中的文件及子文件夹。

例如，将 E:\\Python 文件夹复制为新的 E:\\python-backup 文件夹，代码如下：

```
import shutil
shutil.copytree("E:\\Python","E:\\python-backup")
for fileName in os.listdir("E:\\python-backup"):
    print(fileName)
```

在使用这些函数前先导入 shutil 模块。shutil.copytree()函数复制包括子文件夹在内的所有文件夹内容。

```
shutil.copy("E:\\Python1\\data1.txt","E:\\python-backup")
shutil.copy("E:\\Python1\\data1.txt","E:\\python-backup\\data-backup.txt")
```

shutil.copy()函数的第二个参数 destination 可以是文件夹，表示将文件复制到新文件夹中；也可以是包含新文件名的路径，表示在复制的同时将文件重命名。

6. 文件和文件夹的移动与改名

shutil.move(source,destination)与 shutil.copy()函数的用法相似，参数 destination 既可以是一个包含新文件名的路径，也可以仅包含文件夹。

```
shutil.move("E:\\Python1\\data1.txt","E:\\Python1\\ch5files")
shutil.move("E:\\Python1\\data1.txt","E:\\Python1\\ch5files\\data2.txt")
```

注意：不管是 shutil.copy()函数还是 shutil.move()函数，函数参数中的路径必须存在，否则 Python 会报错。

如果参数 destination 中指定的新文件名与文件夹中已有的文件重名，则文件夹中的已有文件会被覆盖。因此在使用 shutil. move()函数时应当小心。

7. 删除文件和文件夹

os 模块和 shutil 模块都有函数可以删除文件或文件夹。

➢ os. remove(path)/os. unlink(path)：删除参数 path 指定的文件。

```
os.remove("E:\\python - backup\\data - backup.txt")
os.path.exists("E:\\python - backup\\data - backup.txt")      #False
```

➢ os. rmdir(path)：如前所述，os. rmdir()函数只能删除空文件夹。

➢ shutil. rmtree(path)：删除整个文件夹，包含所有文件及子文件夹。

```
shutil.rmtree("E:\\Python1")
os.path.exists("E:\\Python1")      #False
```

这些函数都是从硬盘中彻底删除文件或文件夹，不可恢复，因此用户在使用时应特别谨慎。

8. 遍历目录树

想要处理文件夹中(包括子文件夹内)的所有文件，即遍历目录树，可以使用 os. walk()函数。os. walk()函数将返回该路径下所有文件及子目录信息元组。

【例 5-9】 显示"H:\\档案科技表格"文件夹下的所有文件及子目录。

```
import os
list_dirs = os.walk("H:\\档案科技表格")        #返回一个元组
print(list(list_dirs))
for folderName, subFolders, fileNames in list_dirs:
    print("当前目录: " + folderName)
    for subFolder in subFolders:
        print(folderName + "的子目录" + " 是 -- " + subFolder)
        for fileName in fileNames:
            print(subFolder + "的文件 " + " 是 -- " + fileName)
```

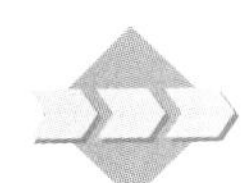

5.4 文件应用案例 1——游戏地图的存储

视频讲解

在游戏开发中往往需要存储不同关卡的游戏(例如推箱子、连连看等游戏)的地图信息。这里以推箱子游戏中地图的存储为例来说明游戏地图信息如何存储到文件中并读取出来。

如图 5-4 所示的推箱子游戏可以看成 7×7 的表格，这样如果按行存储到文件中，就可以把这一关游戏地图存入文件中了。

为了表示方便，每个格子的状态值分别用常量，Wall(0)代表墙，Worker(1)代表人，Box(2)

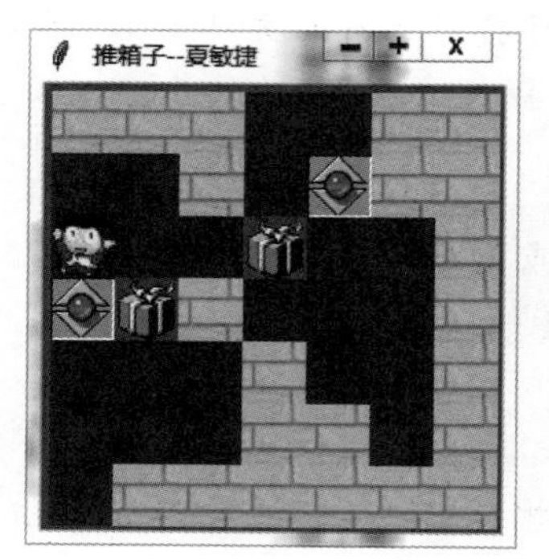

墙	墙	墙			墙	墙
		墙			墙	墙
						墙
		墙				墙
			墙			墙
			墙	墙		墙
	墙	墙	墙	墙	墙	墙

图 5-4　推箱子游戏

代表箱子，Passageway(3)代表路，Destination(4)代表目的地，WorkerInDest(5)代表人在目的地，RedBox(6)代表放到目的地的箱子。文件中存储的原始地图中格子的状态值采用相应的整数形式存放。假如推箱子游戏界面的对应数据如下。

0	0	0	3	3	0	0
3	3	0	3	4	0	0
1	3	3	2	3	3	0
4	2	0	3	3	3	0
3	3	3	0	3	3	0
3	3	3	0	0	3	0
3	0	0	0	0	0	0

5.4.1　将地图写入文件

只需要使用 write()方法按行/列(这里按行)存入文件 map1.txt 中即可。

```
import os
#将地图写入文件
(helloFile = open("map1.txt","w")
helloFile.write("0,0,0,3,3,0,0\n")
helloFile.write("3,3,0,3,4,0,0\n")
helloFile.write("1,3,3,2,3,3,0\n")
helloFile.write("4,2,0,3,3,3,0\n")
helloFile.write("3,3,3,0,3,3,0\n")
helloFile.write("3,3,3,0,0,3,0\n")
helloFile.write("3,0,0,0,0,0,0\n")
helloFile.close()
```

5.4.2　从地图文件读取信息

只需要按行从文件 map1.txt 中读取即可得到地图信息。本例中将信息读取到二维列表中存储。

```
#读文件
helloFile = open("map1.txt","r")
myArray1 = []
while True:
    line = helloFile.readline()
    if line == "":                          #或者 if not line
        break
    line = line.replace("\n","")         #将读取的一行中最后的换行符去掉
    myArray1.append(line.split(","))
helloFile.close()
print(myArray1)
```

运行结果为:

```
[['0', '0', '0', '3', '3', '0', '0'], ['3', '3', '0', '3', '4', '0', '0'], ['1', '3', '3', '2', '3', '3',
 '0'], ['4', '2', '0', '3', '3', '3', '0'], ['3', '3', '3', '0', '3', '3', '0'], ['3', '3', '3', '0', '0',
 '3', '0'],['3','0','0','0',',0',',0',',0']]
```

在图形化推箱子游戏中,根据数字代号将对应图形显示到界面上,即可完成地图的读取任务。

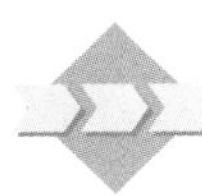

5.5 文件应用案例2——词频统计

对文章内容进行统计,从中找出出现频率高的词语,从而概要分析文章内容,是经常遇到的需求;对网络信息进行自动检索及归档,也是同样的需求。这就是"词频统计"问题。

这里以英文文章为例,将文章作为文件读取其内容,对文章中的每一个单词设计其计数器,每出现一次其计数器进行加1操作,最后得出每个单词出现的次数。可以使用字典类型,以单词作为键,其次数为值,形成(单词,次数)键值对。英文文章以空格或标点符号进行单词的分隔,因此获得单词并统计数量相对容易。下面对程序进行分析。

词频统计问题的IPO描述如下。

(1) 程序输入:从文件中读取文章。

(2) 处理:使用字典类型,分词并统计每一个单词出现的次数。

(3) 程序输出:显示统计的结果,每一个单词及其出现的次数。

(4) 程序输入:选取李某给刚上大学的女儿的一封英文信并保存在letter.txt文件中。

将文件内容读取并保存在字符串中,首先需要分词。这里先使用string.lower()函数将所有单词转换为小写形式,保证同一个单词不同大小写形式统计的一致;然后用string.replace()方法将特殊字符统一替换为空格,为后面的分词作准备,提取单词。英文文章分词比较简单,由于单词间有空格,所以string.split()按空格分隔就可以将文章分隔成单词的列表words。

使用字典类型wdCountDict进行单词的计数。对于已经出现在字典中的单词,其计数器加1;对于没有出现的单词,添加并将键值设置为1,新建键值对。对应的代码如下:

```
for word in words:
    if word in wdCountDict:
        wdCountDict[word] = wdCountDict[word] + 1
    else
        wdCountDict[word] = 1
```

用户也可以使用 wdCountDict. get()方法将上述代码中的 if 语句替换为：

```
wdCountDict[word] = wdCountDict.get(word,0) + 1
```

此时将词频结果从大到小倒序排序并输出。字典类型是无序的，因此必须先将字典转换为列表，对列表进行排序。为了使用 sort()方法排序，在转换为列表时需要将每个字典项（键，值）转换为新元组（值，键）添加到列表中。这是因为 sort()方法对复合对象比较的是每个元素的第一个值。代码如下：

```
valKeyList = []
for key,val in wdCountDict.items():
    valKeyList.append((val,key))
```

另外也可以使用以下代码进行更简洁的替换：

```
valKeyList = [(val,key) for key,val in wdCountDict.items()]
```

全部代码如下：

```
#letter.py
def getFileText():
    with open("C:\\lynn\\Python\\letter.txt","r") as letterFile:
        filTxt = letterFile.read()
    filTxt = filTxt.lower()
    for ch in '!"#$%&()*+-*/,.:;<=>?@[]\\^_{}|~':
        filTxt = filTxt.replace(ch," ")
    return filTxt
letterTxt = getFileText()
words = letterTxt.split()
wdCountDict = {}
for word in words:
    wdCountDict[word] = wdCountDict.get(word,0) + 1
valKeyList = [(val,key) for key,val in wdCountDict.items()]
valKeyList.sort(reverse = True)
print("{0:<10}{1:>5}".format("word","count"))
print("*" * 21)
for val,key in valKeyList:
    print("{0:<10}{1:>5}".format(key,val))
```

注意：在使用 sort()方法排序时，若第一个值相同，它会使用复合对象的其他元素排序。因此，出现次数相同的单词以单词字母倒序输出。

观察结果可以发现,在列表中会出现很多常见且对文章分析无意义的词,例如 and、you、or、it 等,这些词被称作停用词。停用词表可以在网上找到,通常可以设置停用词列表,并将它们从字典中排除。代码如下:

```
excludes = {"the","of","you","your","that","will","this","don't"}
for word in excludes:
    del(wdCountDict[word])
```

在这个示例中列表中的单词并不完整,读者可以试着完善列表。

更简单的方法是排除长度小于 3 的单词,并在最终结果中将出现次数少于两次的单词也排除,完善输出结果。完整代码如下:

```
#letter.py
def getFileText():
    with open("C:\\lynn\\Python\\letter.txt","r") as letterFile:
        filTxt = letterFile.read()
    filTxt = filTxt.lower()
    for ch in '!"#$%&()*+-*/,.:;<=>?@[]\\^_{}|~':
        filTxt = filTxt.replace(ch," ")
    return filTxt
letterTxt = getFileText()
words = letterTxt.split()                              #实现文章分隔成单词的列表 words
wdCountDict = {}
excludes = {"the","of","you","your","that","will","this","don't"}
for word in words:
    wdCountDict[word] = wdCountDict.get(word,0) + 1
for word in excludes:
    del(wdCountDict[word])
items = list(wdCountDict.items())                      #将字典转换为列表
items.sort(key = lambda x:x[1],reverse = True)         #按记录的第 2 列排序
print("{0:<10}{1:>5}".format("word","count"))
print("*" * 21)
for key,val in items:
    if len(key)> 3 and val > 2:
        print("{0:<10}{1:>5}".format(key,val))
```

此后,在最终结果中就可以看到单词出现的次数。

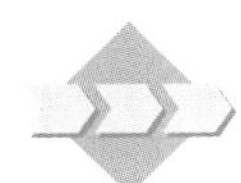

5.6 习题

1. 编写程序,打开任意的文本文件,读出其中内容,判断该文件中某些给定关键字(例如“中国”)出现的次数。

2. 编写程序,打开任意的文本文件,在指定的位置产生一个相同文件的副本,即实现文件的复制功能。

3. 用 Windows 的记事本创建一个文本文件,其中每行包含一段英文。试读出文件的全部内容,并判断:

(1) 该文本文件共有多少行?

(2) 文件中以大写字母P开头的有多少行？

(3) 一行中包含字符最多的和包含字符最少的分别在第几行？

4. 统计某test.txt文件中大写字母、小写字母和数字出现的次数。

5. 编写程序，统计调查问卷各评语出现的次数，将最终统计结果放入字典。

调查问卷结果：

不满意，一般，满意，一般，很满意，满意，一般，一般，不满意，满意，满意，满意，满意，一般，很满意，一般，满意，不满意，一般，不满意，满意，满意，满意，满意，满意，满意，很满意，不满意，满意，不满意，不满意，一般，很满意

要求：调查问卷结果用文本文件result.txt保存，编写程序读取该文件后统计各评语出现的次数，将字典最终统计结果追加至result.txt文件中。

6. src.txt文件存储的是一篇英文文章，将其中的所有大写字母转换成小写字母输出。

假如src.txt中的存储内容为：

```
This is a Book
```

则输出内容应为：

```
this is a book
```

7. score.txt文件中存储了歌手大奖赛中10名评委给每一个歌手打的分，10个分数在一行，形式如下：

歌手1,8.92,7.89,8.23,8.93,7.89,8.52,7.99,8.83,8.99,8.89

歌手2,8.95,8.86,8.24,8.63,7.66,8.53,8.59,8.82,8.93,8.89

…

从文件中读取数据，存入列表中，计算该名歌手的最终得分，最终得分的计算方式是10个评分去掉最高分，再去掉最低分，然后求平均分。最终得分保留两位小数，输出到屏幕上。

第6章

面向对象程序设计

面向对象程序设计(Object Oriented Programming,OOP)主要针对大型软件设计而提出,使得软件设计更加灵活,能够很好地支持代码复用和设计复用,并且使得代码具有更好的可读性和可扩展性。面向对象程序设计的一个关键性观念是将数据以及对数据的操作封装在一起,组成一个相互依存、不可分割的整体,即对象。对于相同类型的对象进行分类、抽象后,得出共同的特征而形成了类。面向对象程序设计的关键就是如何合理地定义和组织这些类以及类之间的关系。本章在介绍面向对象程序设计的基本特性的基础上还介绍了类和对象的定义,类的继承、派生与多态。

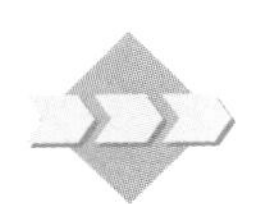

6.1 面向对象程序设计基础

视频讲解

面向对象程序设计是相对于结构化程序设计而言的,它把一个新的概念——对象作为程序代码的整个结构的基础和组成元素;它将数据及对数据的操作结合在一起,作为相互依存、不可分割的整体来处理;它采用数据抽象和信息隐藏技术,将对象及对象的操作抽象成一种新的数据类型——类,并且考虑不同对象之间的联系和对象类的重用性。简而言之,对象就是现实世界中的一个实体,而类就是对象的抽象和概括。

现实生活中的每一个相对独立的事物都可以看作一个对象,例如一个人、一辆车、一台计算机等。对象是具有某些特性和功能的具体事物的抽象。每个对象都具有描述其特征的属性及附属于它的行为。例如,一辆车有颜色、车轮数、座椅数等属性,也有启动、行驶、停止等行为;一个人可由姓名、性别、年龄、身高、体重等特征描述,也有走路、说话、学习、开车等行为;一台计算机由主机、显示器、键盘、鼠标等部件组成。

当人们生产一台计算机的时候,并不是先生产主机,然后生产显示器,再生产键盘、鼠标,即不是顺序执行的,而是分别生产设计主机、显示器、键盘、鼠标等,最后把它们组装起来。这些部件通过事先设计好的接口连接,以便协调地工作。这就是面向对象程序设计的基本思路。

每个对象都有一个类型,类是创建对象实例的模板,是对对象的抽象和概括,它包含对所创建对象的属性描述和行为特征的定义。例如,马路上的汽车是一个一个的汽车对象,它们都归属于一个汽车类,那么车身颜色就是该类的属性,开动是它的方法,该保养了或者该报废了就是它的事件。

面向对象程序设计是一种计算机编程架构,它具有以下3个基本特性。

1. 封装性

封装性(encapsulation)就是将一个数据和与这个数据有关的操作集合放在一起,形成一个实体——对象,用户不必知道对象行为的实现细节,只需根据对象提供的外部特性接口访问对象即可。目的在于将对象的用户与设计者分开,用户不必知道对象行为的细节,只需用设计者提供的协议命令对象去做就可以。也就是用户可以创建一个接口,只要该接口保持不变,即使完全重写了指定方法中的代码,应用程序也可以与对象交互作用。

例如,电视机是一个类,我们家里的那台电视机是这个类的一个对象,它有声音、颜色、亮度等一系列属性,如果需要调节它的属性(例如声音),只需要通过调节一些按钮或旋钮就可以了,也可以通过这些按钮或旋钮来控制电视机的开、关、换台等功能(方法)。当进行这些操作时,并不需要知道这台电视机的内部构成,而是通过生产厂家提供的通用开关、按钮等接口来实现的。

面向对象方法的封装性使对象以外的事物不能随意获取对象的内部属性(公有属性除外),有效地避免了外部错误对它产生的影响,大大减轻了软件开发过程中查错的工作量,减小了排错的难度,隐蔽了程序设计的复杂性,提高了代码重用性,降低了软件开发的难度。

2. 继承性

继承性(inheritance)是指在面向对象程序设计中根据既有类(基类)派生出新类(派生类)的现象,也称为类的继承机制。

派生类无须重新定义在父类(基类)中已经定义的属性和行为,而是自动地拥有其父类的全部属性与行为。派生类既具有继承下来的属性和行为,又具有自己新定义的属性和行为。当派生类又被它更下层的子类继承时,它继承的及自身定义的属性和行为又被下一级子类继承下去。面向对象程序设计的继承机制实现了代码重用,有效地缩短了程序的开发周期。

3. 多态性

面向对象程序设计的多态性(polymorphism)是指基类中定义的属性或行为被派生类继承之后可以具有不同的数据类型或表现出不同的行为特性,使得同样的消息可以根据发送消息对象的不同而采用多种不同的行为方式。

Python完全采用了面向对象程序设计的思想,是真正面向对象的高级动态编程语言,完全支持面向对象的基本功能,例如封装、继承、多态以及对基类方法的覆盖或重写。与其他面向对象程序设计语言不同的是,Python中对象的概念很广泛,Python中的一切内容都可以称为对象。例如,字符串、列表、字典、元组等内置数据类型都具有和类完全相似的语法和用法。

6.2　类和对象

Python 使用 class 关键字来定义类，class 关键字之后是一个空格，然后是类的名字，再后面是一个冒号，最后换行并定义类的内部实现。类名的首字母一般要大写，当然也可以按照自己的习惯定义类名，但是一般推荐参考惯例来命名，并在整个系统的设计和实现中保持风格一致，这一点对于团队合作尤其重要。

6.2.1　定义和使用类

1. 类的定义

在创建类时用变量形式表示的对象属性称为数据成员或属性(成员变量)，用函数形式表示的对象行为称为成员函数(成员方法)，成员属性和成员方法统称为类的成员。

类定义的最简单形式如下：

class 类名：
    属性(成员变量)
    属性
    …
    成员函数(成员方法)

【例 6-1】　定义一个 Person 类。

```
class Person:
    num = 1                    #成员变量(属性)
    def SayHello(self):        #成员函数
        print("Hello!")
```

在 Person 类中定义一个成员函数 SayHello(self)，用于输出字符串"Hello!"。同样，Python 使用缩进标识类的定义代码。

1) 成员函数(成员方法)

在 Python 中函数和成员方法(成员函数)是有区别的。成员方法一般指与特定实例绑定的函数，当通过对象调用成员方法时，对象本身将被作为第一个参数传递过去，普通函数并不具备这个特点。

2) self

可以看到，在成员函数 SayHello()中有一个参数 self。这也是类的成员函数(方法)与普通函数的主要区别。类的成员函数必须有一个参数 self，而且位于参数列表的开头。self 就代表类的实例(对象)自身，可以使用 self 引用类的属性和成员函数。在类的成员函数中访问实例属性时需要以 self 为前缀，但在外部通过对象名调用对象成员函数时并不需要传递这个参数，如果在外部通过类名调用对象成员函数则需要显式为 self 参数传值。

2. 对象的定义

对象是类的实例。如果人类是一个类,那么某个具体的人就是一个对象。只有定义了具体的对象,并通过"对象名.成员"的方式才能访问其中的数据成员或成员方法。

Python 创建对象的语法如下:

对象名 = 类名()

例如,下面的代码定义了一个 Person 类的对象 p:

```
p = Person()
p.SayHello()          #访问成员函数 SayHello()
```

运行结果如下:

```
Hello!
```

6.2.2 构造函数

类可以定义一个特殊的叫作__init__()的方法(构造函数,以两个下画线"__"开头和结束,显示为__,下同)。一个类定义了__init__()方法以后,在类实例化时就会自动为新生成的类实例调用__init__()方法。构造函数一般用于完成对象数据成员设置初值或进行其他必要的初始化工作。如果用户未涉及构造函数,Python 将提供一个默认的构造函数。

【例 6-2】 定义一个复数类 Complex,构造函数完成对象变量的初始化工作。

```
class Complex:
  def __init__(self, realpart, imagpart):
         self.r = realpart
         self.i = imagpart
x = Complex(3.0, - 4.5)
print(x.r, x.i)
```

运行结果如下:

```
3.0  - 4.5
```

6.2.3 析构函数

Python 中类的析构函数是__del__(),用来释放对象占用的资源,在 Python 收回对象空间之前自动执行。如果用户未涉及析构函数,Python 将提供一个默认的析构函数进行必要的清理工作。

例如:

```
class Complex:
    def __init__(self, realpart, imagpart):
```

```
        self.r = realpart
        self.i = imagpart
    def __del__(self):
        print("Complex 不存在了")
x = Complex(3.0, - 4.5)
print(x.r, x.i)
print(x)
del x              # 删除 x 对象变量
```

运行结果如下：

```
3.0 - 4.5
<__main__.Complex object at 0x01F87C90>
Complex 不存在了
```

说明：在删除 x 对象变量之前，x 是存在的，在内存中的标识为 0x01F87C90，执行 del x 语句后，x 对象变量不存在了，系统自动调用析构函数，所以出现“Complex 不存在了”。

6.2.4 实例属性和类属性

属性(成员变量)有两种，一种是实例属性，另一种是类属性(类变量)。实例属性是在构造函数__init__()(以两个下画线开头和结束)中定义的，在定义时以 self 作为前缀；类属性是在类中方法之外定义的属性。在主程序中(在类的外部)，实例属性属于实例(对象)，只能通过对象名访问；类属性属于类，可通过类名访问，也可以通过对象名访问，为类的所有实例共享。

【例 6-3】 定义含有实例属性(姓名 name，年龄 age)和类属性(人数 num)的 Person 人员类。

```
class Person:
    num = 1                                 # 类属性
    def __init__(self, str,n):              # 构造函数
        self.name = str                     # 实例属性
        self.age = n
    def SayHello(self):                     # 成员函数
        print("Hello!")
    def PrintName(self):                    # 成员函数
        print("姓名：", self.name, "年龄：", self.age)
    def PrintNum(self):                     # 成员函数
        print(Person.num)                   # 由于是类属性，所以不写 self.num
# 主程序
P1 = Person("夏敏捷",42)
P2 = Person("王琳",36)
P1.PrintName()
P2.PrintName()
Person.num = 2                              # 修改类属性
P1.PrintNum()
P2.PrintNum()
```

运行结果如下：

```
姓名：夏敏捷年龄：42
姓名：王琳年龄：36
2
2
```

num 变量是一个类变量，它的值将在这个类的所有实例之间共享。可以在类内部或类外部使用 Person.num 访问。

在类的成员函数（方法）中可以调用类的其他成员函数（方法），也可以访问类属性、对象实例属性。

在 Python 中比较特殊的是可以动态地为类和对象增加成员，这一点是和很多面向对象程序设计语言不同的，也是 Python 动态类型特点的一种重要体现。

【例 6-4】 为 Car 类动态增加属性 name 和成员方法 setSpeed()。

```
import types                                          #导入 types 模块
class Car:
    price = 100000                                    #定义类属性 price
    def __init__(self, c):
        self.color = c                                #定义实例属性 color
#主程序
car1 = Car("Red")
car2 = Car("Blue")
print(car1.color, Car.price)
Car.price = 110000                                    #修改类属性
Car.name = 'QQ'                                       #增加类属性
car1.color = "Yellow"                                 #修改实例属性
print(car2.color, Car.price, Car.name)
print(car1.color, Car.price, Car.name)
def setSpeed(self, s):
    self.speed = s
car1.setSpeed = types.MethodType(setSpeed, Car)       #动态为对象增加成员方法
car1.setSpeed(50)                                     #调用对象的成员方法
print(car1.speed)
```

运行结果如下：

```
Red 100000
Blue 110000 QQ
Yellow 110000 QQ
50
```

说明：

（1）在 Python 中也可以使用以下函数的方式来访问属性。

➢ getattr(obj, name)：访问对象的属性。

➢ hasattr(obj,name)：检查是否存在一个属性。

➢ setattr(obj,name,value)：设置一个属性。如果属性不存在，会创建一个新属性。

➢ delattr(obj, name)：删除属性。

例如：

```
hasattr(car1, 'color')              #如果存在 'color' 属性则返回 True
getattr(car1, 'color')              #返回 'color' 属性的值
setattr(car1, 'color', 8)           #添加属性 'color' 值为 8
delattr(car1, 'color')              #删除属性 'color'
```

(2) 在 Python 中内置了一些类属性。

- __dict__：类的属性(包含一个字典,由类的数据属性组成)。
- __doc__：类的文档字符串。
- __name__：类名。
- __module__：类定义所在的模块(类的全名是'__main__.className',如果类位于一个导入模块 mymod 中,那么 className.__module__的结果为 mymod)。
- __bases__：类的所有父类组成的元组。

Python 内置类属性调用实例如下：

```
class Employee:
   '所有员工的基类'
   empCount = 0
   def __init__(self, name, salary):
      self.name = name
      self.salary = salary
      Employee.empCount += 1
   def displayCount(self):
     print("Total Employee %d" % Employee.empCount)
   def displayEmployee(self):
      print("Name : ", self.name, ", Salary: ", self.salary)
print("Employee.__doc__:", Employee.__doc__)
print("Employee.__name__:", Employee.__name__)
print("Employee.__module__:", Employee.__module__)
print("Employee.__bases__:", Employee.__bases__)
```

执行以上代码,输出结果如下：

```
Employee.__doc__: 所有员工的基类
Employee.__name__: Employee
Employee.__module__: __main__
Employee.__bases__: (<class 'object'>,)
```

6.2.5 私有成员与公有成员

Python 并没有对私有成员提供严格的访问保护机制。在定义类的属性时,如果属性名以两个下画线开头,则表示是私有属性,否则是公有属性。私有属性在类的外部不能直接访问,需要通过调用对象的公有成员方法来访问,或者通过 Python 支持的特殊方式来访问。

Python 提供了访问私有属性的特殊方式，可用于程序的测试和调试，对于成员方法也具有同样的性质。这种方式如下：

对象名. _类名+私有成员

例如，访问 Car 类私有成员__weight：

```
car1. _Car__weight
```

私有属性是为了数据封装和保密而设置的属性，一般只能在类的成员方法(类的内部)中使用访问，虽然 Python 支持一种特殊的方式从外部直接访问类的私有成员，但是并不推荐这样做。公有属性是可以公开使用的，既可以在类的内部进行访问，也可以在外部程序中使用。

【例 6-5】 为 Car 类定义私有成员。

```
class Car:
    price = 100000              #定义类属性
    def __init__(self, c, w):
        self.color = c          #定义公有属性 color
        self. __weight = w      #定义私有属性__weight
#主程序
car1 = Car("Red",10.5)
car2 = Car("Blue",11.8)
print(car1.color)
print(car1. _Car__weight)
print(car1. __weight)           #AttributeError
```

运行结果如下：

```
Red
10.5
AttributeError: 'Car' object has no attribute '__weight'
```

最后一句由于不能直接访问私有属性，所以出现 AttributeError: 'Car' object has no attribute '__weight'错误提示，而公有属性 color 可以直接访问。

在 IDLE 环境中，在对象或类名后面加上一个圆点“.”，稍等一秒就会自动列出其所有公开成员，模块也具有同样的特点。如果在圆点“.”后面再加一个下画线，则会列出该对象或类的所有成员，包括私有成员。

说明：在 Python 中，以下画线开头的变量名和方法名有特殊的含义，尤其是在类的定义中。用下画线作为变量名和方法名前缀和后缀来表示类的特殊成员。

- _xxx：这样的对象叫作保护成员，不能用'from module import * '导入，只有类和子类内部成员方法(函数)能访问这些成员。
- __xxx__：系统定义的特殊成员。
- __xxx：类中的私有成员，只有类自己的内部成员方法(函数)能访问，子类内部成员方法也不能访问到这个私有成员，但在对象外部可以通过“对象名._类名__xxx”这样的特殊方式来访问。在 Python 中不存在严格意义上的私有成员。

6.2.6 方法

在类中定义的方法可以粗略地分为3大类，即公有方法、私有方法和静态方法。其中，公有方法、私有方法都属于对象，私有方法的名字以两个下画线开头，每个对象都有自己的公有方法和私有方法，在这两类方法中可以访问属于类和对象的成员；**公有方法通过对象名直接调用，私有方法不能通过对象名直接调用**，只能在属于对象的方法中通过self调用或在外部通过Python支持的特殊方式来调用。如果通过类名调用属于对象的公有方法，需要显式为该方法的self参数传递一个对象名，用来明确指定访问哪个对象的数据成员。**静态方法可以通过类名和对象名调用，但不能直接访问属于对象的成员，只能访问属于类的成员。**

【例6-6】 公有方法、私有方法、静态方法的定义和调用。

```
class Person:
    num = 0                              #类属性
    def __init__(self, str,n,w):         #构造函数
        self.name = str                  #对象实例属性(成员)
        self.age = n
        self.__weight = w                #定义私有属性__weight
        Person.num += 1
    def __outputWeight(self):            #定义私有方法 outputWeight
        print("体重:",self.__weight)     #访问私有属性__weight
    def PrintName(self):                 #定义公有方法(成员函数)
        print("姓名:", self.name, "年龄:", self.age, end = " ")
        self.__outputWeight()            #调用私有方法 outputWeight
    def PrintNum(self):                  #定义公有方法(成员函数)
        print(Person.num)                #由于是类属性,所以不写 self.num
    @ staticmethod
    def getNum():                        #定义静态方法 getNum
        return Person.num
#主程序
P1 = Person("夏敏捷",42,120)
P2 = Person("张海",39,80)
#P1.outputWeight()                       #错误'Person' object has no attribute 'outputWeight'
P1.PrintName()
P2.PrintName()
Person.PrintName(P2)
print("人数:",Person.getNum())
print("人数:",P1.getNum())
```

运行结果如下：

```
姓名: 夏敏捷 年龄: 42 体重: 120
姓名: 张海 年龄: 39 体重: 80
人数: 2
人数: 2
```

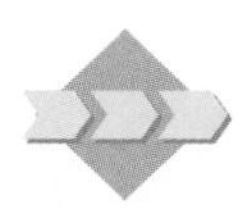

6.3 类的继承和多态

继承是为代码复用和设计复用而设计的,是面向对象程序设计的重要特性之一。当设计一个新类时,如果可以继承一个已有的设计良好的类然后进行二次开发,无疑会大幅度减少开发的工作量。

视频讲解

6.3.1 类的继承

类继承的语法如下:

```
class 派生类名(基类名):          #基类名写在括号中
    派生类成员
```

在继承关系中,已有的、设计好的类称为父类或基类,新设计的类称为子类或派生类。派生类可以继承父类的公有成员,但是不能继承其私有成员。

在 Python 中继承的一些特点如下:

(1) 在继承中基类的构造函数(__init__()方法)不会被自动调用,它需要在其派生类的构造中亲自专门调用。

(2) 如果需要在派生类中调用基类的方法,通过"基类名.方法名()"的方式来实现,需要加上基类的类名前缀,且需要带上 self 参数变量,区别于在类中调用普通函数时并不需要带上 self 参数。用户也可以使用内置函数 super()实现这一目的。

(3) Python 总是首先查找对应类型的方法,如果不能在派生类中找到对应的方法,它才开始到基类中逐个查找(先在本类中查找调用的方法,找不到才去基类中找)。

【例 6-7】 类继承的应用。

```
class Parent:                              #定义父类
    parentAttr = 100
    def __init__(self):
        print("调用父类构造函数")
    def parentMethod(self):
        print("调用父类方法")
    def setAttr(self, attr):
        Parent.parentAttr = attr
    def getAttr(self):
        print("父类属性:", Parent.parentAttr)
class Child(Parent):                       #定义子类
    def __init__(self):
        print("调用子类构造函数")
    def childMethod(self):
        print("调用子类方法 child method")
#主程序
c = Child()                                #实例化子类
c.childMethod()                            #调用子类的方法
```

```
c.parentMethod()            #调用父类方法
c.setAttr(200)              #再次调用父类的方法
c.getAttr()                 #再次调用父类的方法
```

以上代码的执行结果如下：

```
调用子类构造函数
调用子类方法 child method
调用父类方法
父类属性: 200
```

【例 6-8】 设计 Person 类，并根据 Person 派生 Student 类，分别创建 Person 类与 Student 类的对象。

```
#定义基类: Person 类
import types
class Person(object):        #基类必须继承于 object,否则在派生类中将无法使用 super()函数
    def __init__(self, name = '', age = 20, sex = 'man'):
        self.setName(name)
        self.setAge(age)
        self.setSex(sex)
    def setName(self, name):
        if type(name) != str:                      #内置函数 type()返回被测对象的数据类型
            print('姓名必须是字符串.')
            return
        self.__name = name
    def setAge(self, age):
        if type(age) != int:
            print('年龄必须是整型.')
            return
        self.__age = age
    def setSex(self, sex):
        if sex != '男' and sex != '女':
            print('性别输入错误')
            return
        self.__sex = sex
    def show(self):
        print('姓名: ', self.__name, '年龄: ', self.__age ,'性别: ', self.__sex)
#定义子类(Student 类),其中增加一个入学年份私有属性(数据成员)
class Student(Person):
    def __init__(self, name = '', age = 20, sex = 'man', schoolyear = 2016):
        #调用基类构造方法初始化基类的私有数据成员
        super(Student, self).__init__(name, age, sex)
        #Person.__init__(self, name, age, sex) #也可以这样初始化基类的私有数据成员
        self.setSchoolyear(schoolyear)          #初始化派生类的数据成员
    def setSchoolyear(self, schoolyear):
        self.__schoolyear = schoolyear
```

```
    def show(self):
        Person.show(self)                          #调用基类的show()方法
        #super(Student, self).show()               #也可以这样调用基类的show()方法
        print('入学年份：', self.__schoolyear)
#主程序
if __name__ == '__main__':
    zhangsan = Person('张三', 19, '男')
    zhangsan.show()
    lisi = Student('李四', 18, '男', 2022)
    lisi.show()
    lisi.setAge(20)                                #调用继承的方法修改年龄
    lisi.show()
```

运行结果如下：

```
姓名：张三   年龄：19   性别：男
姓名：李四   年龄：18   性别：男
入学年份：2022
姓名：李四   年龄：20   性别：男
入学年份：2022
```

当需要判断类之间的关系或者某个对象实例是哪个类的对象时，可以使用issubclass()或者isinstance()方法来检测。

- issubclass(sub,sup)：布尔函数，判断一个类sub是另一个类sup的子类或者子孙类，若是则返回True。
- isinstance(obj, Class)：布尔函数，如果obj是Class类或者是Class子类的实例对象，则返回True。

例如：

```
class Foo(object):
    pass
class Bar(Foo):
    pass
a = Foo()
b = Bar()
print(type(a) == Foo)              #True,type()函数返回对象的类型
print(type(b) == Foo)              #False
print(isinstance(b,Foo))           #True
print(issubclass(Bar,Foo))         #True
```

6.3.2 类的多继承

Python的类可以继承多个基类，继承的基类列表跟在类名之后。类的多继承语法如下：

class SubClassName(ParentClass1[, ParentClass2, …])：

　　派生类成员

例如,定义 C 类继承 A、B 两个基类,代码如下:

```
class A:          #定义类 A
…
class B:          #定义类 B
…
class C(A, B):    #派生类 C 继承类 A 和 B
…
```

6.3.3　方法的重写

重写必须出现在继承中。它是指当派生类继承了基类的方法之后,如果基类方法的功能不能满足需求,需要对基类中的某些方法进行修改,可以在派生类中重写基类的方法,这就是重写。

【例 6-9】　重写父类(基类)的方法。

```
class Animal:                           #定义父类
    def run(self):
        print("Animal is running…")     #调用父类方法
class Cat(Animal):                      #定义子类
    def run(self):
        print("Cat is running…")        #调用子类方法
class Dog(Animal):                      #定义子类
    def run(self):
        print("Dog is running…")        #调用子类方法
c = Dog()                               #子类实例
c. run()                                #子类调用重写方法
```

程序运行结果如下:

```
Dog is running…
```

当子类 Dog 和父类 Animal 都存在相同的 run()方法时,称子类的 run()覆盖了父类的 run(),在代码运行的时候总是会调用子类的 run(),这样就获得了继承的另一个好处——多态。

6.3.4　多态

视频讲解

要理解什么是多态,首先要对数据类型再做一点说明。当定义一个类的时候,实际上就定义了一种数据类型。定义的数据类型和 Python 自带的数据类型(例如 string、list、dict)没什么区别。

```
a = list()          #a 是 list 类型
b = Animal()        #b 是 Animal 类型
c = Dog()           #c 是 Dog 类型
```

一个变量是不是某个类型可以用isinstance()判断：

```
>>> isinstance(a, list)
True
>>> isinstance(b, Animal)
True
>>> isinstance(c, Dog)
True
```

a、b、c确实对应着list、Animal、Dog这3种类型。

```
>>> isinstance(c, Animal)
True
```

因为Dog是从Animal继承下来的，当创建了一个Dog的实例c时，认为c的数据类型是Dog没错，但c同时也是Animal，这也没错，Dog本来就是Animal的一种。

所以，在继承关系中如果一个实例的数据类型是某个子类，那么它的数据类型也可以被看作父类。但是反过来就不行：

```
>>> b = Animal()
>>> isinstance(b, Dog)
False
```

Dog可以看成Animal，但Animal不可以看成Dog。

要理解多态的好处还需要再编写一个函数，这个函数接收一个Animal类型的变量：

```
def run_twice(animal):
    animal.run()
    animal.run()
```

当传入Animal的实例时，run_twice()就打印出：

```
>>> run_twice(Animal())
Animal is running…
Animal is running…
```

当传入Dog的实例时，run_twice()就打印出：

```
>>> run_twice(Dog())
Dog is running…
Dog is running…
```

当传入Cat的实例时，run_twice()就打印出：

```
>>> run_twice(Cat())
Cat is running…
Cat is running…
```

现在，如果再定义一个 Tortoise 类型，也从 Animal 派生：

```
class Tortoise(Animal):
    def run(self):
        print('Tortoise is running slowly… ')
```

当调用 run_twice()时，传入 Tortoise 的实例：

```
>>> run_twice(Tortoise())
Tortoise is running slowly…
Tortoise is running slowly…
```

大家会发现新增一个 Animal 的子类，不必对 run_twice()做任何修改。实际上，任何依赖 Animal 作为参数的函数或者方法都可以不加修改地正常运行，原因就在于多态。

多态的好处就是，当需要传入 Dog、Cat、Tortoise 等时，只需要接收 Animal 类型就可以了，因为 Dog、Cat、Tortoise 等都是 Animal 类型，然后按照 Animal 类型进行操作即可。由于 Animal 类型有 run()方法，所以传入的任意类型只要是 Animal 类或者子类，就会自动调用实际类型的 run()方法，这就是多态的意思。

对于一个变量，只需要知道它是 Animal 类型，无须确切地知道它的子类型，就可以放心地调用 run()方法，而具体调用的 run()方法是作用在 Animal、Dog、Cat 还是 Tortoise 对象上，由运行时该对象的确切类型决定，这就是多态真正的威力：调用方只管调用，不管细节，而当新增 Animal 的一种子类时，只要确保 run()方法编写正确，不用管原来的代码是如何调用的。这就是著名的“开闭”原则：对扩展开放，允许新增 Animal 子类；对修改封闭，不需要修改依赖 Animal 类型的 run_twice()等函数。

6.3.5 运算符重载

在 Python 中可以通过运算符重载来实现对象之间的运算。Python 把运算符与类的方法关联起来，每个运算符对应一个函数，因此重载运算符就是实现函数。常用的运算符与函数/方法的对应关系如表 6-1 所示。

表 6-1 Python 中常用的运算符与函数/方法的对应关系

函数/方法	重载的运算符	说明	调用举例
__add__()	+	加法	Z=X+Y，X+=Y
__sub__()	−	减法	Z=X−Y，X−=Y
__mul__()	*	乘法	Z=X*Y，X*=Y
__div__()	/	除法	Z=X/Y，X/=Y
__lt__()	<	小于	X<Y

续表

函数/方法	重载的运算符	说　明	调用举例
__eq__()	==	等于	X==Y
__len__()	长度	对象长度	len(X)
__str__()	输出	输出对象时调用	print(X),str(X)
__or__()	或	或运算	X|Y,X|=Y

所以在 Python 中，在定义类的时候，可以通过实现一些函数来实现重载运算符。

【例 6-10】 对 Vector 类重载运算符。

```
class Vector:
    def __init__(self, a, b):
        self.a = a
        self.b = b
    def __str__(self):            #重写 print()方法，打印 Vector 对象实例信息
        return 'Vector(%d, %d)' % (self.a, self.b)
    def __add__(self,other):      #重载加法运算符
        return Vector(self.a + other.a, self.b + other.b)
    def __sub__(self,other):      #重载减法运算符
        return Vector(self.a - other.a, self.b - other.b)
#主程序
v1 = Vector(2,10)
v2 = Vector(5, -2)
print(v1 + v2)
```

以上代码的执行结果如下：

```
Vector(7,8)
```

可见 Vector 类中只要实现__add__()方法就可以实现 Vector 对象实例间的加法运算。读者可以如例子所示实现复数的加、减、乘、除四则运算。

视频讲解

6.4　面向对象应用案例——用扑克牌类设计发牌程序

【案例 6-1】 采用扑克牌类设计扑克牌发牌程序。

4 名牌手打牌，计算机随机将 52 张牌(不含大/小鬼)发给 4 名牌手，在屏幕上显示每位牌手的牌。程序的运行效果如图 6-1 所示。

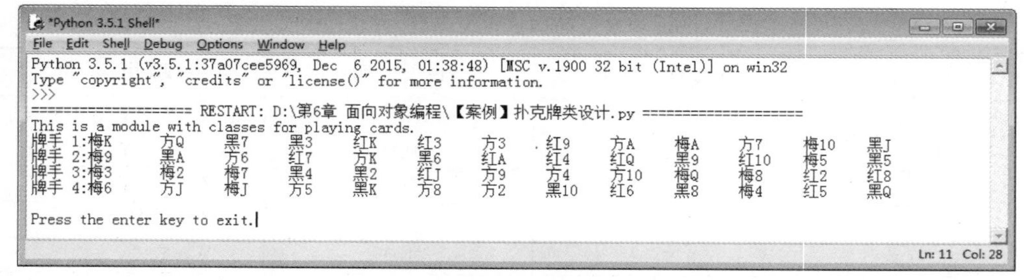

图 6-1　扑克牌发牌程序的运行效果

6.4.1 关键技术——random 模块

random 模块可以产生一个随机数，它的常用方法和使用例子如下。

1) random.random()

random.random()用于生成一个 0～1 的随机小数，$0 \leqslant n < 1.0$。

```
import random
random.random()
```

执行以上代码，输出结果如下：

```
0.85415370477785668
```

2) random.uniform()

random.uniform(a, b)用于生成一个指定范围内的随机小数，两个参数中一个是上限，一个是下限。如果 $a < b$，则生成的随机数 n 有 $a \leqslant n \leqslant b$；如果 $a > b$，则 $b \leqslant n \leqslant a$。

代码如下：

```
import random
print(random.uniform(10, 20))
print(random.uniform(20, 10))
```

执行以上代码，输出结果如下：

```
14.247256006293084
15.53810495673216
```

3) random.randint()

random.randint(a, b)用于随机生成一个指定范围内的整数。其中参数 a 是下限，参数 b 是上限，生成的随机数 n 有 $a \leqslant n \leqslant b$。

```
import random
print(random.randint(12, 20))     #生成的随机数 n 有 12≤n≤20
print(random.randint(20, 20))     #结果永远是 20
#print(random.randint(20, 10))    #该语句是错误的，下限必须小于上限
```

4) random.randrange()

random.randrange([start], stop[, step])从指定范围内按指定基数递增的集合中获取一个随机数。例如 random.randrange(10, 100, 2)，结果相当于从[10, 12, 14, 16, …, 96, 98]序列中获取一个随机数。random.randrange(10, 100, 2)在结果上与 random.choice(range(10, 100, 2))等效。

5) random.choice()

random.choice()从序列中获取一个随机元素。其函数原型为 random.choice(sequence)。

参数 sequence 表示一个有序类型。这里要说明一下：sequence 在 Python 中不是一种特定的类型，而是泛指序列数据结构。列表、元组、字符串都属于 sequence。下面是使用 random. choice()的一些例子：

```
import random
print(random.choice("学习 Python"))                    #在字符串中随机取一个字符
print(random.choice(["JGood", "is", "a", "handsome", "boy"]))  #在列表中随机取
print(random.choice(("Tuple", "List", "Dict")))          #在元组中随机取
```

执行以上代码，输出结果如下：

```
学
is
Dict
```

当然，每次运行结果都不一样。

6）random. shuffle()

random. shuffle(x[, random])用于将一个列表中的元素打乱。例如：

```
p = ["Python", "is", "powerful", "simple", "and so on…"]
random.shuffle(p)
print(p)
```

执行以上代码，输出结果如下：

```
['powerful', 'simple', 'is', 'Python', 'and so on…']
```

在这个发牌游戏案例中使用此方法打乱牌的顺序实现洗牌功能。

7）random. sample()

random. sample(sequence, k)从指定序列中随机获取指定长度的片段。random. sample()函数不会修改原有序列。

```
list = [1, 2, 3, 4, 5, 6, 7, 8, 9, 10]
slice = random.sample(list, 5)      #从 list 中随机获取 5 个元素，作为一个片段返回
print(slice)
print(list)                         #原有序列并没有改变
```

执行以上代码，输出结果如下：

```
[5, 2, 4, 9, 7]
[1, 2, 3, 4, 5, 6, 7, 8, 9, 10]
```

以下是常用情况举例。

(1) 随机字符。

```
>>> import random
>>> random.choice('abcdefg&# %^*f')
```

结果为'd'。

(2) 从多个字符中选取特定数量的字符。

```
>>> import random
>>> random.sample('abcdefghij', 3)
```

结果为['a', 'd', 'b']。

(3) 从多个字符中选取特定数量的字符组成新字符串。

```
>>> import random
>>>" ".join(random.sample(['a','b','c','d','e','f','g','h','i','j'], 3)).replace(" ","")
```

结果为'ajh'。

(4) 随机选取字符串。

```
>>> import random
>>> random.choice(['apple', 'pear', 'peach', 'orange', 'lemon'])
```

结果为'lemon'。

(5) 洗牌。

```
>>> import random
>>> items = [1, 2, 3, 4, 5, 6]
>>> random.shuffle(items)
>>> items
```

结果为[3, 2, 5, 6, 4, 1]。

(6) 随机选取0～100的偶数。

```
>>> import random
>>> random.randrange(0, 101, 2)
```

结果为42。

(7) 随机选取1～100的小数。

```
>>> random.uniform(1, 100)
```

结果为5.4221167969800881。

6.4.2 程序设计的思路

设计出 Card 类、Hand 类和 Poke 类。

1. Card 类

Card 类代表一张牌，其中 FaceNum 字段指的是牌面数字 1～13，Suit 字段指的是花色，值"梅"为梅花、"方"为方块、"红"为红心、"黑"为黑桃。

其中：

(1) Card 构造函数根据参数初始化封装的成员变量，实现牌面大小和花色的初始化，以及是否显示牌面，默认 True 为显示牌的正面。

(2) __str__()方法用来输出牌面大小和花色。

(3) pic_order()方法获取牌的顺序号，牌面按梅花 1…13，方块 14…26，红桃 27…39，黑桃 40…52 顺序编号(未洗牌之前)。也就是说，梅花 2 的顺序号为 2，方块 A 的顺序号为 14，方块 K 的顺序号为 26。这个方法是为图形化显示牌面预留的方法。

(4) flip()是翻牌方法，改变牌面是否显示的属性值。

```
#Cards Module
class Card():
    """ A playing card. """
    RANKS = ["A", "2", "3", "4", "5", "6", "7",
             "8", "9", "10", "J", "Q", "K"]  #牌面数字 1～13
    SUITS = ["梅", "方", "红", "黑"]          #梅为梅花,方为方块,红为红心,黑为黑桃
    def __init__(self, rank, suit, face_up = True):
        self.rank = rank                     #指的是牌面数字 1～13
        self.suit = suit                     #suit 指的是花色
        self.is_face_up = face_up            #是否显示牌的正面,True 为正面,False 为背面
    def __str__(self):                       #重写 print()方法,打印一张牌的信息
        if self.is_face_up:
            rep = self.suit + self.rank
        else:
            rep = "XX"
        return rep
   def pic_order(self):                      #牌的顺序号
        if self.rank == "A":
            FaceNum = 1
        elif self.rank == "J":
            FaceNum = 11
        elif self.rank == "Q":
            FaceNum = 12
        elif self.rank == "K":
            FaceNum = 13
        else:
            FaceNum = int(self.rank)
        if self.suit == "梅":
            Suit = 1
        elif self.suit == "方":
```

```
            Suit = 2
        elif self.suit == "红":
            Suit = 3
        else:
            Suit = 4
        return (Suit - 1) * 13 + FaceNum
    def flip(self):                         #翻牌方法
        self.is_face_up = not self.is_face_up
```

2. Hand 类

Hand 类代表一手牌（一个玩家手里拿的牌），可以认为是一位牌手手里的牌，其中 cards 列表变量存储牌手手里的牌。玩家可以增加牌、清空手里的牌、把一张牌给其他牌手。

```
class Hand():
    """ A hand of playing cards. """
    def __init__(self):
        self.cards = []                     #cards 列表变量存储牌手手里的牌
    def __str__(self):                      #重写 print()方法,打印出牌手的所有牌
        if self.cards:
           rep = ""
           for card in self.cards:
                rep += str(card) + "\t"
        else:
            rep = "无牌"
        return rep
    def clear(self):                        #清空手里的牌
        self.cards = []
    def add(self, card):                    #增加牌
        self.cards.append(card)
    def give(self, card, other_hand):       #把一张牌给其他牌手
        self.cards.remove(card)
        other_hand.add(card)
```

3. Poke 类

Poke 类代表一副牌，可以把一副牌看作一个有 52 张牌的一手牌，所以继承 Hand 类。由于其中 cards 列表变量要存储 52 张牌，而且要进行发牌、洗牌操作，所以增加如下方法。

（1）populate(self)生成存储了 52 张牌的一手牌，这些牌按梅花 1…13，方块 14…26，红桃 27…39，黑桃 40…52 顺序（未洗牌之前）存储在 cards 列表变量中。

（2）shuffle(self)洗牌，使用 random. shuffle()打乱牌的存储顺序即可。

（3）deal(self, hands, per_hand = 13)是完成发牌动作，发给 4 个玩家，每人默认 13 张牌。当然如果给 per_hand 传 10，则每人发 10 张牌，只不过牌没发完。

```
#Poke 类
class Poke(Hand):                           #子类无构造函数则调用父类继承过来的构造函数
    """ A deck of playing cards. """
    def populate(self):                     #生成一副牌
```

```
        for suit in Card.SUITS:
            for rank in Card.RANKS:
                self.add(Card(rank, suit))
    def shuffle(self):                                  #洗牌
        import random
        random.shuffle(self.cards)                      #打乱牌的顺序
    def deal(self, hands, per_hand = 13):               #发牌,发给玩家,每人默认 13 张牌
        for rounds in range(per_hand):
            for hand in hands:
                if self.cards:
                    top_card = self.cards[0]
                    self.cards.remove(top_card)
                    hand.add(top_card)
                    #self.give(top_card, hand)  #上两句可以用此语句替换
                else:
                    print("不能继续发牌了,牌已经发完!")
```

注意：Python 子类的构造函数默认是从父类继承过来的，所以如果没在子类重写构造函数，那么调用的就是父类的。

4. 主程序

主程序比较简单，因为有 4 个玩家，所以生成 players 列表存储初始化的 4 位牌手。生成一副牌对象实例 poke1，调用 populate()方法生成有 52 张牌的一副牌，调用 shuffle()方法洗牌打乱顺序，调用 deal(players,13)方法发给玩家每人 13 张牌，最后显示 4 位牌手所有的牌。

```
#主程序
if __name__ == "__main__":
    print("This is a module with classes for playing cards.")
    #4 个玩家
    players = [Hand(),Hand(),Hand(),Hand()]
    poke1 = Poke()
    poke1.populate()            #生成一副牌
    poke1.shuffle()             #洗牌
    poke1.deal(players,13)      #发给玩家每人 13 张牌
    #显示 4 位牌手的牌
    n = 1
    for hand in players:
        print("牌手",n ,end = ":")
        print(hand)
        n = n + 1
    input("\nPress the enter key to exit.")
```

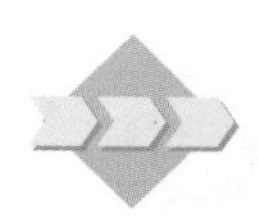

6.5 习题

1. 简述面向对象程序设计的概念及类和对象的关系。在 Python 语言中如何声明类和定义对象？

2. 简述面向对象程序设计中继承与多态性的作用。

3. 定义一个圆柱体类Cylinder,包含底面半径和高两个属性(数据成员);包含一个可以计算圆柱体体积的方法。然后编写相关程序测试相关功能。

4. 定义一个学生类,包括学号、姓名和出生日期3个属性(数据成员);包括一个用于给定数据成员初始值的构造函数;包含一个可计算学生年龄的方法。编写该类并对其进行测试。

5. 请为学校图书管理系统设计一个管理员类和一个学生类。其中,管理员信息包括工号、年龄、姓名和工资;学生信息包括学号、年龄、姓名、所借图书和借书日期。最后编写一个测试程序对产生的类的功能进行验证。建议:尝试引入一个基类,使用继承来简化设计。

6. 定义一个Circle类,根据圆的半径求周长和面积,再由Circle类创建两个圆对象,其半径分别为5和10,要求输出各自的周长和面积。

7. 定义一个汽车(Car)类,包括以下内容。

属性:汽车颜色color、车身重量weight、速度speed。

构造函数:能初始化各个属性值(speed的初始值设为50)。

speedUp()方法:将属性值speed+10并显示speed值。

speedCut()方法:降属性值speed−10并显示speed值。

show()方法:显示属性值color、weight、speed。

在主程序中创建实例并初始化各属性值,调用show()方法、加速方法、减速方法。

第7章

Tkinter图形界面设计

到目前为止，本书中所有的输入和输出都是简单的文本，而现代计算机和程序会使用大量的图形，因此本章以 Tkinter 模块为例学习建立一些简单的 GUI(图形用户界面)，使编写的程序像大家所熟悉的程序一样有窗体、按钮之类的图形界面，以后章节的游戏界面也都使用 Tkinter 开发。

视频讲解

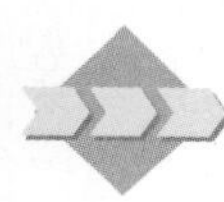

7.1 Python 图形开发库

Python 提供了多个图形开发界面的库，几个常用 Python GUI 库如下。

- Tkinter：Tkinter 模块("Tk 接口")是 Python 的标准 Tk GUI 工具包的接口。Tkinter 可以在大多数的 UNIX 平台下使用，同样可以应用在 Windows 和 Macintosh 系统里。Tk 8.0 的后续版本可以实现本地窗口风格，并良好地运行在绝大多数平台中。
- wxPython：wxPython 是一款开源软件，是 Python 语言的一套优秀的 GUI 图形库，允许 Python 程序员很方便地创建完整的、功能健全的 GUI 用户界面。
- Jython：Jython 程序可以和 Java 无缝集成。除了一些标准模块，Jython 使用 Java 的模块。Jython 几乎拥有标准的 Python 中不依赖于 C 语言的全部模块。例如，Jython 的用户界面使用 Swing、AWT 或者 SWT。Jython 可以被动态或静态地编译成 Java 字节码。

Tkinter 是 Python 的标准 GUI 库。由于 Tkinter 是内置到 Python 的安装包中，所以只要安装了 Python 就能导入 Tkinter 库，而且 IDLE 也是用 Tkinter 编写而成的，对于简单的图形界面 Tkinter 还是能应付自如的。使用 Tkinter 可以快速地创建 GUI 程序。

7.1.1 创建 Window 窗口

【例 7-1】 使用 Tkinter 创建一个 Window 窗口的 GUI 程序。

```
import tkinter                          # 导入 Tkinter 模块
win = tkinter.Tk()                      # 创建 Window 窗口对象
win.title('我的第一个 GUI 程序')          # 设置窗口标题
win.mainloop()                          # 进入消息循环,也就是显示窗口
```

以上代码的执行结果如图 7-1 所示。

可见 Tkinter 可以很方便地创建 Window 窗口。具体方法如上。

在创建 Window 窗口对象后,可以使用 geometry()方法设置窗口的大小,格式如下:

```
窗口对象.geometry(size)
```

size 用于指定窗口的大小,格式如下:

```
宽度×高度
```

图 7-1 使用 Tkinter 创建一个窗口

【例 7-2】 显示一个 Window 窗口,初始大小为 800 像素×600 像素。

```
from tkinter import *
win = Tk()
win.geometry("800×600")
win.mainloop()
```

用户还可以使用 minsize()方法设置窗口的最小尺寸,使用 maxsize()方法设置窗口的最大尺寸,方法如下:

窗口对象.minsize(最小宽度,最小高度)

窗口对象.maxsize(最大宽度,最大高度)

例如:

```
win.minsize(400,600)
win.maxsize(1440,800)
```

Tkinter 包含了许多组件供用户使用,在 7.2 节中将学习这些组件的用法。

7.1.2 几何布局管理

Tkinter 几何布局管理(geometry manager)用于组织和管理父组件(往往是窗口)中子组件的布局方式。Tkinter 提供了 3 种不同风格的几何布局管理类,即 pack、grid 和 place。

1. pack几何布局管理

pack几何布局管理采用块的方式组织组件。pack根据组件创建生成的顺序将子组件放在快速生成界面设计中广泛使用。

调用子组件的pack()方法，则该子组件在其父组件中采用pack布局：

```
pack(option = value, … )
```

pack()方法提供了如表7-1所示的若干参数选项。

表7-1　pack()方法提供的参数选项

选　　项	描　　述	取值范围
side	停靠在父组件的哪一边上	'top'(默认值)，'bottom'，'left'，'right'
anchor	停靠位置，对应于东、南、西、北以及4个角	'n'，'s'，'e'，'w'，'nw'，'sw'，'se'，'ne'，'center'(默认值)
fill	填充空间	'x'，'y'，'both'，'none'
expand	扩展空间	0或1
ipadx，ipady	组件内部在x/y方向上填充的空间大小	单位为c(厘米)、m(毫米)、i(英寸)、p(打印机的点)
padx，pady	组件外部在x/y方向上填充的空间大小	单位为c(厘米)、m(毫米)、i(英寸)、p(打印机的点)

【例7-3】　pack几何布局管理的GUI程序。运行效果如图7-2所示。

```
import tkinter
root = tkinter.Tk()
label = tkinter.Label(root,text = 'hello ,python')
label.pack()                                          #将Label组件添加到窗口中显示
button1 = tkinter.Button(root,text = 'BUTTON1')       #创建文字是'BUTTON1'的Button组件
button1.pack(side = tkinter.LEFT)                     #将button1组件添加到窗口中显示,左停靠
button2 = tkinter.Button(root,text = 'BUTTON2')       #创建文字是'BUTTON2'的Button组件
button2.pack(side = tkinter.RIGHT)                    #将button2组件添加到窗口中显示,右停靠
root.mainloop()
```

图7-2　pack几何布局管理示例的运行效果

2. grid几何布局管理

grid几何布局管理采用表格结构组织组件。子组件的位置由行/列确定的单元格决定，子组件可以跨越多行/列。在每一列中，列宽由这一列中最宽的单元格确定。grid布局适合

于表格形式的布局，可以实现复杂的界面，因而被广泛采用。

调用子组件的 grid()方法，则该子组件在其父组件中采用 grid 布局：

```
grid(option = value, … )
```

grid()方法提供了如表 7-2 所示的若干参数选项。

表 7-2 grid()方法提供的参数选项

选　　项	描　　述	取值范围
sticky	组件紧贴所在单元格的某一边角，对应于东、南、西、北以及 4 个角	'n','s','e','w','nw','sw','se','ne','center'(默认值)
row	单元格的行号	整数
column	单元格的列号	整数
rowspan	行跨度	整数
columnspan	列跨度	整数
ipadx,ipady	组件内部在 x/y 方向上填充的空间大小	单位为 c（厘米）、m(毫米)、i（英寸)、p（打印机的点）
padx,pady	组件外部在 x/y 方向上填充的空间大小	单位为 c（厘米）、m(毫米)、i（英寸)、p（打印机的点）

grid 有两个最为重要的参数，一个是 row，另一个是 column。它用来指定将子组件放置到什么位置，如果不指定 row，会将子组件放置到第一个可用的行上；如果不指定 column，则使用第 0 列(首列)。

【例 7-4】 grid 几何布局管理的 GUI 程序。运行效果如图 7-3 所示。

```
from tkinter import *
root = Tk()
#200×200 代表了初始化时主窗口的大小,280,280 代表了初始化时窗口所在的位置
root.geometry('200×200+280+280')
root.title('计算器示例')
#grid 布局
L1 = Button(root, text = '1', width=5, bg = 'yellow')
L2 = Button(root, text = '2', width=5)
L3 = Button(root, text = '3', width=5)
L4 = Button(root, text = '4', width=5)
L5 = Button(root, text = '5', width=5, bg = 'green')
L6 = Button(root, text = '6', width=5)
L7 = Button(root, text = '7', width=5)
L8 = Button(root, text = '8', width=5)
L9 = Button(root, text = '9', width=5, bg = 'yellow')
L0 = Button(root, text = '0')
Lp = Button(root, text = '.')
L1.grid(row = 0, column = 0)                    #按钮放置在 0 行 0 列
L2.grid(row = 0, column = 1)                    #按钮放置在 0 行 1 列
L3.grid(row = 0, column = 2)                    #按钮放置在 0 行 2 列
L4.grid(row = 1, column = 0)                    #按钮放置在 1 行 0 列
L5.grid(row = 1, column = 1)                    #按钮放置在 1 行 1 列
```

```
L6.grid(row = 1, column = 2)                              #按钮放置在1行2列
L7.grid(row = 2, column = 0)                              #按钮放置在2行0列
L8.grid(row = 2, column = 1)                              #按钮放置在2行1列
L9.grid(row = 2, column = 2)                              #按钮放置在2行2列
L0.grid(row = 3, column = 0,columnspan = 2,sticky = E + W )  #跨两列,左右贴紧
Lp.grid(row = 3, column = 2,sticky = E + W )              #左右贴紧
root.mainloop()
```

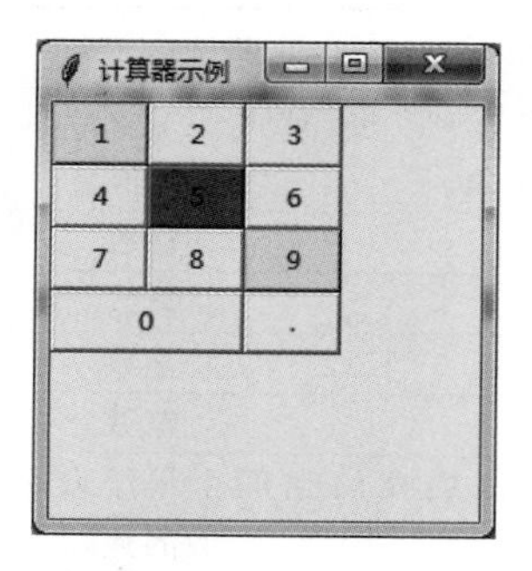

图 7-3　grid 几何布局管理示例的运行效果

3. place 几何布局管理

place 几何布局管理允许用户指定组件的大小与位置。place 布局的优点是可以精确地控制组件的位置，不足之处是改变窗口大小时子组件不能随之灵活地改变大小。

调用子组件的 place()方法，则该子组件在其父组件中采用 place 布局：

```
place(option = value, … )
```

place()方法提供了如表 7-3 所示的若干参数选项，用户可以直接给参数选项赋值并加以修改。

表 7-3　place()方法提供的参数选项

选　　项	描　　述	取值范围
x，y	将组件放到指定位置的绝对坐标	从 0 开始的整数
relx, rely	将组件放到指定位置的相对坐标	取值为 0～1.0
height，width	高度和宽度，单位为像素	
anchor	对齐方式，对应于东、南、西、北以及 4 个角	'n'，'s'，'e'，'w'，'nw'，'sw'，'se'，'ne'，'center'（'center'为默认值）

例如下面的代码将一个 Label 标签放置在中央相对坐标(0.5，0.5)处，另一个 Label 标签放置在(50，0)位置上。

注意：Python 中的坐标系是左上角为原点(0，0)位置，向右是 x 轴正方向，向下是 y 轴正方向，这和数学中的几何坐标系不同，大家一定要注意。

```
from tkinter import *
root = Tk()
lb = Label(root,text = 'hello Place')
#使用相对坐标(0.5,0.5)将 Label 放置到(0.5 * sx,0.5 * sy)位置上
lb.place(relx = 0.5,rely = 0.5,anchor = CENTER)
lb2 = Label(root,text = 'hello Place2')
#使用绝对坐标将 Label 放置到(50, 0)位置上
lb2.place(x = 50,y = 0)
root.mainloop()
```

【例 7-5】 place 几何布局管理的 GUI 程序。运行效果如图 7-4 所示。

```
from tkinter import *
root = Tk()
root.title("登录")
root['width'] = 200;root['height'] = 80
Label(root,text = '用户名',width = 6).place(x = 1,y = 1)          #绝对坐标(1,1)
Entry(root,width = 20).place(x = 45,y = 1)                       #绝对坐标(45,1)
Label(root,text = '密码',width = 6).place(x = 1,y = 20)           #绝对坐标(1,20)
Entry(root,width = 20, show = '*').place(x = 45,y = 20)          #绝对坐标(45,20)
Button(root,text = '登录',width = 8).place(x = 40,y = 40)         #绝对坐标(40,40)
Button(root,text = '取消',width = 8).place(x = 110,y = 40)        #绝对坐标(110,40)
root.mainloop()
```

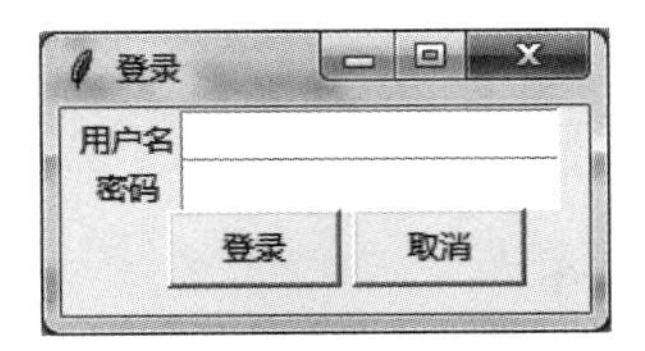

图 7-4 place 几何布局管理示例的运行效果

7.2 常用 Tkinter 组件的使用

7.2.1 Tkinter 组件

Tkinter 提供了各种组件(控件),例如按钮、标签和文本框,供一个 GUI 程序使用。这些组件通常被称为控件或者部件。Tkinter 组件如表 7-4 所示。

表 7-4 Tkinter 组件

组 件	描 述
Button	按钮控件:在程序中显示按钮
Canvas	画布控件:显示图形元素,例如线条或文本
Checkbutton	多选框控件:用于在程序中提供多项选择框

续表

组　　件	描　　述
Entry	输入控件：用于显示简单的文本内容
Frame	框架控件：在屏幕上显示一个矩形区域，多用来作为容器
Label	标签控件：可以显示文本和位图
Listbox	列表框控件：Listbox 窗口小部件，用来显示一个字符串列表给用户
Menubutton	菜单按钮控件：用于显示菜单项
Menu	菜单控件：显示菜单栏、下拉菜单和弹出菜单
Message	消息控件：用来显示多行文本，与 Label 比较类似
Radiobutton	单选按钮控件：显示一个单选按钮的状态
Scale	范围控件：显示一个数值刻度，为输出限定范围的数字区间
Scrollbar	滚动条控件：当内容超过可视化区域时使用，例如列表框
Text	文本控件：用于显示多行文本
Toplevel	容器控件：用来提供一个单独的对话框，与 Frame 比较类似
Spinbox	输入控件：与 Entry 类似，但是可以指定输入范围值
PanedWindow	窗口布局管理的插件：可以包含一个或者多个子控件
LabelFrame	简单的容器控件：常用于复杂的窗口布局
tkMessageBox	用于显示应用程序的消息框

通过组件类的构造函数可以创建其对象实例。例如：

```
from tkinter import *
root = Tk()
button1 = Button(root, text = "确定")        #按钮组件的构造函数
```

7.2.2 标准属性

组件的标准属性也就是所有组件(控件)的共同属性，例如大小、字体和颜色等。Tkinter 组件常用的标准属性如表 7-5 所示。

表 7-5　Tkinter 组件常用的标准属性

属　性	描　　述
dimension	控件的大小
color	控件的颜色
font	控件的字体
anchor	锚点(内容停靠位置)，对应于东、南、西、北以及 4 个角
relief	控件的样式
bitmap	位图，内置位图包括"error""gray75""gray50""gray25""gray12""info""questhead""hourglass""question""warning"，自定义位图为.xbm 格式文件
cursor	光标
text	显示文本内容
state	设置组件状态：正常(normal)、激活(active)、禁用(disabled)

用户可以通过下列方式之一设置组件的属性。

```
button1 = Button(root, text = "确定")        #按钮组件的构造函数
buttonl.config(text = "确定")                #组件对象的 config 方法的命名参数
buttonl ["text"] = "确定"                     #组件对象的属性赋值
```

7.2.3　Label 组件

视频讲解

Label 组件用于在窗口中显示文本或位图，其常用属性如表 7-6 所示。

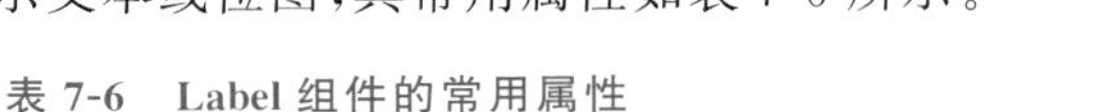

表 7-6　Label 组件的常用属性

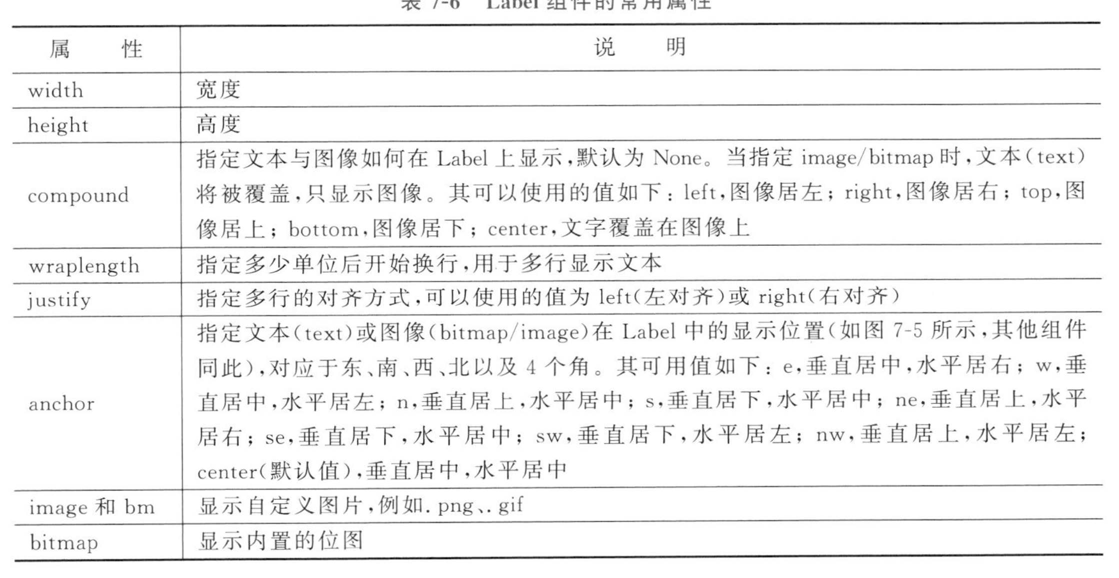

属　　性	说　　明
width	宽度
height	高度
compound	指定文本与图像如何在 Label 上显示，默认为 None。当指定 image/bitmap 时，文本(text)将被覆盖，只显示图像。其可以使用的值如下：left，图像居左；right，图像居右；top，图像居上；bottom，图像居下；center，文字覆盖在图像上
wraplength	指定多少单位后开始换行，用于多行显示文本
justify	指定多行的对齐方式，可以使用的值为 left(左对齐)或 right(右对齐)
anchor	指定文本(text)或图像(bitmap/image)在 Label 中的显示位置(如图 7-5 所示，其他组件同此)，对应于东、南、西、北以及 4 个角。其可用值如下：e，垂直居中，水平居右；w，垂直居中，水平居左；n，垂直居上，水平居中；s，垂直居下，水平居中；ne，垂直居上，水平居右；se，垂直居下，水平居中；sw，垂直居下，水平居左；nw，垂直居上，水平居左；center(默认值)，垂直居中，水平居中
image 和 bm	显示自定义图片，例如.png、.gif
bitmap	显示内置的位图

【例 7-6】　Label 组件示例，运行效果如图 7-6 所示。

```
from tkinter import *
win = Tk()                                          #创建窗口对象
win.title("我的窗口")                                #设置窗口标题
lab1 = Label(win,text = '你好', anchor = 'nw')     #创建文字是"你好"的 Label 组件
lab1.pack()                                         #显示 Label 组件
#显示内置的位图
lab2 = Label(win, bitmap = 'question')              #创建显示疑问图标的 Label 组件
lab2.pack()                                         #显示 Label 组件
#显示自选的图片
bm = PhotoImage(file = r'J:\2022 书稿\aa.png')
lab3 = Label(win,image = bm)
lab3.bm = bm
lab3.pack()                                         #显示 Label 组件
win.mainloop()
```

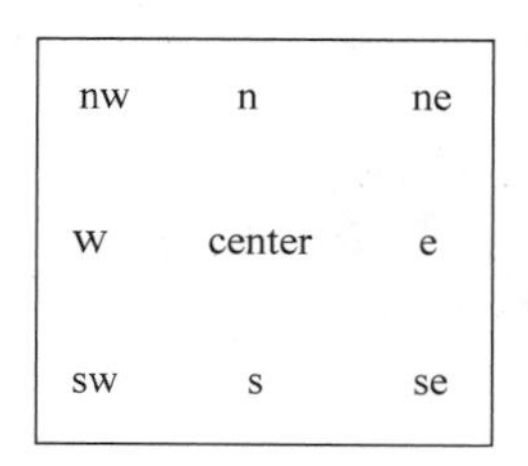

图 7-5　anchor 地理方位

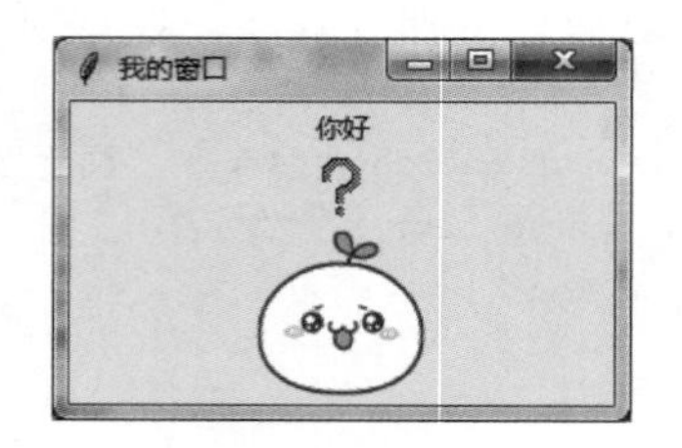

图 7-6　Label 组件示例的运行效果

视频讲解

7.2.4　Button 组件

Button 组件（控件）是一个标准的 Tkinter 部件，用于实现各种按钮。按钮可以包含文本或图像，可以通过 command 属性将调用的 Python 函数或方法关联到按钮上。当 Tkinter 的按钮被按下时会自动调用该函数或方法。该按钮可以只显示一个单一字体的文本，但文本可能跨越一个以上的行。此外，一个字符可以有下画线，例如标记的键盘快捷键。Tkinter Button 组件的属性和方法如表 7-7 和表 7-8 所示。

表 7-7　Tkinter Button 组件的属性

属　　性	功 能 描 述
text	显示文本内容
command	指定 Button 的事件处理函数
compound	指定文本与图像的位置关系
bitmap	指定位图
focus_set	设置当前组件得到的焦点
master	代表父窗口
bg	设置背景颜色
fg	设置前景颜色
font	设置字体
height	设置显示高度，如果未设置此项，其大小以适应内容标签为宜
relief	指定外观装饰边界附近的标签，默认是平的，可以设置的参数为 flat、groove、raised、ridge、solid、sunken
width	设置显示宽度，如果未设置此项，其大小以适应内容标签为宜
wraplength	将此选项设置为所需的数量限制每行的字符数，默认为 0
state	设置组件的状态：正常（normal）、激活（active）、禁用（disabled）
anchor	设置 Button 文本在控件上的显示位置，可用值为 n(north)、s(south)、w(west)、e(east)和 ne、nw、se、sw
bd	设置 Button 的边框大小；bd(bordwidth)默认为 1 或 2 像素
textvariable	设置 Button 可变的文本内容对应的变量

表 7-8　Tkinter Button 组件的方法

方　　法	描　　述
flash()	按钮在 active color 和 normal color 颜色之间闪烁几次，disabled 表示状态无效
invoke()	调用按钮的 command 指定的回调函数

【例 7-7】 用 Tkinter 创建一个含有 4 个 Button 的示例程序。创建 4 个按钮，设置 width、height、relief、bg、bd、fg、state、bitmap、command、anchor 等属性。

```
#Filename:7-7.py
from tkinter import *
from tkinter.messagebox import *
root = Tk()
root.title("Button Test")
def callback():
    showinfo("Python command","人生苦短，我用 Python")
#创建 4 个 Button 按钮，并设置 width、height、relief、bg、bd、fg、state、bitmap、command、anchor
Button(root, text="外观装饰边界附近的标签", width=19,relief=GROOVE,bg="red").pack()
Button(root, text="设置按钮状态",width=21,state=DISABLED).pack()
Button(root, text="设置 bitmap 放到按钮左边位置", compound="left",bitmap="error").pack()
Button(root, text="设置 command 事件调用命令", fg="blue",bd=2,width=28,command=
callback).pack()
Button(root, text ="设置高度、宽度以及文字显示位置",anchor = 'sw',width = 30,height = 2).
pack()
root.mainloop()
```

运行效果如图 7-7 所示。

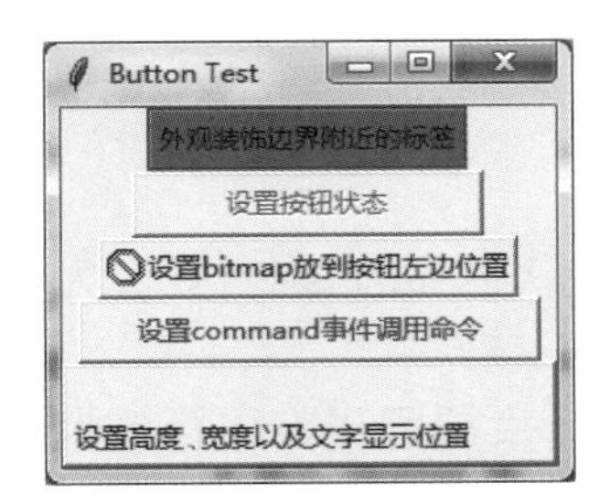

图 7-7 Tkinter Button 示例程序的运行效果

如果想获取组件的所有属性，可以通过如下命令列出：

```
from tkinter import *
root = Tk()
button1 = Button(root, text = "确定")        #按钮组件的构造函数
print(button1.keys())                        #keys()方法列出组件的所有属性
```

结果如下：

```
['activebackground', 'activeforeground', 'anchor', 'background', 'bd', 'bg', 'bitmap',
'borderwidth', 'command', 'compound', 'cursor', 'default', 'disabledforeground', 'fg', 'font',
'foreground', 'height', 'highlightbackground', 'highlightcolor', 'highlightthickness', 'image',
'justify', 'overrelief', 'padx', 'pady', 'relief', 'repeatdelay', 'repeatinterval', 'state',
'takefocus', 'text', 'textvariable', 'underline', 'width', 'wraplength']
```

视频讲解

7.2.5 单行文本框 Entry 和多行文本框 Text

单行文本框 Entry 主要用于输入单行内容和显示文本，可以方便地向程序传递用户参数。这里通过一个转换摄氏度和华氏度的程序来演示该组件的使用。

1. 创建和显示 Entry 对象

创建 Entry 对象的基本方法如下：

Entry 对象 = Entry(Window 窗口对象)

显示 Entry 对象的方法如下：

Entry 对象.pack()

2. 获取 Entry 组件的内容

其中 get()方法用于获取 Entry 单行文本框内输入的内容。

3. Entry 的常用属性

- show：如果设置为字符 *，则输入文本框内显示为 *，用于密码输入。
- insertbackground：插入光标的颜色，默认为'black'。
- selectbackground 和 selectforeground：选中文本的背景色与前景色。
- width：组件的宽度(所占字符个数)。
- fg：前景颜色。
- bg：背景颜色。
- state：设置组件的状态，默认为 normal，可设置为 disabled(禁用)、readonly(只读)。

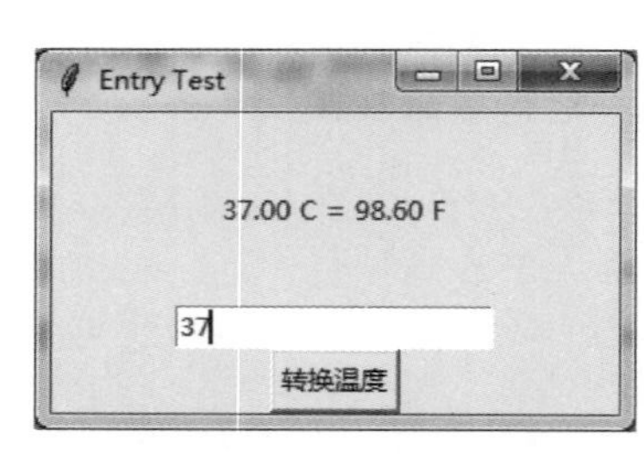

图 7-8 转换摄氏度和华氏度程序的运行效果

【例 7-8】 转换摄氏度和华氏度的程序。运行效果如图 7-8 所示。

```
import tkinter as tk
def btnHelloClicked():                          #事件函数
    cd = float(entryCd.get())                   #获取文本框内输入的内容并转换成浮点数
    labelHello.config(text = "%.2fC = %.2fF" %(cd, cd*1.8+32))
root = tk.Tk()
root.title("Entry Test")
labelHello = tk.Label(root, text = "转换℃ to ℉…", height = 5, width = 20, fg = "blue")
labelHello.pack()
entryCd = tk.Entry(root)                        #Entry组件
entryCd.pack()
btnCal = tk.Button(root, text = "转换温度", command = btnHelloClicked)     #按钮
btnCal.pack()
root.mainloop()
```

在程序中新建了一个 Entry 组件 entryCd，当单击"转换温度"按钮后，通过 entryCd.get()获取输入框中的文本内容，该内容为字符串类型，需要通过 float()函数转换成数字，之后再进行换算，并更新 Label 显示内容。

设置或者获取 Entry 组件内容也可以使用 StringVar()对象来完成，把 Entry 的

textvariable 属性设置为 StringVar()变量，再通过 StringVar()变量的 get()和 set()函数可以读取和输出相应文本内容。例如：

```
s = StringVar()                                #一个 StringVar()对象
s.set("大家好,这是测试")                          #设置文本内容
entryCd = Entry(root, textvariable = s)        #Entry 组件显示"大家好,这是测试"
print(s.get())                                 #打印出"大家好,这是测试"
```

Python 还提供了输入多行文本框 Text，用于输入多行内容和显示文本。其使用方法与 Entry 类似，请读者参考 Entry 相关内容。

7.2.6 列表框组件 Listbox

视频讲解

列表框组件 Listbox 用于显示多个项目，并且允许用户选择一个或多个项目。

1）创建和显示 Listbox 对象

创建 Listbox 对象的基本方法如下：

Listbox 对象 = Listbox(Tkinter Windows 窗口对象)

显示 Listbox 对象的方法如下：

Listbox 对象.pack()

2）插入文本项

用户可以使用 insert()方法向列表框组件中插入文本项，方法如下：

Listbox 对象.insert(index,item)

其中，index 是插入文本项的位置，如果在尾部插入文本项，则可以使用 END；如果在当前选中处插入文本项，则可以使用 ACTIVE。item 是要插入的文本项。

3）返回选中项的索引

Listbox 对象.curselection()

返回当前选中项目的索引，结果为元组。

注意：索引号从 0 开始，0 表示第一项。

4）删除文本项

Listbox 对象.delete(first,last)

删除指定范围(first,last)的项目，不指定 last 时删除一个项目。

5）获取项目内容

Listbox 对象.get(first,last)

返回指定范围(first,last)的项目，不指定 last 时仅返回一个项目。

6）获取项目个数

Listbox 对象.size()

返回 Listbox 对象内部的项目个数。

7）获取 Listbox 内容

需要使用 listvariable 属性为 Listbox 对象指定一个对应的变量，例如：

```
m = StringVar()
listb = Listbox(root, listvariable = m)
listb.pack()
root.mainloop()
```

指定后就可以使用 m.get()方法获取 Listbox 对象中的内容了。

注意：如果允许用户选择多个项目，将 Listbox 对象的 selectmode 属性设置为 MULTIPLE 表示多选，若设置为 SINGLE 表示单选。

【例 7-9】 用 Tkinter 创建一个获取 Listbox 组件内容的程序。运行效果如图 7-9 所示。

```
from tkinter import *
root = Tk()
m = StringVar()
def callbutton1():
    print(m.get())
def callbutton2():
    for i in lb.curselection():                        #返回选中项索引形成的元组
        print(lb.get(i))
root.title("使用 Listbox 组件的例子")                     #设置窗口标题
lb = Listbox(root, listvariable = m)                   #将一个字符串 m 与 Listbox 的值绑定
for item in ['北京','天津','上海']:
    lb.insert(END,item)
lb.pack()
b1 = Button(root,text = '获取 Listbox 的所有内容', command = callbutton1, width = 20)
                                                       #创建 Button 组件
b1.pack()                                              #显示 Button 组件
b2 = Button(root,text = '获取 Listbox 的选中内容', command = callbutton2, width = 20)
                                                       #创建 Button 组件
b2.pack()                                              #显示 Button 组件
root.mainloop()
```

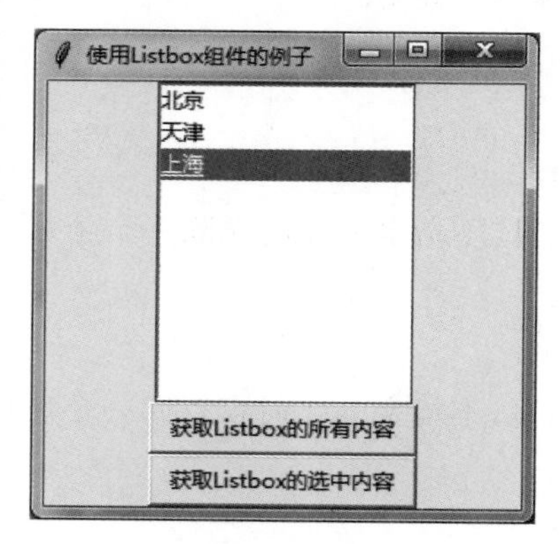

图 7-9　获取 Listbox 组件内容的 GUI 程序的运行效果

单击“获取 Listbox 的所有内容”按钮则输出('北京', '天津', '上海')。
选中上海后，单击“获取 Listbox 的选中内容”按钮则输出上海。

【例 7-10】 创建从一个列表框中选择内容添加到另一个列表框组件的 GUI 程序。

```
from tkinter import *                                          # 导入 Tkinter 库
root = Tk()                                                    # 创建窗口对象
def callbutton1():
    for i in listb.curselection():                             # 遍历选中项
        listb2.insert(0,listb.get(i))                          # 添加到右侧列表框
def callbutton2():
    for i in listb2.curselection():                            # 遍历选中项
        listb2.delete(i)                                       # 从右侧列表框中删除
#创建两个列表
li = ['C','python','php','html','SQL','java']
listb = Listbox(root)                                          # 创建两个列表框组件
listb2 = Listbox(root)
for item in li:                                                # 从左侧列表框组件中插入数据
listb.insert(0,item)
listb.grid(row = 0,column = 0,rowspan = 2)                     # 将列表框组件放置到窗口对象中
b1 = Button(root,text = '添加>>', command = callbutton1, width = 20)  # 创建 Button 组件
b2 = Button(root,text = '删除<<', command = callbutton2, width = 20)  # 创建 Button 组件
b1.grid(row = 0,column = 1,rowspan = 2)                               # 显示 Button 组件
b2.grid(row = 1,column = 1,rowspan = 2)                               # 显示 Button 组件
listb2.grid(row = 0,column = 2,rowspan = 2)
root.mainloop()                                                       # 进入消息循环
```

以上代码的运行效果如图 7-10 所示。

图 7-10 含有两个列表框组件的 GUI 程序的运行效果

 7.2.7 单选按钮 Radiobutton 和复选框 Checkbutton

单选按钮 Radiobutton 和复选框 Checkbutton 分别用于实现选项的单选和复选功能。Radiobutton 用于在同一组单选按钮中选择一个单选按钮（不能同时选择多个）。Checkbutton 用于选择一项或多项。

视频讲解

1）创建和显示 Radiobutton 对象

创建 Radiobutton 对象的基本方法如下：

Radiobutton 对象＝ Radiobutton(Window 窗口对象,text ＝ Radiobutton 组件显示的文本)

显示 Radiobutton 对象的方法如下：

Radiobutton 对象.pack()

用户可以使用 variable 属性为 Radiobutton 组件指定一个对应的变量。如果将多个 Radiobutton 组件绑定到同一个变量,则这些 Radiobutton 组件属于一个分组。分组后需要使用 value 设置每个 Radiobutton 组件的值,以标识该项目是否被选中。

2) Radiobutton 组件的常用属性

- variable:单选按钮索引变量,通过变量的值确定哪个单选按钮被选中。一组单选按钮使用同一个索引变量。
- value:单选按钮选中时变量的值。
- command:单选按钮选中时执行的命令(函数)。

3) Radiobutton 组件的方法

- deselect():取消选择。
- select():选择。
- invoke():调用单选按钮指定的回调函数 command。

4) 创建和显示 Checkbutton 对象

视频讲解

创建 Checkbutton 对象的基本方法如下:

Checkbutton 对象 = Checkbutton(Tkinter Windows 窗口对象,text = Checkbutton 组件显示的文本,command=单击 Checkbutton 按钮所调用的回调函数)

显示 Checkbutton 对象的方法如下:

Checkbutton 对象.pack()

5) Checkbutton 组件的常用属性

- variable:复选框索引变量,通过变量的值确定哪些复选框被选中。每个复选框使用不同的变量,使复选框之间相互独立。
- onvalue:复选框选中(有效)时变量的值。
- offvalue:复选框未选中(无效)时变量的值。
- command:复选框选中时执行的命令(函数)。

6) 获取 Checkbutton 的状态

为了获取 Checkbutton 组件是否被选中,需要使用 variable 属性为 Checkbutton 组件指定一个对应变量。例如:

```
c = tkinter.IntVar()
c.set(2)
check = tkinter.Checkbutton(root,text = '喜欢',variable = c,onvalue = 1,offvalue = 2)
                                                            #1 为选中,2 为没选中
check.pack()
```

指定变量 c 后,可以使用 c.get()获取复选框的状态值,也可以使用 c.set()设置复选框的状态。例如,设置 check 复选框对象为没选中状态,代码如下:

```
c.set(2)        #1 为选中,2 为没选中,设置为 2 就是设置为没选中状态
```

获取单选按钮 Radiobutton 状态的方法同上。

【例 7-11】 用 Tkinter 创建使用单选按钮 Radiobutton 组件选择国家的程序。运行效

果如图 7-11 所示。

```
import tkinter
root = tkinter.Tk()
r = tkinter.StringVar()              # 创建 StringVar 对象
r.set('1')                           # 设置初始值为'1',初始选中'中国'
radio = tkinter.Radiobutton(root,variable = r,value = '1',text = '中国')
radio.pack()
radio = tkinter.Radiobutton(root,variable = r,value = '2',text = '美国')
radio.pack()
radio = tkinter.Radiobutton(root,variable = r,value = '3',text = '日本')
radio.pack()
radio = tkinter.Radiobutton(root,variable = r,value = '4',text = '加拿大')
radio.pack()
radio = tkinter.Radiobutton(root,variable = r,value = '5',text = '韩国')
radio.pack()
root.mainloop()
print(r.get())               # 获取被选中单选按钮对应变量的值
```

以上代码的运行效果如图 7-11 所示。选中“日本”后则打印出 3。

图 7-11　单选按钮 Radiobutton 示例程序的运行效果

【例 7-12】 通过单选按钮、复选框设置文字的样式。

```
import tkinter as tk
def colorChecked():
    label_1.config(fg = color.get())
def typeChecked():
    textType = typeBlod.get() + typeItalic.get()
    if textType == 1:
        label_1.config(font = ("Arial", 12, "bold"))
    elif textType == 2:
        label_1.config(font = ("Arial", 12, "italic"))
    elif textType == 3:
        label_1.config(font = ("Arial", 12, "bold italic"))
    else :
        label_1.config(font = ("Arial", 12))
root = tk.Tk()
root.title("Radio & Check Test")
label_1 = tk.Label(root, text = "Check the format of text.", height = 3, font = ("Arial", 12))
label_1.config(fg = "blue")              # 初始颜色为蓝色
label_1.pack()
color = tk.StringVar()                   # 3 个颜色 Radiobutton 定义了同样的变量 color
```

```
color.set("blue")
tk.Radiobutton(root, text = "红色", variable = color, value = "red", command =
colorChecked).pack(side = tk.LEFT)
tk.Radiobutton(root, text = "蓝色", variable = color, value = "blue", command =
colorChecked).pack(side = tk.LEFT)
tk.Radiobutton(root, text = "绿色", variable = color, value = "green", command =
colorChecked).pack(side = tk.LEFT)
typeBlod = tk.IntVar()            #定义 typeBlod 变量表示文字是否为粗体
typeItalic = tk.IntVar()          #定义 typeItalic 变量表示文字是否为斜体
tk.Checkbutton(root, text = "粗体", variable = typeBlod, onvalue = 1, offvalue = 0,
command = typeChecked).pack(side = tk.LEFT)
tk.Checkbutton(root, text = "斜体", variable = typeItalic, onvalue = 2, offvalue = 0,
command = typeChecked).pack(side = tk.LEFT)
root.mainloop()
```

在代码中，文字的颜色通过 Radiobutton 来选择，在同一时间只能选择一个颜色。在“红色”“蓝色”“绿色”3 个单选按钮中定义了同样的变量参数 color，选择不同的单选按钮会为该变量赋予不同的字符串值，内容即为对应的颜色。

任何单选按钮被选中都会触发 colorChecked()函数，将标签修改为对应单选按钮表示的颜色。

文字的粗体、斜体样式则由复选框实现，分别定义了 typeBlod 和 typeItalic 变量来表示文字是否为粗体和斜体。

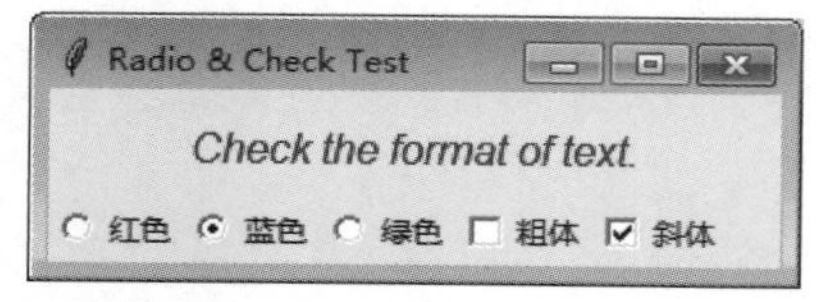

图 7-12　设置字体样式程序的运行效果

当某个复选框的状态改变时会触发 typeChecked()函数。该函数负责判断当前哪些复选框被选中，并将字体设置为对应的样式。

以上代码的运行效果如图 7-12 所示。

视频讲解

7.2.8　菜单组件 Menu

图形用户界面应用程序通常提供菜单，菜单包含各种按照主题分组的基本命令。图形用户界面应用程序包括以下两种类型的菜单。

➢ 主菜单：提供窗体的菜单系统。通过单击可打开下拉菜单，选择命令可执行相关的操作。常用的主菜单通常包括文件、编辑、视图、帮助等。
➢ 上下文菜单（也称为快捷菜单）：通过右击某对象弹出的菜单，一般为与该对象相关的常用菜单命令，例如剪切、复制、粘贴等。

1. 创建和显示 Menu 对象

创建 Menu 对象的基本方法如下：

Menu 对象 = Menu(Window 窗口对象)

将 Menu 对象显示在窗口中的方法如下：

Windows 窗口对象['menu'] = Menu 对象

Windows 窗口对象.mainloop()

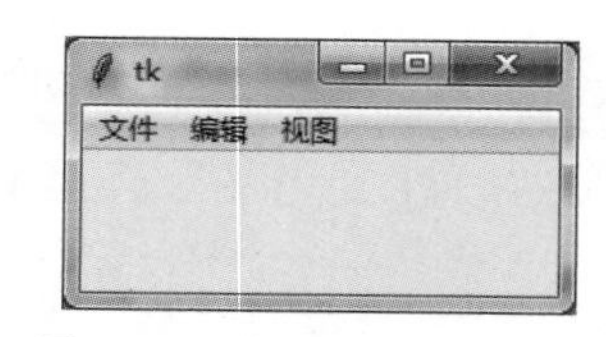

图 7-13　使用 Menu 组件的程序的运行效果

【例 7-13】　使用 Menu 组件的简单例子。运行效果如图 7-13 所示。

```
from tkinter import *
root = Tk()
def hello():                          #菜单项事件函数,可以为每个菜单项单独写
    print("你单击主菜单")
m = Menu(root)
for item in ['文件','编辑','视图']:   #添加菜单项
    m.add_command(label = item, command = hello)
root['menu'] = m                      #附加主菜单到窗口
root.mainloop()
```

2. 添加下拉菜单

前面介绍的 Menu 组件只创建了主菜单,在默认情况下并不包含下拉菜单,可以将一个 Menu 组件作为另一个 Menu 组件的下拉菜单,方法如下:

Menu 对象 1.add_cascade(label = 菜单文本,menu = Menu 对象 2)

上面的语句将 Menu 对象 2 设置为 Menu 对象 1 的下拉菜单。在创建 Menu 对象 2 时也要指定它是 Menu 对象 1 的子菜单,方法如下:

Menu 对象 2= Menu(Menu 对象 1)

【例 7-14】 使用 add_cascade()方法给"文件"和"编辑"添加下拉菜单。运行效果如图 7-14 所示。

```
from tkinter import *
def hello():
    print("I'm a child menu")
root = Tk()
m1 = Menu(root)                                    #创建主菜单
filemenu = Menu(m1)                                #创建下拉菜单
editmenu = Menu(m1)                                #创建下拉菜单
for item in ['打开','关闭','退出']:                #添加菜单项
    filemenu.add_command(label = item, command = hello)
for item in ['复制','剪切','粘贴']:                #添加菜单项
    editmenu.add_command(label = item, command = hello)
m1.add_cascade(label = '文件', menu = filemenu)    #把 filemenu 作为"文件"下拉菜单
m1.add_cascade(label = '编辑', menu = editmenu)    #把 editmenu 作为"编辑"下拉菜单
root['menu'] = m1                                  #附加主菜单到窗口
root.mainloop()
```

3. 在菜单中添加复选框

使用 add_checkbutton()可以在菜单中添加复选框,方法如下:

菜单对象.add_checkbutton(label = 复选框的显示文本,command = 菜单命令函数,variable = 与复选框绑定的变量)

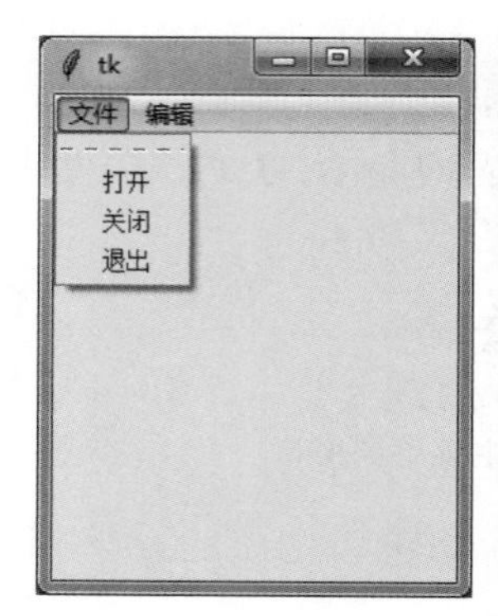

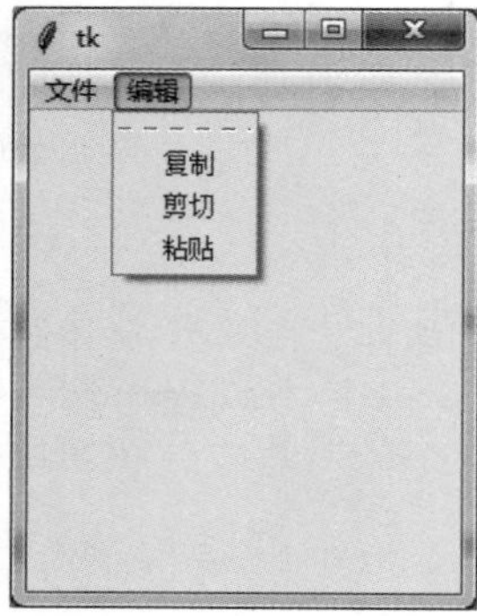

图 7-14　添加下拉菜单的效果

【例 7-15】　在菜单中添加复选框“自动保存”。

```
from tkinter import *
def hello():
    print(v.get())
root = Tk()
v = StringVar()
m = Menu(root)
filemenu = Menu(m)
for item in ['打开','关闭','退出']:
    filemenu.add_command(label = item, command = hello)
m.add_cascade(label = '文件', menu = filemenu)
filemenu.add_checkbutton(label = '自动保存',command = hello,variable = v)
root['menu'] = m
root.mainloop()
```

以上代码的运行效果如图 7-15 所示。

4. 在菜单中的当前位置添加分隔符

使用 add_separator()可以在菜单中添加分隔符，方法如下：

菜单对象.add_separator()

【例 7-16】　在菜单项间添加分隔符。运行效果如图 7-16 所示。

```
from tkinter import *
def hello():
    print("I'm a child menu")
root = Tk()
m = Menu(root)
filemenu = Menu(m)
filemenu.add_command(label = '打开', command = hello)
filemenu.add_command(label = '关闭', command = hello)
```

```
filemenu.add_separator()          #'关闭'和'退出'之间添加分隔符
filemenu.add_command(label = '退出', command = hello)
m.add_cascade(label = '文件', menu = filemenu)
root['menu'] = m
root.mainloop()
```

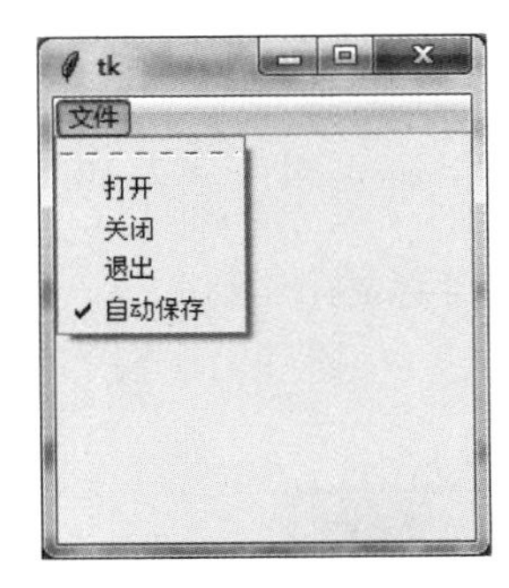

图 7-15　添加复选框的效果

图 7-16　添加分隔符的效果

5. 创建上下文菜单

创建上下文菜单一般遵循下列步骤。

(1) 创建菜单(与创建主菜单相同)。例如：

```
menubar = Menu(root)
menubar.add_command(label = '剪切', command = hello1)
menubar.add_command(label = '复制', command = hello2)
menubar.add_command(label = '粘贴', command = hello3)
```

(2) 绑定右击事件,并在事件处理函数中弹出菜单。例如：

```
def popup(event)                                    #事件处理函数
    menubar.post(event.x_root,event.y_root)         #在右击位置显示菜单
root.bind('<Button - 3>',popup)                     #绑定事件
```

【例 7-17】　上下文菜单示例。运行效果如图 7-17 所示。

```
from tkinter import *
def popup(event):                                   #右击事件处理函数
    menubar.post(event.x_root, event.y_root)        #在右击位置显示菜单
def hello1():                                       #菜单事件处理函数
    print("我是剪切命令")
def hello2():
    print("我是复制命令")
def hello3():
    print("我是粘贴命令")
```

```
root = Tk()
root.geometry("300x150")
menubar = Menu(root)
menubar.add_command(label = '剪切', command = hello1)
menubar.add_command(label = '复制', command = hello2)
menubar.add_command(label = '粘贴', command = hello3)
#创建 Entry 组件界面
s = StringVar()                                    #一个 StringVar()对象
s.set("大家好,这是测试上下文菜单")
entryCd = Entry(root, textvariable = s)            #Entry 组件
entryCd.pack()
root.bind('<Button-3>',popup)                      #绑定右键事件
root.mainloop()
```

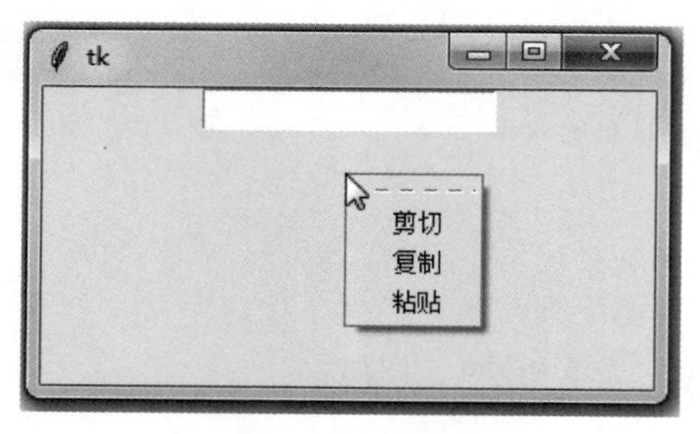

图 7-17　上下文菜单的效果

7.2.9　对话框

对话框用于与用户交互和检索信息。Tkinter 模块中的子模块 messagebox、filedialog、colorchooser、simpledialog 都包括一些通用的预定义对话框；用户也可以通过继承 TopLevel 创建自定义对话框。

1. 文件对话框

Tkinter 模块的子模块 filedialog 中包含用于打开文件对话框的函数 askopenfilename()。文件对话框供用户选择某文件夹下的文件。其格式如下：

askopenfilename(title='标题',filetypes=[('所有文件','.*'),('文本文件','.txt')])

- filetypes：文件过滤器，可以筛选某种格式文件。
- title：设置打开文件对话框的标题。

另外还有文件保存对话框函数 asksaveasfilename()。

```
asksaveasfilename(title = '标题', initialdir = 'D:\mywork', initialfile = 'hello.py')
```

- initialdir：默认保存路径，即文件夹，例如'D:\mywork'。
- initialfile：默认保存的文件名，例如'hello.py'。

【例 7-18】 演示打开文件对话框的程序。运行效果如图 7-18 所示。

```
from tkinter import *
from tkinter.filedialog import *
def openfile():                                         #按钮事件处理函数
    #显示打开文件对话框,返回选中文件名以及路径
    r = askopenfilename(title='打开文件', filetypes=[('Python', '*.py *.pyw'), ('All
Files', '*')])
    print(r)
def savefile():                                         #按钮事件处理函数
    #显示保存文件对话框
    r = asksaveasfilename(title='保存文件', initialdir='D:\mywork', initialfile='hello.py')
    print(r)

root = Tk()
root.title('打开文件对话框示例')                          #title 属性用来指定标题
root.geometry("300x150")
btn1 = Button(root, text='File Open', command=openfile)     #创建 Button 组件
btn2 = Button(root, text='File Save', command=savefile)     #创建 Button 组件
btn1.pack(side='left')
btn2.pack(side='left')
root.mainloop()
```

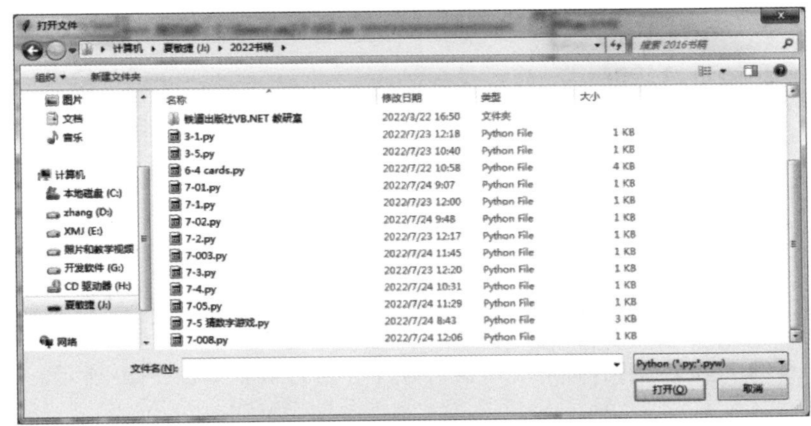

图 7-18 打开文件对话框的效果

2. 颜色对话框

Tkinter 模块的子模块 colorchooser 中包含用于打开颜色对话框的函数 askcolor()。颜色对话框供用户选择某种颜色。

【例 7-19】 演示使用颜色对话框的程序。运行效果如图 7-19 所示。

```
'''使用颜色对话框'''
```

```
from tkinter import *
from tkinter.colorchooser import *          #引入 colorchooser 模块
root = Tk()
#调用 askcolor()返回选中颜色的(R,G,B)值及 RRGGBB 表示
print(askcolor())
root.mainloop()
```

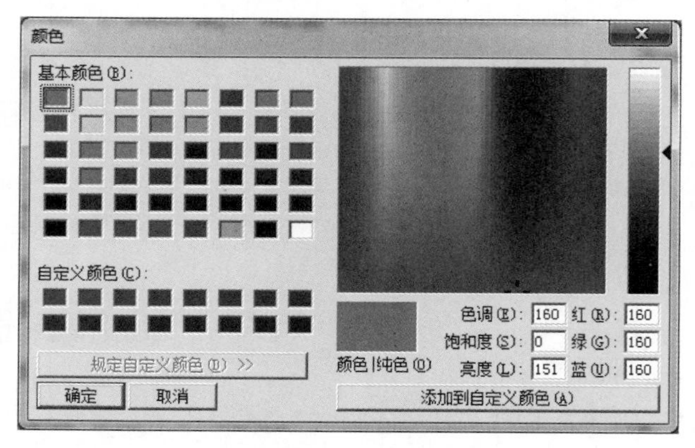

图 7-19　打开颜色对话框的效果

在图 7-19 中选择某种颜色后打印出如下结果：

```
((160, 160, 160), '#a0a0a0')
```

3. 简单对话框

Tkinter 模块的子模块 simpledialog 中包含用于打开输入对话框的函数。

- askfloat(title, prompt,选项)：打开输入对话框，输入并返回浮点数。
- askinteger(title, prompt,选项)：打开输入对话框，输入并返回整数。
- askstring(title, prompt,选项)：打开输入对话框，输入并返回字符串。

其中，title 为窗口标题；prompt 为提示文本信息；选项是指各种选项，包括 initialvalue（初始值）、minvalue（最小值）和 maxvalue（最大值）。

【例 7-20】 演示简单对话框的程序。运行效果如图 7-20 所示。

```
import tkinter
from tkinter import simpledialog
def inputStr():
    r = simpledialog.askstring('Python Tkinter', 'Input String', initialvalue = 'Python
Tkinter')
    print(r)
def inputInt():
    r = simpledialog.askinteger('Python Tkinter', 'Input Integer')
    print(r)
def inputFloat():
    r = simpledialog.askfloat('Python Tkinter', 'Input Float')
```

```
    print(r)
root = tkinter.Tk()
btn1 = tkinter.Button(root, text = 'Input String', command = inputStr)
btn2 = tkinter.Button(root, text = 'Input Integer', command = inputInt)
btn3 = tkinter.Button(root, text = 'Input Float', command = inputFloat)
btn1.pack(side = 'left')
btn2.pack(side = 'left')
btn3.pack(side = 'left')
root.mainloop()
```

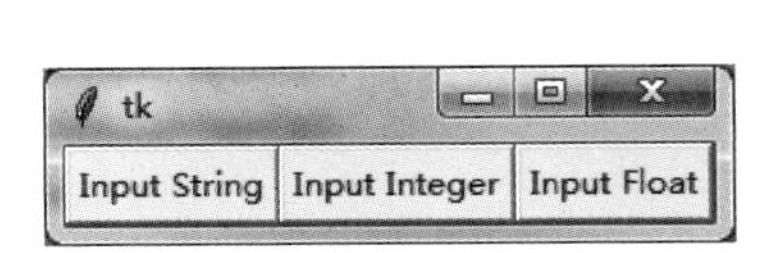

图 7-20 打开简单对话框的效果

7.2.10 消息窗口

消息窗口(messagebox)用于弹出提示框向用户进行告警，或让用户选择下一步如何操作。消息窗口有很多类型，常用的有 info、warning、error、yesno、okcancel 等，它们包含不同的图标、按钮以及弹出提示音。

【例 7-21】 演示各消息窗口的程序。消息窗口的运行效果如图 7-21 所示。

```
import tkinter as tk
from tkinter import messagebox as msgbox
def btn1_clicked():
    msgbox.showinfo("Info", "Showinfo test.")
def btn2_clicked():
    msgbox.showwarning("Warning", "Showwarning test.")
def btn3_clicked():
    msgbox.showerror("Error", "Showerror test.")
def btn4_clicked():
    msgbox.askquestion("Question", "Askquestion test.")
def btn5_clicked():
    msgbox.askokcancel("OkCancel", "Askokcancel test.")
def btn6_clicked():
    msgbox.askyesno("YesNo", "Askyesno test.")
def btn7_clicked():
    msgbox.askretrycancel("Retry", "Askretrycancel test.")
root = tk.Tk()
root.title("MsgBox Test")
btn1 = tk.Button(root, text = "showinfo", command = btn1_clicked)
btn1.pack(fill = tk.X)
btn2 = tk.Button(root, text = "showwarning", command = btn2_clicked)
```

```
btn2.pack(fill = tk.X)
btn3 = tk.Button(root, text = "showerror", command = btn3_clicked)
btn3.pack(fill = tk.X)
btn4 = tk.Button(root, text = "askquestion", command = btn4_clicked)
btn4.pack(fill = tk.X)
btn5 = tk.Button(root, text = "askokcancel", command = btn5_clicked)
btn5.pack(fill = tk.X)
btn6 = tk.Button(root, text = "askyesno", command = btn6_clicked)
btn6.pack(fill = tk.X)
btn7 = tk.Button(root, text = "askretrycancel", command = btn7_clicked)
btn7.pack(fill = tk.X)
root.mainloop()
```

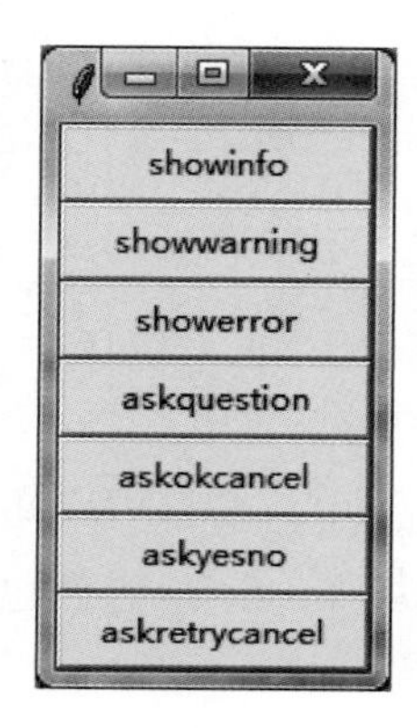

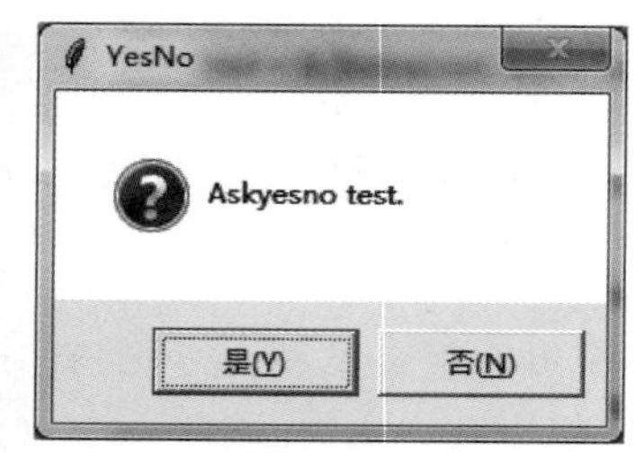

图 7-21　消息窗口的运行效果

7.2.11　Frame 组件

Frame 组件是框架组件，在分组组织其他组件的过程中是非常重要的，负责安排其他组件的位置。Frame 组件在屏幕上显示为一个矩形区域，作为显示其他组件的容器。

1. 创建和显示 Frame 对象

创建 Frame 对象的基本方法如下：

Frame 对象 = Frame(窗口对象, height = 高度,width = 宽度,bg = 背景色, …)

例如，创建第 1 个 Frame 组件，其高为 100 像素、宽为 400 像素、背景色为绿色。

f1 = Frame(root, height= 100,width = 400,bg ='green')

显示 Frame 对象的方法如下：

Frame 对象.pack()

2. 向 Frame 组件中添加组件

在创建组件时指定其容器为 Frame 组件即可，例如：

```
Label(Frame 对象,text = 'Hello').pack()      # 向 Frame 组件添加一个 Label 组件
```

3. LabelFrame 组件

LabelFrame 组件是有标题的 Frame 组件，可以使用 text 属性设置 LabelFrame 组件的标题，方法如下：

LabelFrame(窗口对象, height = 高度,width = 宽度,text = 标题).pack()

【例 7-22】 使用两个 Frame 组件和一个 LabelFrame 组件的例子。

```
from tkinter import *
root = Tk()                                          #创建窗口对象
root.title("使用 Frame 组件的例子")                  #设置窗口标题
f1 = Frame(root)                                     #创建第 1 个 Frame 组件
f1.pack()
f2 = Frame(root)                                     #创建第 2 个 Frame 组件
f2.pack()
f3 = LabelFrame(root,text = '第 3 个 Frame')         #第 3 个 LabelFrame 组件,放置在窗口底部
f3.pack(side = BOTTOM)
redbutton = Button(f1, text = "Red", fg = "red")
redbutton.pack(side = LEFT)
brownbutton = Button(f1, text = "Brown", fg = "brown")
brownbutton.pack(side = LEFT)
bluebutton = Button(f1, text = "Blue", fg = "blue")
bluebutton.pack(side = LEFT)
blackbutton = Button(f2, text = "Black", fg = "black")
blackbutton.pack()
greenbutton = Button(f3, text = "Green", fg = "green")
greenbutton.pack()
root.mainloop()
```

通过 Frame 组件把 5 个按钮分成 3 个区域，第 1 个区域 3 个按钮，第 2 个区域一个按钮，第 3 个区域一个按钮。运行效果如图 7-22 所示。

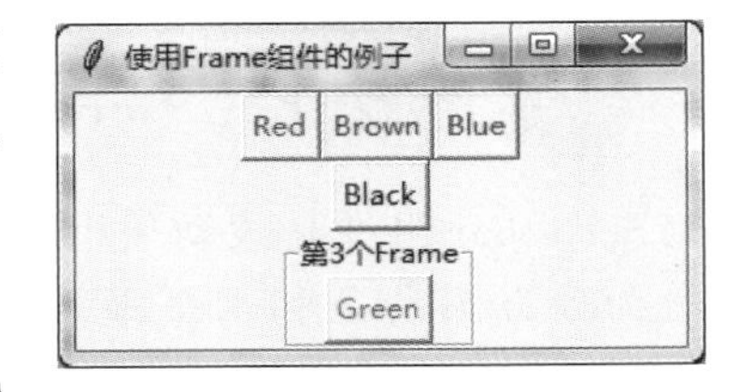

图 7-22 Frame 组件的效果

4. 刷新 Frame

用 Python 做 GUI 界面，可以使用 after()方法每隔几秒刷新 GUI 界面。例如，下面的代码实现计数器效果，并且文字的背景色不断改变。

```
from tkinter import *
colors = ('red', 'orange', 'yellow', 'green', 'blue', 'purple')
root = Tk()
f = Frame(root, height = 200, width = 200)
f.color = 0
f['bg'] = colors[f.color]                 #设置框架的背景色
lab1 = Label(f,text = '0')
lab1.pack()
def foo():
    f.color = (f.color + 1) % (len(colors))
```

```
    lab1['bg'] = colors[f.color]
    lab1['text'] = str(int(lab1['text']) + 1)
    f.after(500, foo)        # 每隔 500ms 执行 foo()函数刷新屏幕
f.pack()
f.after(500, foo)
root.mainloop()
```

例如，开发移动电子广告效果就可以使用 after()方法实现不断移动 lab1。

```
from tkinter import *
root = Tk()
f = Frame(root, height = 200, width = 200)
lab1 = Label(f,text = '欢迎参观中原工学院')
x = 0
def foo():
    global x
    x = x + 10
    if x > 200:
        x = 0
    lab1.place(x = x, y = 0)
    f.after(500, foo)        # 每隔 500ms 执行 foo()函数刷新屏幕
f.pack()
f.after(500, foo)
```

运行程序可见文字“欢迎参观中原工学院”不停地从左向右移动，出了窗口右侧以后重新从左侧出现。利用此技巧可以开发贪吃蛇游戏，借助 after()方法可以不断改变蛇的位置，从而达到蛇移动的效果。

7.2.12 Scrollbar 组件

Scrollbar 组件是滚动条组件，Scrollbar 组件用于滚动一些组件的可见范围，根据方向可分为垂直滚动条和水平滚动条。Scrollbar 组件常被用于实现文本、画布和列表框的滚动。

Scrollbar 组件通常与 Text 组件、Canvas 组件和 Listbox 组件一起使用，水平滚动条还能跟 Entry 组件配合。

在某个组件上添加垂直滚动条需要两个步骤：

(1) 设置该组件的 yscrollbarcommand 选项为 Scrollbar 组件的 set()方法。

(2) 设置 Scrollbar 组件的 command 选项为该组件的 yview()方法。

【例 7-23】 向列表框加入垂直滚动条，并且列表框显示 100 项内容。

```
from tkinter import *
def print_item(event):                          # 鼠标松开事件打印出当前选中项的内容
    print(mylist.get(mylist.curselection()))
root = Tk()
mylist = Listbox(root)                          # 创建列表框
```

```
mylist.bind('<ButtonRelease-1>', print_item)
for line in range(100):
    mylist.insert(END, "This is line number " + str(line))   # 列表框内追加 100 项内容
mylist.pack(side = LEFT, fill = BOTH)
scrollbar = Scrollbar(root)
scrollbar.pack(side = RIGHT, fill = Y)
scrollbar.config(command = mylist.yview)
mylist.configure(yscrollcommand = scrollbar.set)
mainloop()
```

运行效果如图 7-23 所示。单击鼠标滚动右侧的 Scrollbar，左边列表框也会随之移动，用方向键移动列表框里面的值，右侧的 Scrollbar 也会跟着移动。这是根据上面所说的两个步骤实现的。

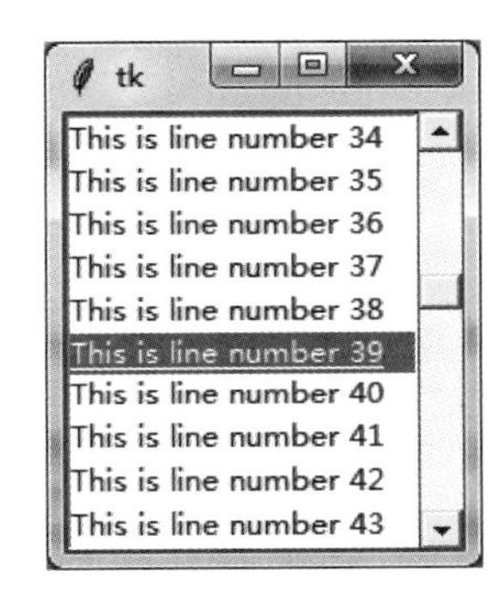

图 7-23　向列表框加入垂直滚动条的效果

添加一个水平方向的 Scrollbar 一样简单，只需要设置好 xscrollcommand 和 command 即可。

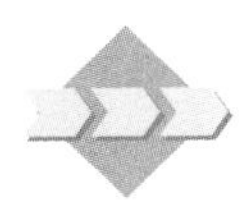

7.3　图形的绘制

视频讲解

7.3.1　Canvas 组件

Canvas（画布）是一个长方形的区域，用于图形绘制或复杂的图形界面布局。用户可以在画布上绘制图形、文字，放置各种组件和框架。

可以使用下面的方法创建一个 Canvas 对象。

Canvas 对象 = Canvas(窗口对象, 选项, …)

其常用选项如表 7-9 所示。

表 7-9　Canvas 组件的常用选项

属　　性	说　　明
bd	指定画布的边框宽度，单位是像素
bg	指定画布的背景色
confine	指定画布在滚动区域外是否可以滚动。默认为 True，表示不能滚动
cursor	指定画布中的鼠标指针，例如 arrow、circle、dot

续表

属　性	说　明
height	指定画布的高度
highlightcolor	选中画布时的背景色
relief	指定画布的边框样式，可选值包括 SUNKEN、RAISED、GROOVE、RIDGE
scrollregion	指定画布的滚动区域的元组(w,n,e,s)

显示 Canvas 对象的方法如下：

Canvas 对象.pack()

例如，创建一个白色背景、宽度为 300、高度为 120 的 Canvas 画布。

```
from tkinter import *
root = Tk()
cv = Canvas(root, bg = 'white', width = 300, height = 120)
cv.create_line(10,10,100,80,width = 2, dash = 7)     #绘制直线
cv.pack()                                           #显示画布
root.mainloop()
```

7.3.2 Canvas 上的图形对象

1. 绘制图形对象

在 Canvas 上可以绘制各种图形对象，通过调用以下绘制函数实现。

- create_arc()：绘制圆弧。
- create_line()：绘制直线。
- create_bitmap()：绘制 Python 内置的位图。
- create_image()：绘制位图图像。
- create_oval()：绘制椭圆。
- create_polygon()：绘制多边形。
- create_window()：绘制子窗口。
- create_text()：创建一个文字对象。

Canvas 上每个绘制对象都有一个标识 id（整数），在使用绘制函数创建绘制对象时返回绘制对象 id。例如：

```
id1 = cv.create_line(10,10,100,80,width = 2, dash = 7)     #绘制直线
```

id1 可以得到绘制对象直线 id。删除时可根据 id 删除此图形对象。

在创建图形对象时可以使用 tags 属性设置图形对象的标记(tag)。例如：

```
rt = cv.create_rectangle(10,10,110,110, tags = 'r1')
```

上面的语句指定矩形对象 rt 具有一个标记 r1。

另外也可以同时设置多个标记(tag)。例如:

```
rt = cv.create_rectangle(10,10,110,110, tags = ('r1','r2','r3'))
```

上面的语句指定矩形对象 rt 具有 3 个标记,即 r1、r2、r3。

在指定标记后,使用 find_withtag()方法可以获取到指定 tag 的图形对象,然后设置图形对象的属性。find_withtag()方法的语法如下:

Canvas 对象.find_withtag(tag 名)

find_withtag()方法返回一个图形对象数组,其中包含所有具有 tag 名的图形对象。

使用 find_withtag()方法可以设置图形对象的属性,语法如下:

Canvas 对象.itemconfig(图形对象, 属性 1=值 1, 属性 2=值 2,…)

【例 7-24】 使用 tags 属性设置图形对象标记。

```
from tkinter import *
root = Tk()
# 创建一个 Canvas,设置其背景色为白色
cv = Canvas(root, bg = 'white', width = 200, height = 200)
# 使用 tags 属性指定给第一个矩形 3 个 tag
rt = cv.create_rectangle(10,10,110,110, tags = ('r1','r2','r3'))
cv.pack()
cv.create_rectangle(20,20,80,80, tags = 'r3') # 使用 tags 属性指定给第 2 个矩形一个 tag
# 将所有与 tag('r3')绑定的 item 边框的颜色设置为蓝色
for item in cv.find_withtag('r3'):
    cv.itemconfig(item,outline = 'blue')
```

2. 绘制圆弧

使用 create_arc()方法可以创建一个圆弧对象,可以是一个饼图扇区或者一个简单的弧,具体语法如下:

Canvas 对象.create_arc(弧外框矩形左上角的 x 坐标, 弧外框矩形左上角的 y 坐标, 弧外框矩形右下角的 x 坐标, 弧外框矩形右下角的 y 坐标, 选项, …)

创建圆弧时常用的选项:outline,指定圆弧边框颜色;fill,指定填充颜色;width,指定圆弧边框的宽度;start,代表起始角度;extent,代表指定角度偏移量而不是终止角度。

【例 7-25】 使用 create_arc()方法创建圆弧。运行效果如图 7-24 所示。

```
from tkinter import *
root = Tk()
# 创建一个 Canvas,设置其背景色为白色
cv = Canvas(root,bg = 'white')
cv.create_arc((10,10,110,110),)          # 使用默认参数创建一个圆弧,结果为 90°的扇形
d = {1:PIESLICE,2:CHORD,3:ARC}
for i in d:
    # 使用 3 种样式,分别创建了扇形、弓形和弧形
    cv.create_arc((10,10 + 60 * i,110,110 + 60 * i),style = d[i])
```

```
    print(i,d[i])
#使用 start/extent 指定圆弧的起始角度与偏移角度
cv.create_arc(
        (150,150 ,250,250),
        start = 10,                          #指定起始角度
        extent = 120                         #指定角度偏移量(逆时针)
        )
cv.pack()
root.mainloop()
```

图 7-24　创建圆弧对象的效果

3. 绘制线条

使用 create_line()方法可以创建一个线条对象，具体语法如下：

line = canvas.create_line(x0, y0, x1, y1, …, xn, yn, 选项)

参数 x0, y0, x1, y1, …, xn, yn 是线段的端点。

创建线段时常用的选项：width，指定线段的宽度；arrow，指定是否使用箭头（没有箭头为 none，起点有箭头为 first，终点有箭头为 last，两端有箭头为 both）；fill，指定线段的颜色；dash，指定线段为虚线（其整数值决定虚线的样式）。

【例 7-26】 使用 create_line()方法创建线条对象的例子。运行效果如图 7-25 所示。

```
from tkinter import *
root = Tk()
cv = Canvas(root, bg = 'white', width = 200, height = 100)
cv.create_line(10, 10, 100, 10, arrow = 'none')         #绘制没有箭头的线段
cv.create_line(10, 20, 100, 20, arrow = 'first')        #绘制起点有箭头的线段
cv.create_line(10, 30, 100, 30, arrow = 'last')         #绘制终点有箭头的线段
cv.create_line(10, 40, 100, 40, arrow = 'both')         #绘制两端有箭头的线段
cv.create_line(10,50,100,100,width = 3, dash = 7)       #绘制虚线
cv.pack()
root.mainloop()
```

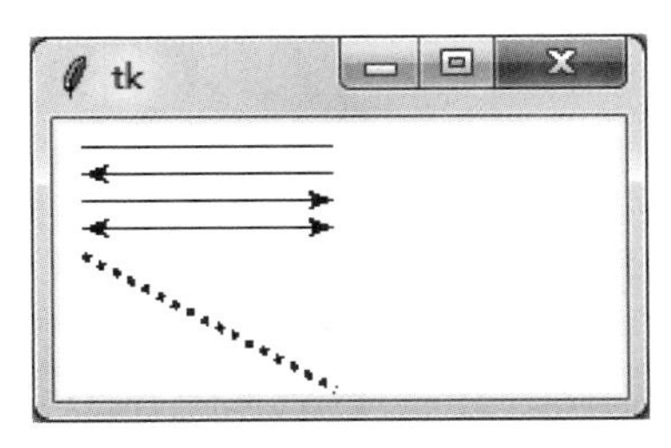

图 7-25 创建线条对象的效果

4. 绘制矩形

使用 create_rectangle()方法可以创建矩形对象，具体语法如下：

Canvas 对象. create_rectangle(矩形左上角的 x 坐标，矩形左上角的 y 坐标，矩形右下角的 x 坐标，矩形右下角的 y 坐标，选项，…)

创建矩形对象时常用的选项：outline，指定边框的颜色；fill，指定填充颜色；width，指定边框的宽度；dash，指定边框为虚线；stipple，使用指定自定义画刷填充矩形。

【例 7-27】 使用 create_rectangle()方法创建矩形对象。运行效果如图 7-26 所示。

```
from tkinter import *
root = Tk()
#创建一个 Canvas,设置其背景色为白色
cv = Canvas(root, bg = 'white', width = 200, height = 100)
cv.create_rectangle(10,10,110,110, width=2,fill = 'red')  #指定矩形的填充颜色为红色，宽度为 2
cv.create_rectangle(120, 20,180, 80, outline = 'green')  #指定矩形的边框颜色为绿色
cv.pack()
root.mainloop()
```

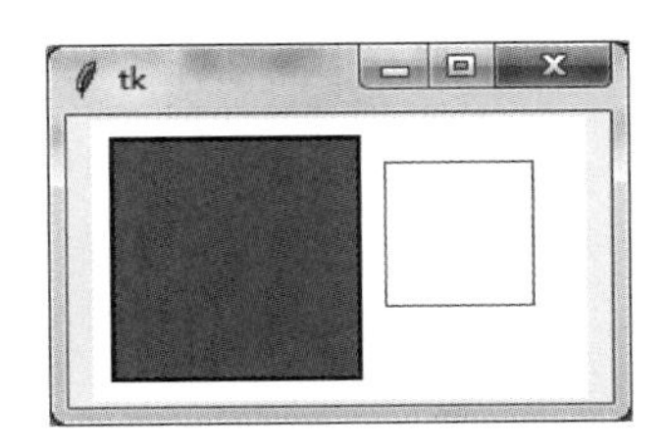

图 7-26 创建矩形对象的效果

5. 绘制多边形

使用 create_polygon()方法可以创建一个多边形对象，可以是一个三角形、矩形或者任意一个多边形，具体语法如下：

Canvas 对象. create_polygon(顶点 1 的 x 坐标，顶点 1 的 y 坐标，顶点 2 的 x 坐标，顶点 2 的 y 坐标，…，顶点 n 的 x 坐标，顶点 n 的 y 坐标，选项，…)

创建多边形对象时常用的选项：outline，指定边框的颜色；fill，指定填充颜色；width，指定边框的宽度；smooth，指定多边形的平滑程度（等于 0 表示多边形的边是折线，等于 1 表示多边形的边是平滑曲线）。

【例 7-28】 创建三角形、正方形、对顶三角形对象。运行效果如图 7-27 所示。

```
from tkinter import *
root = Tk()
cv = Canvas(root, bg = 'white', width = 300, height = 100)
cv.create_polygon(35,10,10,60,60,60, outline = 'blue', fill = 'red', width=2)
                                                          #等腰三角形
cv.create_polygon(70,10,120,10,120,60, outline = 'blue', fill = 'white', width=2)
                                                          #直角三角形
cv.create_polygon(130,10,180,10,180,60, 130,60, width=4)    #正方形
cv.create_polygon(190,10,240,10,190,60, 240,60, width=1)    #对顶三角形
cv.pack()
root.mainloop()
```

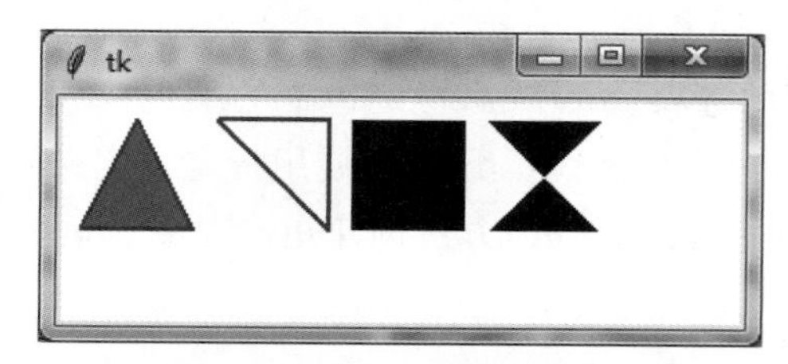

图 7-27 创建多边形的效果

6. 绘制椭圆

使用 create_oval()方法可以创建一个椭圆对象，具体语法如下：

Canvas 对象.create_oval(包裹椭圆的矩形左上角 x 坐标，包裹椭圆的矩形左上角 y 坐标，包裹椭圆的矩形右下角 x 坐标，包裹椭圆的矩形右下角 y 坐标，选项，…)

创建椭圆对象时常用的选项：outline，指定边框的颜色；fill，指定填充颜色；width，指定边框的宽度。如果包裹椭圆的矩形是正方形，则绘制一个圆形。

【例 7-29】 创建椭圆和圆形。运行效果如图 7-28 所示。

```
from tkinter import *
root = Tk()
cv = Canvas(root, bg = 'white', width = 200, height = 100)
cv.create_oval(10,10,100,50, outline = 'blue', fill = 'red', width=2)      #椭圆
cv.create_oval(100,10,190,100, outline = 'blue', fill = 'red', width=2)   #圆形
cv.pack()
root.mainloop()
```

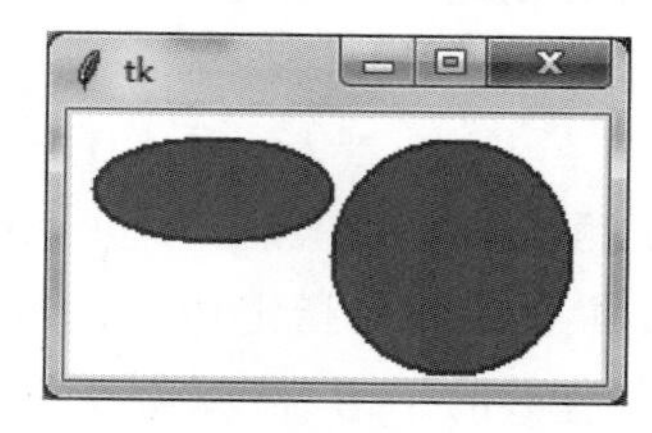

图 7-28 创建椭圆和圆形的效果

7. 绘制文字

使用 create_text()方法可以创建一个文字对象，具体语法如下：

文字对象 = Canvas 对象. create_text((文本左上角的 x 坐标，文本左上角的 y 坐标)，选项，…)

创建文字对象时常用的选项：text，文字对象的文本内容；fill，指定文字的颜色；anchor，控制文字对象的位置(其取值'w'表示左对齐，'e'表示右对齐，'n'表示顶对齐，'s'表示底对齐，'nw'表示左上对齐，'sw'表示左下对齐，'se'表示右下对齐，'ne'表示右上对齐，'center'表示居中对齐，anchor 的默认值为'center')；justify，设置文字对象中文本的对齐方式(其取值'left'表示左对齐，'right'表示右对齐，'center'表示居中对齐，justify 的默认值为'center')。

【例 7-30】 创建文本。运行效果如图 7-29 所示。

```
from tkinter import *
root = Tk()
cv = Canvas(root, bg = 'white', width = 200, height = 100)
cv.create_text((10,10), text = 'Hello Python', fill = 'red', anchor = 'nw')
cv.create_text((200,50), text = '你好,Python', fill = 'blue', anchor = 'se')
cv.pack()
root.mainloop()
```

图 7-29 创建文本的效果

select_from()方法用于指定选中文本的起始位置，具体用法如下：

Canvas 对象. select_from(文字对象，选中文本的起始位置)

select_to()方法用于指定选中文本的结束位置，具体用法如下：

Canvas 对象. select_to(文字对象，选中文本的结束位置)

【例 7-31】 选中文本。运行效果如图 7-30 所示。

```
from tkinter import *
root = Tk()
cv = Canvas(root, bg = 'white', width = 200, height = 100)
txt = cv.create_text((10,10), text = '中原工学院计算机学院', fill = 'red', anchor = 'nw')
#设置选中文本的起始位置
cv.select_from(txt,5)
#设置选中文本的结束位置
cv.select_to(txt,9)          #选中"计算机学院"
```

```
cv.pack()
root.mainloop()
```

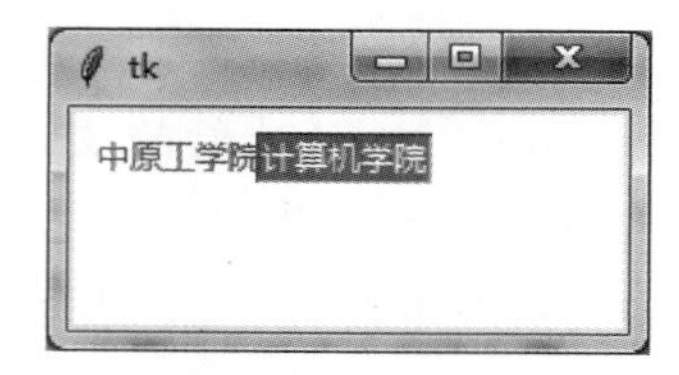

图 7-30　选中文本的效果

8. 绘制位图和图像

1）绘制位图

使用 create_bitmap()方法可以绘制 Python 内置的位图，具体方法如下：

Canvas 对象.create_bitmap((x 坐标,y 坐标),bitmap =位图字符串，选项，…)
其中，(x 坐标，y 坐标）是位图放置的中心坐标；常用选项 bitmap、activebitmap 和 disabledbitmap 用于指定正常、活动、禁用状态显示的位图。

2）绘制图像

在游戏开发中需要使用大量图像，采用 create_image()方法可以绘制图像，具体方法如下：

Canvas 对象.create_image((x 坐标,y 坐标)，image =图像文件对象，选项，…)
其中，(x 坐标,y 坐标)是图像放置的中心坐标；常用选项 image、activeimage 和 disabledimage 用于指定正常、活动、禁用状态显示的图像。

注意：使用 PhotoImage()函数可以获取图像文件对象。

img1 = PhotoImage(file =图像文件)

例如，img1 = PhotoImage(file = 'C:\\aa.png')获取笑脸图形。Python 支持的图像文件格式一般为.png 和.gif。

【例 7-32】 绘制图像。运行效果如图 7-31 所示。

```
from tkinter import *
root = Tk()
cv = Canvas(root)
img1 = PhotoImage(file = 'C:\\aa.png')                          #笑脸
img2 = PhotoImage(file = 'C:\\2.gif')                           #方块 A
img3 = PhotoImage(file = 'C:\\3.gif')                           #梅花 A
cv.create_image((100,100),image = img1)                         #绘制笑脸
cv.create_image((200,100),image = img2)                         #绘制方块 A
cv.create_image((300,100),image = img3)                         #绘制梅花 A
d = {1:'error',2:'info',3:'question',4:'hourglass',5:'questhead',
     6:'warning',7:'gray12',8:'gray25',9:'gray50',10:'gray75'}  #字典
#cv.create_bitmap((10,220),bitmap = d[1])
#以下遍历字典绘制 Python 内置的位图
for i in d:
    cv.create_bitmap((20 * i,20),bitmap = d[i])
```

```
cv.pack()
root.mainloop()
```

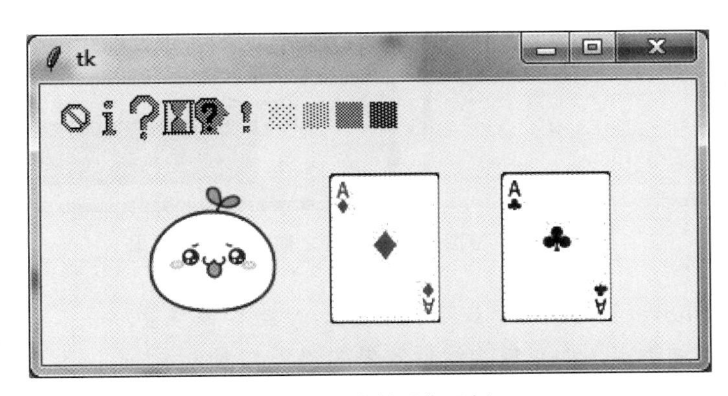

图 7-31　绘制图像示例

学会绘制图像，就可以开发图形版的扑克牌游戏了。

9. 修改图形对象的坐标

使用 coords()方法可以修改图形对象的坐标，具体方法如下：

Canvas 对象.coords(图形对象，(图形左上角的 x 坐标，图形左上角的 y 坐标，图形右下角的 x 坐标，图形右下角的 y 坐标))

因为可以同时修改图形对象左上角的坐标和右下角的坐标，所以可以缩放图形对象。

注意：如果图形对象是图像文件，则只能指定图像中心点坐标，而不能指定图像对象左上角的坐标和右下角的坐标，故不能缩放图像。

【例 7-33】 修改图形对象的坐标。运行效果如图 7-32 所示。

```
from tkinter import *
root = Tk()
cv = Canvas(root)
img1 = PhotoImage(file = 'C:\\aa.png')          #笑脸
img2 = PhotoImage(file = 'C:\\2.gif')           #方块 A
img3 = PhotoImage(file = 'C:\\3.gif')           #梅花 A
rt1 = cv.create_image((100,100), image = img1)  #绘制笑脸
rt2 = cv.create_image((200,100), image = img2)  #绘制方块 A
rt3 = cv.create_image((300,100), image = img3)  #绘制梅花 A
#重新设置方块 A(rt2 对象)的坐标
cv.coords(rt2,(200,50))                          #调整 rt2 对象的位置
rt4 = cv.create_rectangle(20,140,110,220,outline = 'red', fill = 'green')   #正方形对象
cv.coords(rt4,(100,150,300,200))                 #调整 rt4 对象的位置
cv.pack()
root.mainloop()
```

10. 移动指定图形对象

使用 move()方法可以修改图形对象的坐标，具体方法如下：

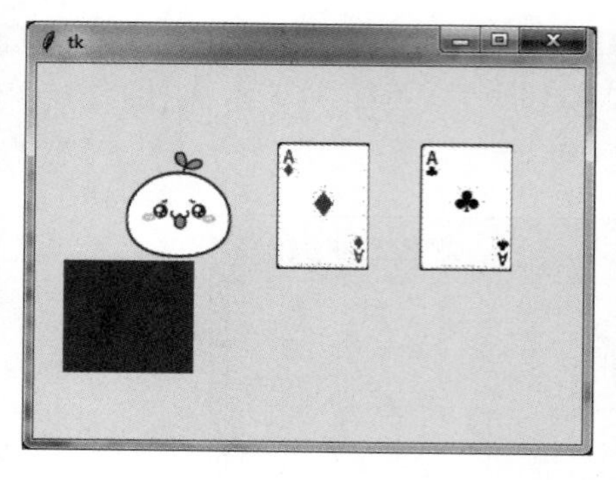
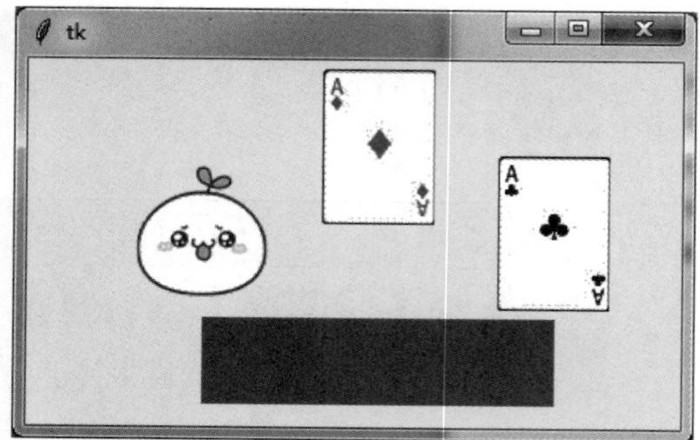

图 7-32　调整图形对象位置之前和之后的效果

Canvas 对象. move(图形对象，x 坐标偏移量，y 坐标偏移量)

【例 7-34】 移动指定图形对象。运行效果如图 7-33 所示。

```
from tkinter import *
root = Tk()
#创建一个 Canvas,设置其背景色为白色
cv = Canvas(root, bg = 'white', width = 200, height = 120)
rt1 = cv.create_rectangle(20,20,110,110,outline = 'red',stipple = 'gray12',fill = 'green')
cv.pack()
rt2 = cv.create_rectangle(20,20,110,110,outline = 'blue')
cv.move(rt1,20, - 10)      #移动 rt1
cv.pack()
```

为了对比移动图形对象的效果，程序在同一位置绘制了两个矩形，其中矩形 rt1 有背景花纹，rt2 无背景填充。然后使用 move()方法移动 rt1，将被填充的矩形 rt1 向右移动 20 像素，向上移动 10 像素，则出现如图 7-33 所示的效果。

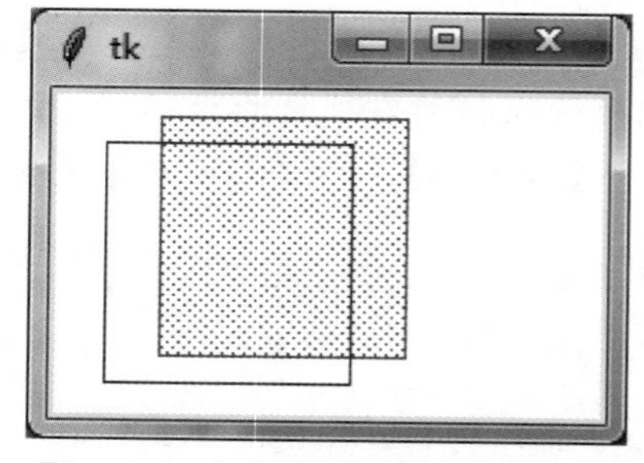

图 7-33　移动指定图形对象的效果

11. 删除图形对象

使用 delete()方法可以删除图形对象，具体方法如下：

Canvas 对象. delete(图形对象)

例如：

```
cv.delete(rt1)        #删除 rt1 图形对象
```

12. 缩放图形对象

使用 scale()方法可以缩放图形对象，具体方法如下：

Canvas 对象. scale(图形对象，X 轴偏移量，Y 轴偏移量，X 轴缩放比例，Y 轴缩放比例)

【例 7-35】 缩放图形对象，对相同图形对象放大、缩小。运行效果如图 7-34 所示。

```
from tkinter import *
root = Tk()
```

```
#创建一个 Canvas,设置其背景色为白色
cv = Canvas(root, bg = 'white', width = 200, height = 300)
rt1 = cv.create_rectangle(10,10,110,110,outline = 'red',stipple = 'gray12', fill = 'green')
rt2 = cv.create_rectangle(10,10,110,110,outline = 'green',stipple = 'gray12', fill = 'red')
cv.scale(rt1,0,0,1,2)              #Y 方向放大一倍
cv.scale(rt2,0,0,0.5,0.5)          #缩小一半大小
cv.pack()
root.mainloop()
```

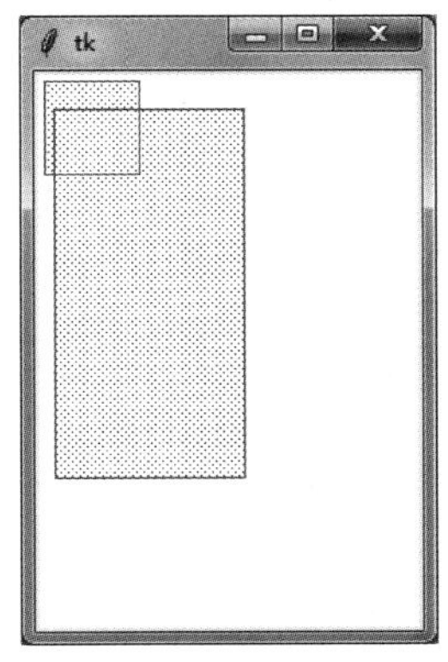

图 7-34　缩放图形对象的效果

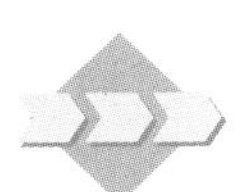

7.4　Tkinter 字体

通过组件的 font 属性可以设置其显示文本的字体。在设置组件字体前首先要学会表示一个字体。

7.4.1　通过元组表示字体

通过 3 个元素的元组可以表示字体：

```
(font family,size,modifiers)
```

作为元组的第一个元素，font family 是字体名；size 为字号，单位为 point；modifiers 包含粗体、斜体、下画线的样式修饰符。

例如：

```
("Times New Roman", "16")                  #16 点阵的 Times 字体
("Times New Roman", "24", "bold italic")   #24 点阵的 Times 字体,且为粗体、斜体
```

【例 7-36】 通过元组表示字体设置标签字体。运行效果如图 7-35 所示。

```
from tkinter import *
root = Tk()
```

```
#创建 Label
for ft in ('Arial',('Courier New',19,'italic'),('Comic Sans MS',),'Fixdsys',('MS Sans Serif',),
('MS Serif',),'Symbol','System',('Times New Roman',),'Verdana'):
    Label(root,text = 'hello sticky',font = ft).grid()
root.mainloop()
```

图 7-35　通过元组设置标签字体的效果

这个程序是在 Windows 上测试字体显示的，注意字体中包含空格的字体名称必须指定为元组类型。

7.4.2　通过 Font 对象表示字体

使用 tkFont. Font()来创建字体，格式如下：

ft = tkFont. Font(family = '字体名',size,weight,slant, underline, overstrike)

其中，size 为字号；weight = 'bold' 或 'normal'，'bold' 为粗体；slant = 'italic' 或 'normal'，'italic'为斜体；underline=1 或 0，1 为下画线；overstrike=1 或 0，1 为删除线。

```
ft = Font(family = "Helvetica",size = 36,weight = "bold")
```

【例 7-37】　通过 Font 对象设置标签字体。运行效果如图 7-36 所示。

```
#Font 创建字体
from tkinter import *
import tkinter.font                                           #引入字体模块
root = Tk()
#指定字体名称、大小、样式
ft = tkinter.font.Font(family = 'Fixdsys',size = 20,weight = 'bold')
Label(root,text = 'hello sticky',font = ft ).grid()     #创建一个 Label
root.mainloop()
```

图 7-36 通过 Font 对象设置标签字体的效果

通过 tkFont. families()函数可以返回所有可用的字体。

```
from tkinter import *
import tkinter.font             #引入字体模块
root = Tk()
print(tkinter.font.families())
```

输出以下结果：

```
('Forte', 'Felix Titling', 'Eras Medium ITC', 'Eras Light ITC', 'Eras Demi ITC', 'Eras Bold ITC',
'Engravers MT', 'Elephant', 'Edwardian Script ITC', 'Curlz MT', 'Copperplate Gothic Light',
'Copperplate Gothic Bold', 'Century Schoolbook', 'Castellar', 'Calisto MT', 'Bookman Old Style',
'Bodoni MT Condensed', 'Bodoni MT Black', 'Bodoni MT', 'Blackadder ITC', 'Arial Rounded MT Bold',
'Agency FB', 'Bookshelf Symbol 7', 'MS Reference Sans Serif', 'MS Reference Specialty', 'Berlin Sans FB
Demi', 'Tw Cen MT Condensed Extra Bold', 'Calibri Light', 'Bitstream Vera Sans Mono', '方正兰亭超细
黑简体', '@方正兰亭超细黑简体', 'Buxton Sketch', 'Segoe Marker', 'SketchFlow Print')
```

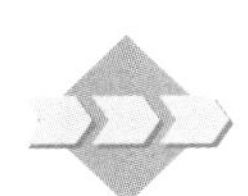

7.5 Python 事件处理

所谓事件(event)就是程序上发生的事，例如用户按键盘上的某一个键或者单击、移动鼠标。对于这些事件，程序需要做出反应。Tkinter 提供的组件通常都有自己可以识别的事件。例如，当按钮被单击时执行特定操作，或者当一个输入栏成为焦点，而又按了键盘上的某些按键，所输入的内容就会显示在输入栏内。

程序可以使用事件处理函数来指定当触发某个事件时所做的反应(操作)。

7.5.1 事件类型

事件类型的通用格式如下：

<[modifier—]…type[—detail]>

事件类型必须放置于尖括号<>内。type 描述了类型，例如键盘按键、鼠标单击。

modifier 用于组合键定义，例如 Ctrl、Alt。detail 用于明确定义是哪一个键或按钮的事件，例如 1 表示鼠标左键、2 表示鼠标中键、3 表示鼠标右键。

举例：

➢ <Button-1>：按下鼠标左键。

➢ <KeyPress-A>：按下键盘上的 A 键。

➢ <Control-Shift-KeyPress-A>：同时按下了 Ctrl、Shift、A 三键。

Python 中的事件主要有键盘事件（见表 7-10）、鼠标事件（见表 7-11）和窗体事件（见表 7-12）。

表 7-10　键盘事件

名　　称	描　　述
KeyPress	按下键盘上的某键时触发，可以在 detail 部分指定是哪个键
KeyRelease	释放键盘上的某键时触发，可以在 detail 部分指定是哪个键

表 7-11　鼠标事件

名　　称	描　　述
ButtonPress 或 Button	按下鼠标的某键，可以在 detail 部分指定是哪个键
ButtonRelease	释放鼠标的某键，可以在 detail 部分指定是哪个键
Motion	单击组件的同时拖曳组件移动时触发
Enter	当鼠标指针移进某组件时触发
Leave	当鼠标指针移出某组件时触发
MouseWheel	当鼠标滚轮滚动时触发

表 7-12　窗体事件

名　　称	描　　述
Visibility	当组件变为可视状态时触发
Unmap	当组件由显示状态变为隐藏状态时触发
Map	当组件由隐藏状态变为显示状态时触发
Expose	当组件从原本被其他组件遮盖的状态中暴露出来时触发
FocusIn	当组件获得焦点时触发
FocusOut	当组件失去焦点时触发
Configure	当改变组件大小时触发。例如，拖曳窗体边缘
Property	当窗体的属性被删除或改变时触发，属于 Tk 的核心事件
Destroy	当组件被销毁时触发
Activate	与组件选项中的 state 项有关，表示组件由不可用转为可用。例如，按钮由 disabled（灰色）转为 enabled
Deactivate	与组件选项中的 state 项有关，表示组件由可用转为不可用。例如，按钮由 enabled 转为 disabled（灰色）

modifier 组合键定义中常用的修饰符如表 7-13 所示。

表 7-13　modifier 组合键定义中常用的修饰符

修　饰　符	描　　述
Alt	当 Alt 键按下
Any	任何按键按下，例如< Any-KeyPress >
Control	当 Ctrl 键按下
Double	两个事件在短时间内发生，例如双击鼠标左键< Double-Button-1 >
Lock	当 Caps Lock 键按下
Shift	当 Shift 键按下
Triple	类似于 Double，3 个事件短时间内发生

可用短格式表示事件,例如,< 1 >等同于< Button-1 >、< x >等同于< KeyPress-x >。

对于大多数的单字符按键,还可以忽略“< >”符号。但是空格键和尖括号键不能这样做(正确的表示分别为< space >、< less >)。

7.5.2 事件绑定

程序建立一个处理某一事件的事件处理函数,称为绑定。

1. 在创建组件对象时指定

在创建组件对象实例时,可通过其命名参数 command 指定事件处理函数。例如:

```
def callback():                 # 事件处理函数
    showinfo("Python command","人生苦短,我用 Python")
Bu1 = Button(root, text = "设置 command 事件调用命令",command = callback)
Bu1.pack()
```

2. 实例绑定

调用组件对象实例方法 bind()可为指定组件实例绑定事件。这是最常用的事件绑定方式。

组件对象实例名.bind("<事件类型>", 事件处理函数)

例如,假设声明了一个名为 canvas 的 Canvas 组件对象,想在 canvas 上按下鼠标左键时画一条线,可以这样实现:

```
canvas.bind("< Button - 1 >", drawline)
```

其中,bind()函数的第一个参数是事件描述符,指定无论什么时候在 canvas 上,当按下鼠标左键时就调用事件处理函数 drawline 进行画线的任务。特别地,drawline 后面的圆括号是省略的,Tkinter 会将此函数填入相关参数后调用运行,在这里只是声明而已。

3. 类绑定

将事件与一组件类绑定。调用任意组件实例的.bind_class()函数为特定组件类绑定事件。

组件实例名.bind_class("组件类","<事件类型>", 事件处理函数)

例如,绑定 Canvas 组件类,使得所有 Canvas 实例都可以处理鼠标左键事件做相应的操作。可以这样实现:

```
widget.bind_class("Canvas", "< Button - 1 >", drawline)
```

其中,widget 是任意 Canvas 组件对象。

4. 程序界面绑定

无论在哪一组件实例上触发某一事件,程序都做出相应的处理。

例如,将 PrintScreen 键与程序中的所有组件对象绑定,这样整个程序界面就能处理打印屏幕的事件了。调用任意组件实例的.bind_all()函数为程序界面绑定事件。

组件实例名.bind_all("<事件类型>", 事件处理函数)

例如，可以这样实现打印屏幕：

```
widget.bind_all("<Key-Print>",printScreen)
```

5. 标识绑定

在Canvas中绘制各种图形，将图形与事件绑定可以使用标识绑定函数tag_bind()。预先为图形定义标识tag后，通过标识tag来绑定事件。例如：

```
cv.tag_bind('r1','<Button-1>',printRect)
```

【例7-38】 标识绑定。

```
from tkinter import *
root = Tk()
def printRect(event):
    print('rectangle 左键事件')
def printRect2(event):
    print('rectangle 右键事件')
def printLine(event):
    print('Line 事件')
cv = Canvas(root,bg = 'white')                  #创建一个Canvas,设置其背景色为白色
rt1 = cv.create_rectangle(
    10,10,110,110,
    width = 8, tags = 'r1')
cv.tag_bind('r1','<Button-1>',printRect)        #绑定 item 与鼠标左键事件
cv.tag_bind('r1','<Button-3>',printRect2)       #绑定 item 与鼠标右键事件
#创建一个 line,并将其 tags 设置为'r2'
cv.create_line(180,70,280,70,width = 10,tags = 'r2')
cv.tag_bind('r2','<Button-1>',printLine)        #绑定 item 与鼠标左键事件
cv.pack()
root.mainloop()
```

在这个示例中，当单击矩形的边框时才会触发事件，矩形既响应鼠标左键又响应鼠标右键。当用鼠标左键单击矩形边框时出现“rectangle 左键事件”信息，当用鼠标右键单击矩形边框时出现“rectangle 右键事件”信息，当用鼠标左键单击直线时出现“Line 事件”信息。

7.5.3 事件处理函数

1. 定义事件处理函数

事件处理函数往往带有一个event参数。当触发事件调用事件处理函数时将传递Event对象实例。

```
def callback(event):                #事件处理函数
    showinfo("Python command","人生苦短,我用 Python")
```

2. Event 事件对象的属性和按键

Event 对象实例可以获取各种相关参数。Event 事件对象的主要参数属性如表 7-14 所示。

表 7-14 Event 事件对象的主要参数属性

参　数	说　明
.x,.y	鼠标相对于组件对象左上角的坐标
.x_root,.y_root	鼠标相对于屏幕左上角的坐标
.keysym	字符串命名按键,例如 Escape,F1,…,F12,Scroll_Lock,Pause,Insert,Delete,Home,Prior(这个是 Page Up),Next(这个是 Page Down),End,Up,Right,Left,Down,Shift_L,Shift_R,Ctrl_L,Ctrl_R,Alt_L,Alt_R,Win_L
.keysym_num	数字代码命名按键
.keycode	键码,但是它不能反映事件前缀 Alt、Ctrl、Shift、Lock,并且不区分按键大小写,即输入 a 和 A 是相同的键码
.time	时间
.type	事件类型
.widget	触发事件的对应组件
.char	字符

Event 事件对象的按键的详细信息如表 7-15 所示。

表 7-15 Event 事件对象的按键的详细信息

.keysym	.keycode	.keysym_num	说　明
Alt_L	64	65513	左手边的 Alt 键
Alt_R	113	65514	右手边的 Alt 键
BackSpace	22	65288	BackSpace 键
Cancel	110	65387	Pause Break 键
F1～F11	67～77	65470～65480	功能键 F1～F11
F12	96	68481	功能键 F12
Delete	107	65535	Delete
Down	104	65364	向下方向键
End	103	65367	End
Escape	9	65307	Esc
Print	111	65377	打印屏幕键

【例 7-39】 触发 KeyPress 键盘事件。运行效果如图 7-37 所示。

```
from tkinter import *                      # 导入 Tkinter
def printkey(event):                       # 定义的函数监听键盘事件
    print('你按下了: ' + event.char)
root = Tk()                                # 实例化 Tk
entry = Entry(root)                        # 实例化一个单行输入框
# 给输入框绑定按键监听事件<KeyPress>为监听任何按键
# <KeyPress - x>监听某键 x,例如大写的 A <KeyPress - A>、回车<KeyPress - Return>
```

```
entry.bind('<KeyPress>', printkey)
entry.pack()
root.mainloop()                              #显示窗体
```

```
你按下了: h
你按下了: e
你按下了: l
你按下了: l
你按下了: o
你按下了: x
你按下了: m
你按下了: j
```

tk

helloxmj

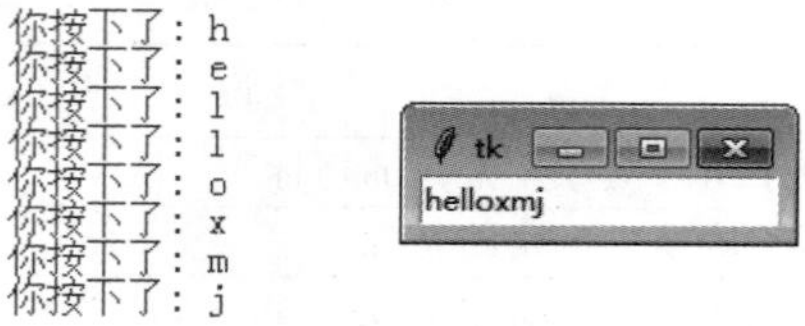

图 7-37　键盘事件的运行效果

【例 7-40】　获取用鼠标单击 Label 标签时坐标的鼠标事件。运行效果如图 7-38 所示。

```
from tkinter import *                        #导入 Tkinter
def leftClick(event):                        #定义的函数监听鼠标事件
    print("X 轴坐标:", event.x)
    print("Y 轴坐标:", event.y)
    print("相对于屏幕左上角 X 轴坐标:", event.x_root)
    print("相对于屏幕左上角 Y 轴坐标:", event.y_root)
root = Tk()                                  #实例化 Tk
lab = Label(root,text = "hello")             #实例化一个 Label
lab.pack()                                   #显示 Label 组件
#给 Label 绑定鼠标监听事件
lab.bind("<Button-1>",leftClick)
root.mainloop()                              #显示窗体
```

```
X轴坐标: 33
Y轴坐标: 11
相对于屏幕左上角X轴坐标: 132
相对于屏幕左上角Y轴坐标: 91
X轴坐标: 8
Y轴坐标: 11
相对于屏幕左上角X轴坐标: 107
相对于屏幕左上角Y轴坐标: 91
X轴坐标: 5
Y轴坐标: 6
相对于屏幕左上角X轴坐标: 104
相对于屏幕左上角Y轴坐标: 86
```

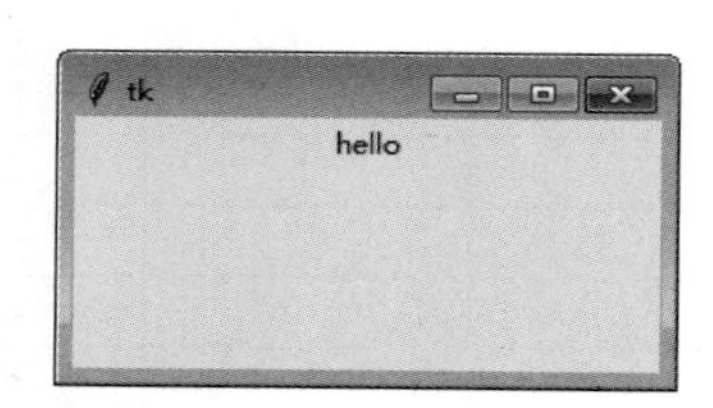

图 7-38　鼠标事件的运行效果

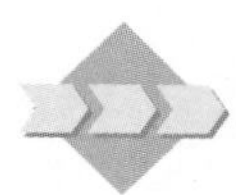

7.6　图形界面设计应用案例 1——开发猜数字游戏

案例介绍：计算机随机生成 1024 以内的数字，玩家去猜，如果猜的数字过大或过小都会给出提示，程序要统计玩家猜的次数。程序运行效果如图 7-39 所示。

```
import tkinter as tk
import sys
import random
```

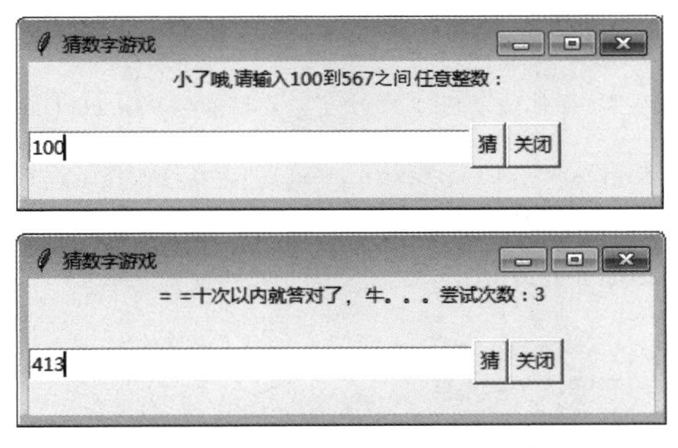

图 7-39　猜数字游戏的运行效果

```
import re
number = random.randint(0,1024)                        #玩家要猜的数字
running = True
num = 0                                                #猜的次数
nmaxn = 1024                                           #提示猜测范围的最大数
nminn = 0                                              #提示猜测范围的最小数
def eBtnClose(event):                                  #"关闭"按钮事件函数
    root.destroy()
def eBtnGuess(event):                                  #"猜"按钮事件函数
    global nmaxn                                       #全局变量
    global nminn
    global num
    global running
    if running:
        val_a = int(entry_a.get())                     #获取猜的数字字符串并转换成数字
        if val_a == number:
            labelqval("恭喜答对了!")
            num += 1
            running = False
            numGuess()                                 #显示猜的次数
        elif val_a < number:                           #猜小了
            if val_a > nminn:
                nminn = val_a                          #修改提示猜测范围的最小数
                num += 1
                labelqval("小了哦,请输入" + str(nminn) + "到" + str(nmaxn) + "之间任意整数: ")
        else:
            if val_a < nmaxn:
                nmaxn = val_a                          #修改提示猜测范围的最大数
                num += 1
                labelqval("大了哦,请输入" + str(nminn) + "到" + str(nmaxn) + "之间任意整数: ")
    else:
        labelqval('你已经答对啦…')
#显示猜的次数
def numGuess():
    if num == 1:
        labelqval('哇!一次答对!')
    elif num < 10:
```

```
            labelqval('= = 十次以内就答对了,牛…尝试次数：' + str(num))
        else:
            labelqval('好吧,你都试了超过 10 次了…尝试次数：' + str(num))
def labelqval(vText):
    label_val_q.config(label_val_q,text = vText)       #修改提示标签文字
root = tk.Tk(className = "猜数字游戏")
root.geometry("400x90 + 200 + 200")
label_val_q = tk.Label(root,width = "80")              #提示标签
label_val_q.pack(side = "top")
entry_a = tk.Entry(root,width = "40")                  #单行输入文本框
btnGuess = tk.Button(root,text = "猜")                 #"猜"按钮
entry_a.pack(side = "left")
entry_a.bind('<Return>',eBtnGuess)                     #绑定事件
btnGuess.bind('<Button-1>',eBtnGuess)                  #"猜"按钮
btnGuess.pack(side = "left")
btnClose = tk.Button(root,text = "关闭")               #"关闭"按钮
btnClose.bind('<Button-1>',eBtnClose)
btnClose.pack(side = "left")
labelqval("请输入 0～1024 任意整数：")
entry_a.focus_set()
print(number)
root.mainloop()
```

视频讲解

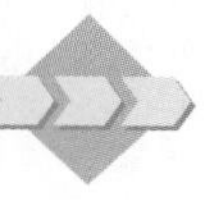

7.7 图形界面设计应用案例2——扑克牌发牌程序窗体图形版

案例介绍：4 名牌手打牌，计算机随机将 52 张牌（不含大/小鬼）发给 4 名牌手，在屏幕上显示每位牌手的牌。程序的运行效果如图 7-40 所示。

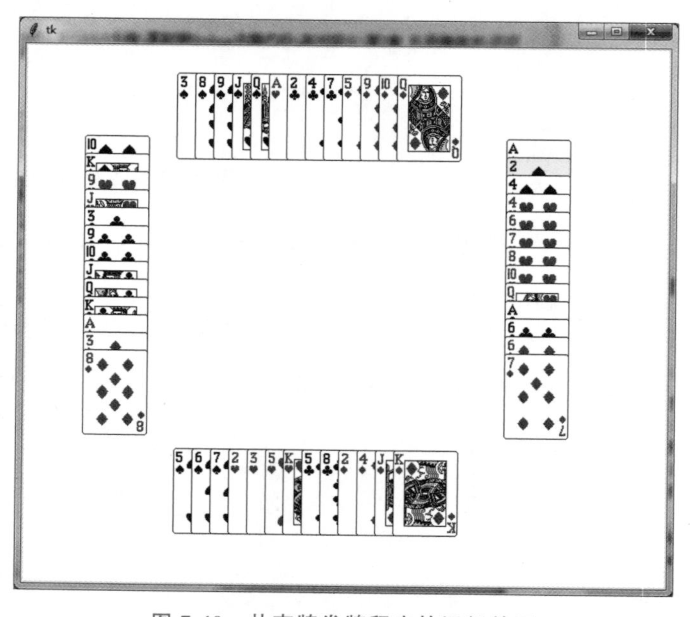

图 7-40 扑克牌发牌程序的运行效果

分析：其思路和控制台程序一样，将要发的 52 张牌按梅花 0…12，方块 13…25，红桃 26…38，黑桃 39…51 顺序编号并存储在 pocker 列表（未洗牌之前）中，并且按此编号顺序存储扑克牌图片于 imgs 列表中，也就是说 imgs[0]存储梅花 A 的图片，imgs[1]存储梅花 2 的图片，imgs[14]存储方块 2 的图片。

发牌后，根据每位牌手（p1，p2，p3，p4）各自牌的编号列表从 imgs 获取对应牌的图片并使用 create_image((x 坐标，y 坐标)，image =图像文件)显示在指定位置。

```
from tkinter import *
import random
n = 52
def gen_pocker(n):
    x = 100
    while(x > 0):
        x = x - 1
        p1 = random.randint(0,n - 1)
        p2 = random.randint(0,n - 1)
        t = pocker[p1]
        pocker[p1] = pocker[p2]
        pocker[p2] = t
    return pocker
pocker = [i for i in range(n)]
pocker = gen_pocker(n)
print(pocker)
(player1,player2,player3,player4) = ([],[],[],[])       #4 位牌手各自牌的图片列表
(p1,p2,p3,p4) = ([],[],[],[])                           #4 位牌手各自牌的编号列表
root = Tk()
#创建一个 Canvas,设置其背景色为白色
cv = Canvas(root, bg = 'white', width = 700, height = 600)
imgs = []
for i in range(1,5):
    for j in range(1,14):
        imgs.insert((i - 1) * 13 + (j - 1),PhotoImage(file = 'D:\\python\\images\\' + str(i) +
'-' + str(j) + '.gif'))
for x in range(13):                            #13 轮发牌
    m = x * 4
    p1.append(pocker[m])
    p2.append(pocker[m + 1])
    p3.append(pocker[m + 2])
    p4.append(pocker[m + 3])
p1.sort()                                      #牌手的牌排序,相当于理牌,同花色的牌在一起
p2.sort()
p3.sort()
p4.sort()
for x in range(0,13):
    img = imgs[p1[x]]
    player1.append(cv.create_image((200 + 20 * x,80), image = img))
    img = imgs[p2[x]]
```

```
        player2.append(cv.create_image((100,150 + 20 * x),image = img))
        img = imgs[p3[x]]
        player3.append(cv.create_image((200 + 20 * x,500),image = img))
        img = imgs[p4[x]]
        player4.append(cv.create_image((560,150 + 20 * x),image = img))
print("player1:",player1)
print("player2:",player2)
print("player3:",player3)
print("player4:",player4)
cv.pack()
root.mainloop()
```

7.8 图形界面设计应用案例3——关灯游戏

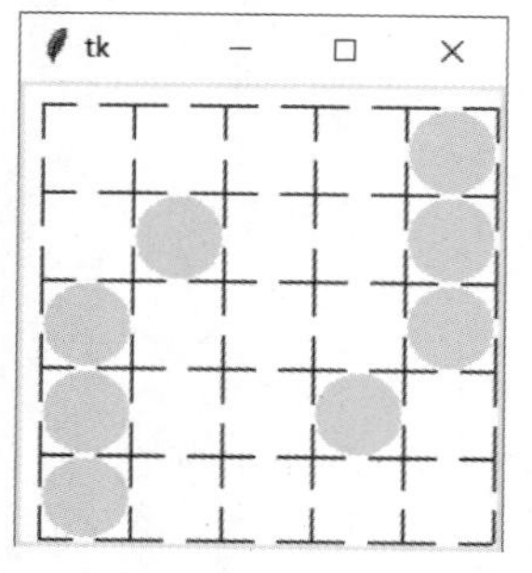

图7-41 关灯游戏的运行效果

案例介绍：关灯游戏是很有意思的益智游戏，玩家通过单击关掉（或打开）一盏灯。如果关掉（或打开）一盏灯，其周围（上、下、左、右）的灯也会触及开关，成功地关掉所有的灯即可过关。程序的运行效果如图7-41所示。

分析：游戏中采用二维列表存储灯的状态，'you'表示灯亮（黄色的圆），'wu'表示灯被关掉（背景色的圆）。在Canvas画布单击事件中获取鼠标单击位置从而换算成棋盘位置(x1,y1)，并处理四周灯的状态转换。

本例的代码实现如下：

```
from tkinter import *
from tkinter import messagebox
root = Tk()
l = [ ['wu', 'wu', 'you', 'you', 'you'],
      ['wu', 'you', 'wu', 'wu', 'wu'],
      ['wu', 'wu', 'wu', 'wu', 'wu'],
      ['wu', 'wu', 'wu', 'you', 'wu'],
      ['you', 'you', 'you', 'wu', 'wu']]
#绘制灯的状态情况图
def huaqi():
    for i in range(0, 5):
        for u in range(0, 5):
            if l[i][u] == 'you':
                cv.create_oval(i * 40 + 10, u * 40 + 10, (i + 1) * 40 + 10, (u + 1) * 40 + 10,
                                    outline = 'white', fill = 'yellow', width = 2)   #亮灯
            else:
                cv.create_oval(i * 40 + 10, u * 40 + 10, (i + 1) * 40 + 10, (u + 1) * 40 + 10,
                                    outline = 'white', fill = 'white', width = 2)   #灭灯
#反转(x1,y1)处灯的状态
```

```
def reserve(x1,y1):
    if l[x1][y1] == 'wu':
            l[x1][y1] = 'you'
    else:
        l[x1][y1] = 'wu'
#单击事件函数
def luozi(event):
    x1 = (event.x - 10) // 40
    y1 = (event.y - 10) // 40
    print(x1, y1)
    reserve(x1,y1)  #翻转(x1,y1)处灯的状态
    #以下翻转(x1,y1)周围的灯的状态
    #左侧灯的状态反转
    if x1 != 0:
        reserve(x1 - 1,y1)
    #右侧灯的状态反转
    if x1!= 4:
        reserve(x1 + 1,y1)
    #上侧灯的状态反转
    if y1!= 0:
        reserve(x1,y1 - 1)
    #下侧灯的状态反转
    if y1!= 4:
        reserve(x1,y1 + 1)
    huaqi()

#主程序
cv = Canvas(root, bg = 'white', width = 210, height = 210)
for i in range(0, 6):  #绘制网格线
    cv.create_line(10, 10 + i * 40, 210, 10 + i * 40, arrow = 'none')
    cv.create_line(10 + i * 40, 10, 10 + i * 40, 210, arrow = 'none')
huaqi()  #绘制灯的状态情况图
p = 0
for i in range(0, 5):
    for u in l[i]:
        if u == 'wu':
            p = p + 1
if p == 25:
    messagebox.showinfo('win','你过关了')  #显示赢信息的消息窗口
cv.bind('<Button - 1>', luozi)
cv.pack()
root.mainloop()
```

7.9 习题

1. 设计登录程序，如图7-4所示。正确用户名和密码存储在user.txt文件中，当用户单击“登录”按钮后判断用户输入是否正确，并用消息对话框显示提示信息，正确时消息对话

框显示“欢迎进入”，错误时消息对话框显示“用户名和密码错误”。

2. 设计一个简单的某应用程序的用户注册窗口，填写注册姓名、性别、爱好信息，单击“提交”按钮，将出现消息对话框显示填写的信息，如图7-42所示，根据图7-42建立应用程序界面。

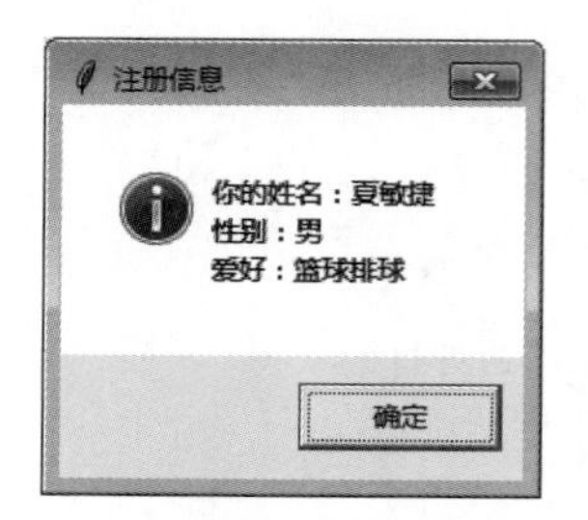

图7-42　用户注册信息的消息对话框

3. 设计一个程序，用两个文本框输入数值数据，用列表框存放＋、－、×、÷、幂次方、余数。用户先输入两个操作数，再从列表框中选择一种运算，即可在标签中显示出计算结果。

4. 编写选课程序。左侧列表框显示学生可以选择的课程名，右侧列表框显示学生已经选择的课程名，通过4个按钮在两个列表框中移动数据项。通过“>”“<”按钮移动一门课程，通过“>>”“<<”按钮移动全部课程。程序运行界面如图7-43所示。

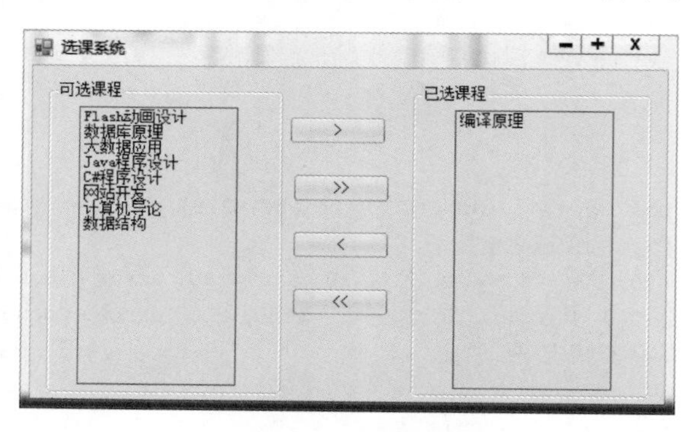

图7-43　选课程序界面

5. 设计井字棋游戏程序。该游戏有一个3×3方格的棋盘，双方各执一种颜色的棋子，在规定的方格内轮流布棋，如果一方在横、竖或斜方向连接成3子则胜利。

6. 设计一个单选题考试程序。

7. 设计一个电子标题板。要求：

(1) 实现字幕从右向左循环滚动。

(2) 单击“开始”按钮，字幕开始滚动；单击“暂停”按钮，字幕停止滚动。

提示：使用after()方法每隔1s刷新GUI界面。

8. 设计一个倒计时程序，应用程序界面自己设计。

第8章

Python数据库应用

使用简单的纯文本文件只能实现有限的功能，如果要处理的数据量巨大并且容易让程序员理解，可以选择相对标准化的数据库(database)。Python 支持多种数据库，例如 Sybase、SAP、Oracle、SQL Server、SQLite 等。本章主要介绍数据库的概念以及结构化查询语言(SQL)，讲解 Python 自带的轻量级的关系数据库 SQLite 的使用方法。

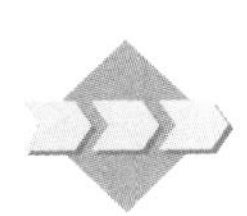

8.1 数据库基础

视频讲解

8.1.1 数据库的概念

数据库是数据的集合，数据库能将大量数据按照一定的方式组织并存储起来，方便进行管理和维护。数据库的特征主要如下：

(1) 以一定的方式组织、存储数据。

(2) 能为多个用户共享。

(3) 具有尽可能少的冗余代码。

(4) 有与程序彼此独立的数据集合。

相对文件系统而言，数据库管理系统为用户提供安全、高效、快速检索和修改的数据集合。数据库管理系统与应用程序文件分开，独立存在，因此可为多个应用程序所使用，从而达到数据共享的目的。

数据库管理系统(database management system)是一种操纵和管理数据库的大型软件，用于建立、使用和维护数据库，简称 DBMS。它对数据库进行统一的管理和控制，以保证数据库的安全性和完整性。它所提供的功能有以下几项。

(1) 数据定义功能：DBMS提供相应数据定义语言(DDL)来定义数据库结构,它们刻画数据库框架,并被保存在数据字典中。

(2) 数据存取功能：DBMS提供数据操纵语言(DML),实现对数据库数据的基本存取操作,例如检索、插入、修改和删除。

(3) 数据库运行的管理功能：DBMS提供数据控制功能,即数据的安全性、完整性和并发控制等,对数据库运行进行有效控制和管理,以确保数据正确、有效。

(4) 数据库的建立和维护功能：包括数据库初始数据的装入,数据库的转储、恢复、重组织,系统性能的监视、分析等。

(5) 数据库的传输：DBMS提供处理数据的传输,实现用户程序与DBMS之间的通信,通常与操作系统协调完成。

常用的数据库管理系统有MS SQL、Sybase、DB2、Oracle、MySQL等。

8.1.2 关系数据库

数据库可分为层次数据库、对象数据库和关系数据库。关系数据库是目前的主流数据库类型。关系数据库不仅描述数据本身,而且对数据之间的关系进行描述。表是关系数据库中存放关系数据的集合。一个数据库里面通常包含多个表,例如一个学生信息数据库中可以包含学生的表、班级的表、学校的表等。通过在表之间建立关系,可以将不同表中的数据联系起来,以便用户使用。

关系数据库中的常用术语如下。

- 关系：可以理解为一张二维表,每一个关系都有一个关系名,也就是表名。
- 属性:可以理解为二维表中的一列,在数据库中称为字段。
- 元组：可以理解为二维表中的一行,在数据库中称为记录。
- 域：属性的取值范围,也就是数据库中某一列的取值范围。
- 关键字：一组可以唯一标识元组的属性,在数据库中称为主键,可以由一个或者多个列组成。

当前流行的数据库都是基于关系模型的关系数据库管理系统。关系模型认为世界由实体(entity)和联系(relationship)构成。实体是相互可以区别、具有一定属性的对象。联系是指实体之间的关系,一般分为以下3种类型。

(1) 一对一(1∶1)：实体集A中的每个实体至多只与实体集B中的一个实体联系,反之亦然。例如,班级和班长的关系,如图8-1(a)所示。

(2) 一对多(1∶n)：实体集A中的每个实体与实体集B中的多个实体相联系,而实体集B中的每个实体至多只与实体集A中的一个实体相联系。例如,学生和班级的关系,如图8-1(b)所示。

(3) 多对多(m∶n)：实体集A中的每个实体与实体集B中的多个实体相联系,反之,实体集B中的每个实体与实体集A中的多个实体相联系。例如,学生和课程之间的关系,如图8-1(c)所示。

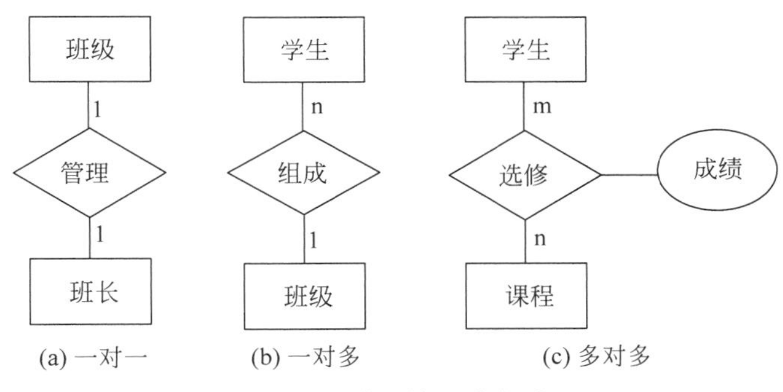

(a) 一对一　(b) 一对多　(c) 多对多

图 8-1 联系的 3 种类型

8.1.3 数据库和 Python 接口程序

在 Python 中添加数据库支持可以使 Python 的应用更广。Python 可以通过数据库接口直接访问数据库。过去,人们编写了各种不同的数据库接口程序来访问各种各样的数据库,但它们的功能接口各不兼容,因此使用这些接口的程序必须自定义它们选择的接口模块,当这个接口模块变化时,应用程序的代码也必须随之更新。而 DB-API 为不同的数据库提供了一致的访问接口,使在不同的数据库之间移植代码成为一件轻松的事情。

DB-API 是一个规范。它定义了一系列必需的对象和数据库存取方式,以便为各种各样的底层数据库系统和多种多样的数据库接口程序提供一致的访问接口。从 Python 中访问数据库需要接口程序,接口程序是一个 Python 模块,它提供数据库客户端(通常用 C 语言编写)的接口以供访问,所有的 Python 接口程序在一定程度上遵守 Python DB-API 规范。

8.2 结构化查询语言

视频讲解

数据库命令和查询操作需要通过 SQL 来执行,SQL(Structured Query Language,结构化查询语言)是通用的关系数据库操作语言,可以查询、定义、操纵和控制数据库。它是一种非过程化语言。下面介绍常用的 SQL 命令。

8.2.1 数据表的建立和删除

CREATE TABLE 语句用于创建数据库中的表。它的语法格式为:

```
CREATE TABLE 表名称
(
列名称 1 数据类型,
列名称 2 数据类型,
列名称 3 数据类型,
…
)
```

【例 8-1】 创建 students 表，该表包含 stuNumber、stuName、age、sex、score、address、city 字段。

```
CREATE TABLE students
(
stuNumber varchar(12),
stuName varchar(255),
age integer(2),
sex varchar(2),
score integer(4),
address varchar(255),
city varchar(255)
)
```

DROP TABLE 语句用于删除表(表的结构、属性以及索引也会被删除)。它的语法格式为：

DROP TABLE 表名称

【例 8-2】 删除 students 表。

```
DROP TABLE students
```

8.2.2 查询语句 SELECT

SELECT 语句用于从表中选取数据，结果被存储在一个结果表中(称为结果集)。查询语句的语法如下：

SELECT 字段表 FROM 表名 WHERE 查询条件 GROUP BY 分组字段 ORDER BY 字段[ASC|DESC]

查询语句 SELECT 包括字段表、FROM 子句和 WHERE 子句，它们分别说明所查询列、查询的表或视图，以及搜索条件等。

1. 字段表

字段表指出所查询列，它可以是一组列名、星号、表达式、变量等。

【例 8-3】 查询 students 表中所有列的数据。

```
SELECT * FROM students
```

【例 8-4】 查询 students 表中所有记录的 stuName、stuNumber 字段内容。

```
SELECT stuName, stuNumber FROM students
```

2. WHERE 子句

WHERE 子句设置查询条件，过滤掉不需要的数据行。WHERE 子句可包括各种条件运算符。

(1) 比较运算符(大小比较):>、>=、=、<、<=、<>、!>、!<。

【例 8-5】 查找 students 表中姓名为“李四”的学生的学号。

```
SELECT stuNumber FROM students WHERE stuName = '李四'
```

(2) 范围运算符(表达式的值是否在指定的范围内):BETWEEN…AND…、NOT BETWEEN…AND…。

【例 8-6】 查找 students 表中年龄在 18～20 岁的学生的姓名。

```
SELECT stuName FROM students WHERE age BETWEEN 18 AND 20
```

(3) 列表运算符(判断表达式是否为列表中的指定项):IN (项 1,项 2…)、NOT IN (项 1,项 2…)。

【例 8-7】 查找 students 表中籍贯在“河南”或“北京”的学生的姓名。

```
SELECT stuName FROM students WHERE city IN ('Henan','BeiJing')
```

(4) 逻辑运算符(用于多条件的逻辑连接):NOT、AND、OR。

【例 8-8】 查找 students 表中年龄大于 18 岁的女生的姓名。

```
SELECT stuName FROM students WHERE age > 18 AND sex = '女'
```

(5) 模式匹配符(判断值是否与指定的字符通配格式相符):LIKE、NOT LIKE。它们常用于模糊查找,判断列值是否与指定的字符串格式相匹配。

【例 8-9】 查找 students 表中姓周的所有学生的信息。

```
SELECT * FROM students WHERE stuName like "周 % %"
```

说明:%可匹配任意类型和长度的字符,如果是中文,使用两个百分号,即%%。

【例 8-10】 查找 students 表中成绩为 80～90 分的所有学生的信息。

```
SELECT * FROM students WHERE score like [80 - 90]
```

说明:[]指定一个字符、字符串或范围,要求所匹配对象为它们中的任意一个。[^]则要求所匹配对象为指定字符以外的任意一个字符。

3. 数据分组 GROUP BY

GROUP BY 子句用于结合聚合函数,根据一个或多个列对结果集进行分组。

【例 8-11】 统计 students 表中所有女生的平均成绩。

```
SELECT sex,avg(score) AS 平均成绩 FROM students GROUP BY sex WHERE sex = '女'
```

说明：常用的聚合函数如表 8-1 所示。

表 8-1　常用的聚合函数

函　　数	作　　用	函　　数	作　　用
sum(列名)	求和	avg(列名)	求平均值
max(列名)	求最大值	count(列名)	统计记录数
min(列名)	求最小值		

4. 查询结果排序

使用 ORDER BY 子句对查询返回的结果按一列或多列排序。

【例 8-12】 查找 students 表中的姓名、学号字段，查询结果按照成绩降序排列。

```
SELECT stuName, stuNumber FROM students ORDER BY score DESC
```

说明：ASC 表示升序，为默认值；DESC 为降序。

8.2.3　添加记录语句 INSERT INTO

INSERT INTO 语句用于向表格中插入新行。它的语法格式为：

INSERT INTO 数据表(字段 1,字段 2,字段 3,…) VALUES (值 1,值 2,值 3,…)

【例 8-13】 在 students 表中添加一条记录。

```
INSERT INTO students(stuNumber, stuName, age, sex, score, address, city) VALUES('2010005', '李帆', 19,
'男', 92, 'Changjiang 12', 'Zhengzhou')
```

说明：也可以写成 INSERT INTO students VALUES('2010005','李帆',19,'男',92,'Changjiang 12','Zhengzhou')。

如果不指定具体字段名，表示将按照数据表中字段的顺序依次添加。

8.2.4　更新语句 UPDATE

UPDATE 语句用于修改表中的数据。其语法格式为：

UPDATE 表名 SET 列名 = 新值 WHERE 列名 = 某值

1) 更新某一行中的某一列

【例 8-14】 将 students 表中性别为“女”的学生的年龄增加一岁。

```
UPDATE students SET age = age + 1 WHERE sex = '女'
```

2) 更新某一行中的若干列

【例 8-15】 将 students 表中“李四”的地址 address 改为“Zhongyuanlu 41”，并增加城市 city 为 Zhengzhou。

```
UPDATE students SET address = 'Zhongyuanlu41', city = 'Zhengzhou' WHERE stuName = '李四'
```

说明：没有条件则更新整个数据表中的指定字段值。

8.2.5 删除记录语句 DELETE

DELETE 语句用于删除表中的行。它的语法格式为：

DELETE FROM 表名称 WHERE 列名 = 值

【例 8-16】 在 students 表中删除“张三”对应的记录。

```
DELETE FROM students WHERE stuName = '张三'
```

说明：DELETE FROM students 表示删除表中的所有记录。

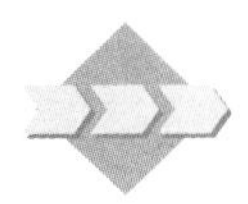

8.3 SQLite 数据库简介

8.3.1 SQLite 数据库

Python 自带了一个轻量级的关系型数据库 SQLite。SQLite 是一种嵌入式关系型数据库，它的数据库就是一个文件。由于 SQLite 本身是用 C 语言编写的，而且占用的空间很小，所以经常被集成到各种应用程序中，甚至在 iOS 和 Android 的 App 中都可以集成。

SQLite 不需要一个单独的服务器进程或操作系统（无服务器的），也不需要配置，这意味着不需要安装或管理。一个完整的 SQLite 数据库存储在一个单一的跨平台的磁盘文件上。SQLite 是非常小的、轻量级的、自给自足的。SQLite 支持 SQL92（SQL2）标准的大多数查询语言的功能。SQLite 是用 ANSI-C 编写的，并提供了简单和易于使用的 API。SQLite 可在 UNIX（Linux、Mac OS-X、Android、iOS）和 Windows（Win32、WinCE、WinRT）中运行。

8.3.2 SQLite3 的数据类型

大部分 SQL 数据库引擎使用静态数据类型，数据的类型取决于它的存储单元（即所在的列）的类型。而 SQLite3 采用了动态的数据类型，会根据存入值自动判断。SQLite3 的动态数据类型能够向后兼容其他数据库普遍使用的静态类型，这就意味着在那些使用静态数据类型的数据库上使用的数据表在 SQLite3 上也能被使用。

每个存放在 SQLite3 数据库中的值都是表 8-2 中的一种存储类型。

表 8-2 存储类型

存储类型	说明
NULL	空值
INTEGER	带符号整数，根据存入的数值的大小占据 1、2、3、4、6 或者 8 字节
REAL	浮点数，采用 8 字节（即双精度）的 IEEE 格式表示
TEXT	字符串文本，采用数据库的编码（UTF-8、UTF-16BE 或者 UTF-16LE）
BLOB	无类型，可用于保存二进制文件

但实际上，SQLite3 也接受表 8-3 中的数据类型。

表 8-3　数据类型

数据类型	说　　明
smallint	16 位整数
integer	32 位整数
decimal(p,s)	p 是精确值，s 是小数位数
float	32 位实数
double	64 位实数
char(n)	n 长度字符串，不能超过 254
varchar(n)	长度不固定，最大字符串长度为 n，n 不超过 4000
graphic(n)	和 char(n)一样，但单位是两个字符(double-bytes)，n 不超过 127(中文字)
vargraphic(n)	可变长度且最大长度为 n
date	包含了年份、月份、日期
time	包含了时、分、秒
timestamp	包含了年、月、日、时、分、秒、千分之一秒

这些数据类型在运算或保存时会转换成对应的 5 种存储类型之一。一般情况下，存储类型与数据类型没什么差别，这两个术语可以互换使用。

SQLite 使用弱数据类型，除了被声明为主键的 integer 类型例外，允许保存任何类型的数据到所想要保存的任何表的任何列中，与列的类型声明无关。事实上，完全可以不声明列的类型。对于 SQLite 来说，对字段不指定类型是完全有效的。

8.3.3　SQLite3 的函数

1. SQLite时间/日期函数

(1) datetime()：产生日期和时间。

格式：datetime(日期/时间，修正符，修正符，…)

例子：SELECT datetime("2021-05-16 00：20：00","3 hour","-12 minute")

结果：2021-05-16 03：08：00

说明：3 hour 和-12 minute 表示可以在基本时间上(datetime()函数的第一个参数)增加或减少一定时间。

例子：SELECT datetime('now')

结果：2021-05-16 03：23：21

(2) date()：产生日期。

格式：date(日期/时间，修正符，修正符…)

例子：SELECT date("2021-05-16","1 day","1 year")

结果：2022-05-17

(3) time()：产生时间。

(4) strftime()：对以上 3 个函数产生的日期和时间进行格式化。

格式：strftime(格式，日期/时间，修正符，修正符，…)

说明：strftime()函数可以把 YYYY-MM-DD HH:MM:SS 格式的日期字符串转换成其他形式的字符串。

2. SQLite 算术函数

(1) abs(X)：返回绝对值。

(2) max(X,Y[,…])：返回最大值。

(3) min(X,Y,[,…])：返回最小值。

(4) random(*)：返回随机数。

(5) round(X[,Y])：四舍五入。

3. SQLite 字符串处理函数

(1) length(x)：返回字符串中字符的个数。

(2) lower(x)：大写转小写。

(3) upper(x)：小写转大写。

(4) substr(x,y,Z)：截取子串。

(5) like(A,B)：确定给定的字符串与指定的模式是否匹配。

4. 其他函数

(1) typeof(x)：返回数据的类型。

(2) last_insert_rowid()：返回最后插入数据的 ID。

8.3.4 SQLite3 的模块

Python 标准模块 sqlite3 使用 C 语言实现，提供访问和操作数据库 SQLite 的各种功能。sqlite3 模块主要包括下列常量、函数和对象。

(1) sqlite3.version：常量，版本号。

(2) sqlite3.connect(database)：函数，连接到数据库，返回 Connect 对象。

(3) sqlite3.connect：数据库连接对象。

(4) sqlite3.cursor：游标对象。

(5) sqlite3.row：行对象。

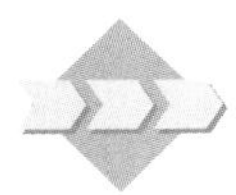

8.4 Python 的 SQLite3 数据库编程

从 Python 2.5 版本开始就内置了 sqlite3，sqlite3 就成了 Python 的标准模块，它也是 Python 中唯一一个数据库接口类模块，这大大方便了用 Python SQLite 数据库开发小型数据库应用系统。SQLite3 数据库使用 SQL。SQLite 作为后端数据库，可以制作有数据存储需求的工具。Python 标准库中的 sqlite3 提供该数据库的接口。

8.4.1 访问数据库的步骤

Python 的数据库模块有统一的接口标准，所以数据库操作都有统一的模式。操作数据库 SQLite3 主要分为以下几步。

1）导入 Python SQLite 数据库模块

Python 标准库中带有 sqlite3 模块，可直接导入。

```
import sqlite3
```

2）建立数据库连接，返回 Connection 对象

使用数据库模块的 connect()函数建立数据库连接，返回连接对象 con。

```
con = sqlite3.connect(connectstring)    # 连接到数据库，返回 sqlite3.connection 对象
```

说明：connectstring 是连接字符串。对于不同的数据库连接对象，其连接字符串的格式各不相同，sqlite 的连接字符串为数据库的文件名，例如 E:\\test.db。如果指定连接字符串为 memory，则可创建一个内存数据库。例如：

```
import sqlite3
con = sqlite3.connect("E:\\test.db")
```

如果 E:\\test.db 存在，则打开数据库，否则在该路径下创建数据库 test.db 并打开。

3）创建游标对象

使用游标对象能够灵活地对从表中检索出的数据进行操作，就本质而言，游标实际上是一种能从包括多条数据记录的结果集中每次提取一条记录的机制。

调用 con.cursor()创建游标对象 cur：

```
cur = con.cursor()      # 创建游标对象
```

4）使用 Cursor 对象的 execute 执行 SQL 命令返回结果集

调用 cur.execute、cur.executemany、cur.executescript 方法查询数据库。

- cur.execute(sql)：执行 SQL 语句。
- cur.execute(sql,parameters)：执行带参数的 SQL 语句。
- cur.executemany(sql,seq_of_parameters)：根据参数执行多次 SQL 语句。
- cur.executescript(sql_script)：执行 SQL 脚本。

例如，创建一个表 category。

```
cur.execute("CREATE TABLE category(id primary key, sort, name)")
```

上述语句将创建一个包含 3 个字段 id、sort 和 name 的表 category。下面向表中插入记录：

```
cur.execute("INSERT INTO category VALUES(1, 1, 'computer')")
```

SQL 语句的字符串中可以使用占位符“?”表示参数，传递的参数使用元组。例如：

```
cur.execute("INSERT INTO category VALUES(?, ?,?) ",(2, 3, 'literature'))
```

5）获取游标的查询结果集

调用 cur.fetchone、cur.fetchall、cur.fetchmany 返回查询结果。

- cur.fetchone()：返回结果集的下一行(Row 对象)，无数据时返回 None。
- cur.fetchall()：返回结果集的剩余行(Row 对象列表)，无数据时返回空 List。
- cur.fetchmany()：返回结果集的多行(Row 对象列表)，无数据时返回空 List。

例如：

```
cur.execute("SELECT * FROM category")
print(cur.fetchall())          #提取查询到的数据
```

返回结果如下：

```
[(1, 1, 'computer'), (2, 2, 'literature')]
```

如果使用 cur.fetchone()，则首先返回列表中的第一项，再次使用，返回第二项，依次进行。用户也可以直接使用循环输出结果。例如：

```
for row in cur.execute("SELECT * FROM category"):
  print(row[0],row[1])
```

6）数据库的提交和回滚

根据数据库事务隔离级别的不同，可以提交或回滚。

- con.commit()：事务提交。
- con.rollback()：事务回滚。

7）关闭 Cursor 对象和 Connection 对象

最后需要关闭打开的 Cursor 对象和 Connection 对象。

- cur.close()：关闭 Cursor 对象。
- con.close()：关闭 Connection 对象。

8.4.2 创建数据库和表

【例 8-17】 创建数据库 sales，并在其中创建表 book，表中包含 id、price 和 name 3 列，其中 id 为主键(primary key)。

```
#导入 Python SQLite 数据库模块
import sqlite3
#创建 SQLite 数据库
con = sqlite3.connect("E:\\sales.db")
#创建表 book,其包含 3 个列,即 id(主键)、price 和 name
con.execute("CREATE TABLE book(id primary key,price,name)")
```

说明：Connection 对象的 execute()方法是 Cursor 对象对应方法的快捷方式，系统会创建一个临时 Cursor 对象，然后调用对应的方法，并返回 Cursor 对象。

8.4.3 数据库的插入、更新和删除操作

在数据库表中插入、更新、删除记录的一般步骤为：

(1) 建立数据库连接。

(2) 创建游标对象 cur，使用 cur.execute(sql)执行 SQL 的 INSERT、UPDATE、DELETE 等语句完成数据库记录的插入、更新、删除操作，并根据返回值判断操作结果。

(3) 提交操作。

(4) 关闭数据库。

【例 8-18】 数据库表记录的插入、更新和删除操作。

```
import sqlite3
books = [("021",25,"大学计算机"),("022",30, "大学英语"),("023",18, "艺术欣赏 "),( "024",
35, "高级语言程序设计")]
#打开数据库
con = sqlite3.connect("E:\\sales.db")
#创建游标对象
cur = con.cursor()
#插入一行数据
cur.execute("INSERT INTO book(id,price,name) VALUES('001',33,'多媒体技术')")
cur.execute("INSERT INTO book(id,price,name) VALUES(?,?,?) " ,("002",28,"数据库基础"))
#插入多行数据
cur.executemany("INSERT INTO book(id,price,name) VALUES(?,?,?) ",books)
#修改一行数据
cur.execute("UPDATE book SET price = ? WHERE name = ? ",(25,"大学英语"))
#删除一行数据
n =  cur.execute("DELETE FROM book WHERE price = ?",(25,))
print("删除了",n.rowcount,"行记录")
con.commit()                          #提交,否则没有实现插入、更新操作
cur.close()
con.close()
```

运行结果如下：

```
删除了 2 行记录
```

8.4.4 数据库表的查询操作

查询数据库的步骤如下：

(1) 建立数据库连接。

(2) 创建游标对象 cur，使用 cur.execute(sql)执行 SQL 的 SELECT 语句。

(3) 循环输出结果。

```
import sqlite3
#打开数据库
con = sqlite3.connect("E:\\sales.db")
#创建游标对象
cur = con.cursor()
#查询数据库表
cur.execute("SELECT id,price,name FROM book")
for row in cur:
    print(row)
```

运行结果如下：

```
('001', 33, '多媒体技术')
('002', 28, '数据库基础')
('023', 18, '艺术欣赏 ')
('024', 35, '高级语言程序设计')
```

8.4.5　数据库使用实例

视频讲解

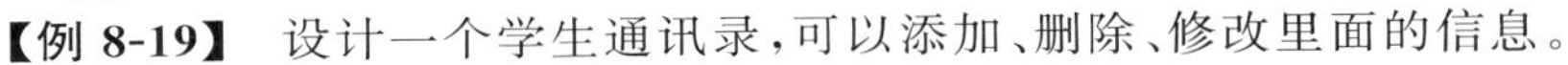

【例 8-19】　设计一个学生通讯录，可以添加、删除、修改里面的信息。

```
import sqlite3
#打开数据库
def opendb():
        conn = sqlite3.connect("E:\\mydb.db")
        cur = conn.execute("""CREATE TABLE if not exists tongxunlu(usernum integer primary
key,username VARCHAR(128), password VARCHAR(128),address VARCHAR(125), telnum VARCHAR
(128))""")
        return cur, conn
#查询全部信息
def showalldb():
        print("--------------------处理后的数据--------------------")
        hel = opendb()
        cur = hel[1].cursor()
        cur.execute("SELECT * FROM tongxunlu")
        res = cur.fetchall()
        for line in res:
                for h in line:
                    print(h,end = ",")
                print()
        cur.close()
#输入信息
def into():
        usernum = input("请输入学号：")
        username1 = input("请输入姓名：")
        password1 = input("请输入密码：")
```

```
        address1 = input("请输入地址：")
        telnum1 = input("请输入联系电话：")
        return usernum,username1, password1, address1, telnum1
#往数据库中添加内容
def adddb():
        welcome = """----------------欢迎使用添加数据功能------------------"""
        print(welcome)
        person = into()
        hel = opendb()
        hel[1].execute("INSERT INTO tongxunlu(usernum,username, password, address, telnum)
VALUES (?,?,?,?,?)",(person[0], person[1], person[2], person[3],person[4]))
        hel[1].commit()
        print ("------------------恭喜你,数据添加成功-----------------")
        showalldb()
        hel[1].close()
#删除数据库中的内容
def deldb():
        welcome = "------------------欢迎使用删除数据库功能------------------"
        print(welcome)
        delchoice = input("请输入想要删除的学号：")
        hel = opendb()       #返回游标 conn
        hel[1].execute("DELETE FROM tongxunlu WHERE usernum = " + delchoice)
        hel[1].commit()
        print ("------------------恭喜你,数据删除成功-----------------")
        showalldb()
        hel[1].close()
#修改数据库的内容
def alter():
        welcome = "-------------------欢迎使用修改数据库功能----------------"
        print(welcome)
        changechoice = input("请输入想要修改的学生的学号:")
        hel = opendb()
        person = into()
        hel[1].execute("UPDATE tongxunlu SET usernum = ?,username = ?, password = ?,address = ?,
telnum = ? WHERE usernum = " + changechoice, (person[0], person[1], person[2], person[3],
person[4]))
        hel[1].commit()
        showalldb()
        hel[1].close()
#查询数据
def searchdb():
        welcome = "-------------------欢迎使用查询数据库功能----------------"
        print(welcome)
        choice = input("请输入要查询的学生的学号：")
        hel = opendb()
        cur = hel[1].cursor()
        cur.execute("SELECT * FROM tongxunlu WHERE usernum = " + choice)
        hel[1].commit()
        print("------------------恭喜你,你要查找的数据如下------------------")
        for row in cur:
            print(row[0],row[1],row[2],row[3],row[4])
        cur.close()
```

```
    hel[1].close()
#是否继续
def conti():
    choice = input("是否继续?(y or n):")
    if choice == 'y':
        a = 1
    else:
        a = 0
    return a
if __name__ == "__main__":
    flag = 1
    while flag:
        welcome = "---------欢迎使用数据库通讯录---------"
        print(welcome)
        choiceshow = """
          请选择您的进一步选择:
          (添加)往通讯录数据库里面添加内容
          (删除)删除通讯录中内容
          (修改)修改通讯录的内容
          (查询)查询通讯录的内容
          选择您想要进行的操作:
          """
        choice = input(choiceshow)
        if choice == "添加":
            adddb()
            flag = conti()
        elif choice == "删除":
            deldb()
            flag = conti()
        elif choice == "修改":
            alter()
            flag = conti()
        elif choice == "查询":
            searchdb()
            flag = conti()
        else:
            print("你输入错误,请重新输入")
```

程序运行界面及添加记录界面如图 8-2 所示。

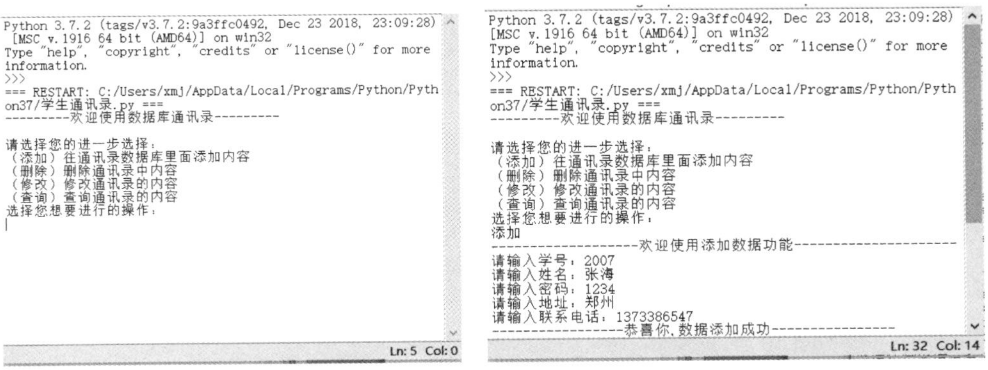

```
Python 3.7.2 (tags/v3.7.2:9a3ffc0492, Dec 23 2018, 23:09:28)
[MSC v.1916 64 bit (AMD64)] on win32
Type "help", "copyright", "credits" or "license()" for more
information.
>>>
=== RESTART: C:/Users/xmj/AppData/Local/Programs/Python/Pyth
on37/学生通讯录.py ===
---------欢迎使用数据库通讯录---------

请选择您的进一步选择:
（添加）往通讯录数据库里面添加内容
（删除）删除通讯录中内容
（修改）修改通讯录的内容
（查询）查询通讯录的内容
选择您想要进行的操作:

Ln: 5  Col: 0
```

```
Python 3.7.2 (tags/v3.7.2:9a3ffc0492, Dec 23 2018, 23:09:28)
[MSC v.1916 64 bit (AMD64)] on win32
Type "help", "copyright", "credits" or "license()" for more
information.
>>>
=== RESTART: C:/Users/xmj/AppData/Local/Programs/Python/Pyth
on37/学生通讯录.py ===
---------欢迎使用数据库通讯录---------

请选择您的进一步选择:
（添加）往通讯录数据库里面添加内容
（删除）删除通讯录中内容
（修改）修改通讯录的内容
（查询）查询通讯录的内容
选择您想要进行的操作:
添加
------------------欢迎使用添加数据功能------------------
请输入学号: 2007
请输入姓名: 张海
请输入密码: 1234
请输入地址: 郑州
请输入联系电话: 1373386547
----------------恭喜你,数据添加成功----------------
Ln: 32  Col: 14
```

图 8-2　程序运行界面及添加记录界面

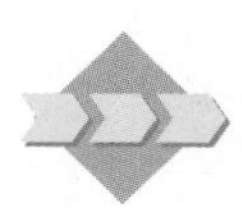

8.5 Python 操作 MySQL 数据库

8.5.1 安装 PyMySQL 操作库

要使用 Python 操作 MySQL 数据库，需要使用驱动。Python 2.x 中使用 MySQLdb 驱动；Python 3.x 版本则需要使用 PyMySQL 驱动，用于连接 MySQL 数据库，并实现增删改查等操作。PyMySQL 是一个纯 Python 实现的 MySQL 客户端操作库，支持事务、存储过程、批量执行等，遵循 Python 数据库 API v2.0 规范。

安装时，在 cmd 命令窗口下使用 pip 命令进行安装：

```
pip install pymysql
```

安装结束后，测试是否可以使用：

```
import pymysql
```

如图 8-3 所示，表示安装成功。

```
C:\Users\63101>pip install pymysql
Collecting pymysql
  Downloading PyMySQL-1.0.2-py3-none-any.whl (43 kB)
     ---------------------------------------- 43.8/43.8 kB 126.3 kB/s eta 0:00:00
Installing collected packages: pymysql
Successfully installed pymysql-1.0.2

[notice] A new release of pip available: 22.1.2 -> 22.2.2
[notice] To update, run: python.exe -m pip install --upgrade pip

C:\Users\63101>python
Python 3.9.6 (tags/v3.9.6:db3ff76, Jun 28 2021, 15:26:21) [MSC v.1929 64 bit (AMD64)] on win32
Type "help", "copyright", "credits" or "license" for more information.
>>> import pymysql
>>>
```

图 8-3　测试 PyMySQL 是否安装成功

8.5.2 操作 MySQL 数据库

由于基本操作与 SQLite 数据库相似，这里仅仅举例说明，不详细介绍使用方法。

1. 创建数据库连接

创建数据库连接时，用 MySQL 与 SQLite 的连接字符串不同：

```
#导入 PyMySQL 模块
import pymysql
#创建连接
db = pymysql.connect(host = 'localhost',port = 3306, user = 'xmj',
                     password = 'test123', database = 'testdb ',charset = 'utf8')
```

以上是连接 testdb 数据库。

connect 方法常用参数如表 8-4 所示。

表 8-4 connect 方法常用参数

参数	描述
host	数据库服务器地址，默认为 localhost
port	数据库端口号，默认为 3306
user	数据库用户名
password	数据库登录密码，默认为空字符串
database	默认操作的数据库
charset	数据库编码
db	参数 database 的别名
passwd	参数 password 的别名

完成数据库连接后，就可以进行数据库的任意操作。

2. 数据库插入操作

将一条记录信息('Mac', 'Mohan', 20, 'M', 2000)插入雇员数据表 EMPLOYEE。

```
cursor = db.cursor()            #使用 cursor()方法获取操作游标
#SQL 插入语句
sql = "INSERT INTO EMPLOYEE(FIRST_NAME, LAST_NAME, AGE, SEX, INCOME) VALUES ('%s', '%s', %s,
'%s', %s)" % ('Mac', 'Mohan', 20, 'M', 2000)
try:
    cursor.execute(sql)          #执行 SQL 语句
    db.commit()                  #提交操作
except:
    db.rollback()                #发生错误时回滚
cursor.close()                   #关闭游标
db.close()                       #关闭数据库连接
```

3. 数据库查询操作

将数据表 EMPLOYEE 中 INCOME 1000 以上的记录输出。

```
#使用 cursor()方法获取操作游标
cursor = db.cursor()
#SQL 查询语句
sql = "SELECT * FROM EMPLOYEE WHERE INCOME > %s" % (1000)
try:
    cursor.execute(sql)                 #执行 SQL 语句
    results = cursor.fetchall()         #获取所有记录列表
    for row in results:
        fname = row[0]
        lname = row[1]
        age = row[2]
        sex = row[3]
        income = row[4]
         #打印结果
        print ("fname = %s,lname = %s,age = %s,sex = %s,income = %s" % \
               (fname, lname, age, sex, income ))
except:
```

```
    print ("Error: unable to fetch data")
cursor.close()                    #关闭游标
db.close()                        #关闭数据库连接
```

4. 数据库更新操作

将数据表 EMPLOYEE 中性别为男('M')的记录年龄增加 1 岁。

```
#使用 cursor()方法获取操作游标
cursor = db.cursor()
#SQL 更新语句
sql = "UPDATE EMPLOYEE SET AGE = AGE + 1 WHERE SEX = '%c'" % ('M')
try:
    cursor.execute(sql)           #执行 SQL 语句
    #提交到数据库执行
    db.commit()
except:
    #发生错误时回滚
    db.rollback()
cursor.close()                    #关闭游标
db.close()                        #关闭数据库连接
```

视频讲解

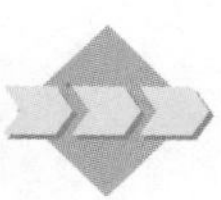

8.6 Python 数据库应用案例——智力问答游戏

智力问答游戏内容涉及历史、经济、风情、民俗、地理、人文等古今中外多个方面的知识，目的在于轻松娱乐、益智的同时自然而然地增长知识。在答题过程中做对、做错都可以实时跟踪。

程序使用一个 SQLite 试题库 test2.db，其中每个智力问答由题目、4 个选项和正确答案(question，Answer_A，Answer_B，Answer_C，Answer_D，right_Answer)组成。在测试时，程序从试题库中顺序读出题目供用户答题。游戏中程序根据用户的答题情况给出成绩。程序运行界面如图 8-4 所示。

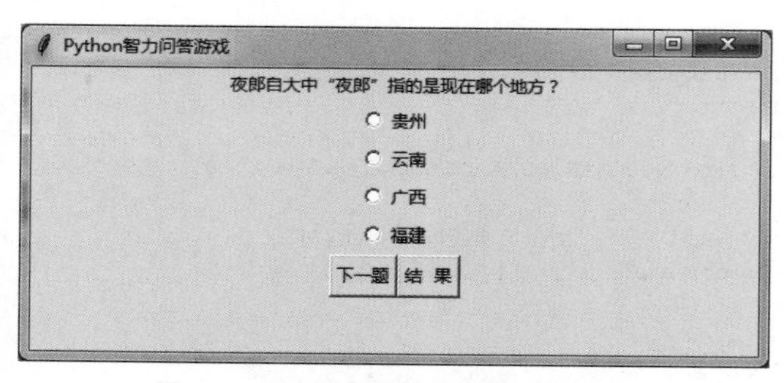

图 8-4 智力问答游戏程序的运行界面

程序代码如下：

```
import sqlite3                    #导入 SQLite 驱动
#连接到 SQLite 数据库，数据库文件是 test2.db
```

```
#如果文件不存在,会自动在当前目录创建
conn = sqlite3.connect('test2.db')
cursor = conn.cursor()          #创建一个 Cursor
#cursor.execute("DELETE FROM exam")
#执行一条 SQL 语句,创建 exam 表,字段名的方括号可以不写
cursor.execute('CREATE TABLE [exam] ([question] VARCHAR(80) NULL,[Answer_A] VARCHAR(50)
NULL,[Answer_B] VARCHAR(50) NULL,[Answer_C] VARCHAR(50) NULL,[Answer_D] VARCHAR(50) NULL,
[right_Answer] VARCHAR(1) NULL)')
#继续执行一条 SQL 语句,插入一条记录
cursor.execute("INSERT INTO exam(question, Answer_A,Answer_B,Answer_C,Answer_D,right_
Answer) VALUES('哈雷彗星的平均周期为', '54 年', '56 年', '73 年', '83 年', 'C')")
cursor.execute("INSERT INTO exam(question, Answer_A,Answer_B,Answer_C,Answer_D,right_
Answer) VALUES('夜郎自大中"夜郎"指的是现在哪个地方?', '贵州', '云南', '广西', '福建', 'A')")
cursor.execute("INSERT INTO exam(question, Answer_A,Answer_B,Answer_C,Answer_D,right_
Answer) VALUES('在中国历史上是谁发明了麻药', '孙思邈', '华佗', '张仲景', '扁鹊', 'B')")
cursor.execute("INSERT INTO exam(question, Answer_A,Answer_B,Answer_C,Answer_D,right_
Answer) VALUES('京剧中花旦是指', '年轻男子', '年轻女子', '年长男子', '年长女子', 'B')")
cursor.execute("INSERT INTO exam(question, Answer_A,Answer_B,Answer_C,Answer_D,right_
Answer) VALUES('篮球比赛每队几人?', '4', '5', '6', '7', 'B')")
cursor.execute("INSERT INTO exam(question, Answer_A,Answer_B,Answer_C,Answer_D,right_
Answer) VALUES('在天愿作比翼鸟,在地愿为连理枝讲述的是谁的爱情故事?', '焦仲卿和刘兰芝',
'梁山伯与祝英台', '崔莺莺和张生', '杨贵妃和唐明皇', 'D')")
print(cursor.rowcount)          #通过 rowcount 获得插入的行数
cursor.close()                  #关闭 Cursor
conn.commit()                   #提交事务
conn.close()                    #关闭 Connection
```

以上代码完成数据库 test2.db 的建立。下面实现智力问答游戏程序中的功能：

```
conn = sqlite3.connect('test2.db')
cursor = conn.cursor()
#执行查询语句
cursor.execute('SELECT * FROM exam')
#获得查询结果集
values = cursor.fetchall()
cursor.close()
conn.close()
```

以上代码完成数据库 test2.db 信息的读取,存储到 values 列表中。

callNext()实现判断用户选择的正误,正确加 10 分,错误不加分,并判断用户是否做完,如果没做完则将下一题的题目信息显示到 timu 标签,而将 4 个选项显示到 radio1～radio4 这 4 个单选按钮上。

```
import tkinter
from tkinter import *
from tkinter.messagebox import *
def callNext():
```

```
        global k
        global score
        useranswer = r.get()                         #获取用户的选择
        print(r.get())                               #获取被选中单选按钮的变量值
        if useranswer == values[k][5]:
            showinfo("恭喜","恭喜你对了!")
            score += 10
        else:
            showinfo("遗憾","遗憾你错了!")
        k = k + 1
        if k >= len(values):                         #判断用户是否做完
            showinfo("提示","题目做完了")
            return
        #显示下一题
        timu["text"] = values[k][0]                  #题目信息
        radio1["text"] = values[k][1]                #A选项
        radio2["text"] = values[k][2]                #B选项
        radio3["text"] = values[k][3]                #C选项
        radio4["text"] = values[k][4]                #D选项
        r.set('E')
    def callResult():
        showinfo("你的得分",str(score))
```

以下是界面布局代码。

```
root = tkinter.Tk()
root.title('Python智力问答游戏')
root.geometry("500x200")
r = tkinter.StringVar()                              #创建StringVar对象
r.set('E')                                           #设置初始值为'E',初始没选中
k = 0
score = 0
timu = tkinter.Label(root,text = values[k][0])                  #题目
timu.pack()
f1  =  Frame(root)                                              #创建第1个Frame组件
f1.pack()
radio1 = tkinter.Radiobutton(f1,variable = r,value = 'A',text = values[k][1])
radio1.pack()
radio2 = tkinter.Radiobutton(f1,variable = r,value = 'B',text = values[k][2])
radio2.pack()
radio3 = tkinter.Radiobutton(f1,variable = r,value = 'C',text = values[k][3])
radio3.pack()
radio4 = tkinter.Radiobutton(f1,variable = r,value = 'D',text = values[k][4])
radio4.pack()
f2  =  Frame(root)                                              #创建第2个Frame组件
f2.pack()
Button(f2,text  =  '下一题',command = callNext).pack(side  =  LEFT)
Button(f2,text  =  '结果',command = callResult).pack(side  =  LEFT)
root.mainloop()
```

8.7 习题

一、简答题

1. 什么是 Python DB-API？它有什么作用？

2. SQLite 支持哪几种数据类型？SQLite3 包含哪些常量、函数和对象？

3. 使用 sqlite3 模块操作数据的典型步骤是什么？

4. 游标对象的 fetch* 系列方法有什么不同？

二、操作题

1. 创建一个数据库 stuinfo，并在其中创建数据库表 student，表中包含 stuid（学号）、stuname（姓名）、birthday（出生日期）、sex（性别）、address（家庭地址）、rxrq（入学日期）6 列，其中 stuid 设为主键，并添加 5 条记录。

2. 将第 1 题中所有记录的 rxrq 属性更新为 2021-9-1。

3. 查询第 2 题中性别为“女”的所有学生的 stuname 和 address 字段值。

4. 创建商品数据库 commodity，并在其中创建商品信息表 info，它包含 num（商品编号）、cname（商品名称）、brand（品牌）、price（价格）、spokesman（代言人）5 个字段，将 num 设为主键，并完成以下操作：

（1）向 info 表中添加 5 条记录，将最后一条记录的 spokesman 字段设置为自己的姓名。

（2）查询 info 表中 cname 字段为“冰箱”并且 price 大于 2000 的所有记录，并输出相关记录信息。

（3）删除 info 表中 price 字段值大于 5000 的所有记录，并显示出删除的记录数量。

第9章

Python文本处理

Python 具有强大的文本处理能力，不仅能处理字符串，还能使用正则表达式按一定的规则提取文本内容，而且能对中文进行分词操作。本章就来介绍 Python 具有的文本操作功能。

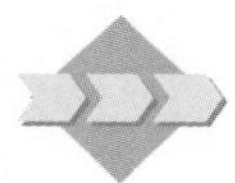

9.1 字符串的基本处理

在 Python 中字符串是 str 对象。str 对象的建立使用单引号、双引号或 3 个单引号。例如：

```
s = 'nice'
s = "nice"
s = "Let's go"
s = '''nice'''     #3 个单引号
s = str(123)   #相当于 s = '123'
```

对于特别长的字符串(比如包含几段文字)，可以使用 3 个单引号。在字符串中使用转义字符，例如\n 代表换行符，\t 代表 Tab 键。

在 Python 中，字符串支持一系列的基本操作，包括索引访问、切片操作、连接操作、重复操作、成员关系操作、比较操作，以及字符串判断等。

1. 按照某种格式产生字符串

在 Python 中，字符串有一个 str.format(*args, **kwargs)方法用于实现这种功能，和%占位符的功能类似。例如：

```
print('11 + 22 = {0}'.format(33))
```

format()格式化方法通过花括号预留填充位置，在花括号中可以指定填充值对应的序号，通过.format（注意format前有一个"."字符）指定具体的填充值。例如在上例中，{0}是占位符，其中0表示是第一个填充值。结果就是'11+22=33'。

```
print('姓名{0} 年龄{1}'.format('nice',18))
```

{0}、{1}是占位符，{0}指第一个填充值，替换成nice，{1}指第二个填充值，替换成18，以此类推。结果就是'姓名nice 年龄18'。

format()方法也可以对输出数字进行格式化处理或对数值进行进制转换。例如：

```
print('{0:.4f}'.format(3.1415926))
```

在{0}占位符里用冒号写入规定的格式符，即:.4f（取4位小数），所以结果为3.1416。其他格式符如下：

```
#b、d、o、x 分别是二进制、十进制、八进制、十六进制，c 是 Unicode 字符
print('二进制是{0:b}'.format(76))                  #二进制是 1001100
print('Unicode 字符是{0:c}'.format(101))           #Unicode 字符是 e
print('十六进制是{0:x}'.format(76))                #十六进制是 4c
#e 科学记数(默认精度为 6 位)，f 定点记法(默认精度为 6 位)
print('{0:e}'.format(31415926))                    #3.141593e+07
print('{0:f}'.format(3.1415926))                   #3.141593
#^、<、>分别是居中、左对齐、右对齐，后面带宽度
#冒号后面可带填充的字符，填充字符只能是一个字符，默认用空格填充
print('宽度 3 位，左补 * :{0:*>3d}'.format(8))      #宽度 3 位，左补 * :**8
print('宽度 3 位，右补 * :{0:*<3d}'.format(8))      #宽度 3 位，右补 * :8**
print('宽度 3 位，左补 0:{0:0>3d}'.format(8))       #宽度 3 位，左补 0:008
print('宽度 3 位，右补 0:{0:0<3d}'.format(8))       #宽度 3 位，右补 0:800
print('宽度 3 位，左补空格:{0:>3d}'.format(8))      #宽度 3 位，左补空格:□□8
print('宽度 3 位，右补空格:{0:<3d}'.format(8))      #宽度 3 位，右补空格:8□□
```

2. 字符串的连接和重复

字符串可以用+号连接起来，用*号重复：

```
>>> word = 'Help' + 'A'          #'HelpA'
>>> '<' + word*5 + '>'           #重复 5 次
```

3. 字符串的索引和切片

字符串可以像在C语言中那样用下标索引，字符串的第一个字符的下标为0。Python没有单独的字符数据类型，一个字符就是长度为1的字符串。可以用切片(slice)来截取其中的任意部分形成新子串，切片即用冒号隔开的两个下标。

```
>>> word = 'HelpA'
>>> word[4]                      #下标索引为 4 的字符，即'A'
>>> word[0:2]                    #'He'
>>> word[2:4]                    #'lp'
```

切片有默认值：第一下标省略时默认为零，第二下标省略时默认为字符串的长度。

```
>>> word[:2]                    # 前两个字符:'He'
>>> word[2:]                    # 除前两个字符以外的部分:'lpA'
>>> s = '123456789'
>>> s[0]                        # 第一个字符: 1
>>> s[-1]                       # 倒数第一个字符: 9
>>> s[:2]                       # 前两个字符:12
>>> s[-2:]                      # 后两个字符: 89
>>> s[2:-2]                     # 去掉前两个和后两个剩余的字符:34567
```

举一个实用的例子，例如手机拍照之后，照片的文件名如下：

```
IMG_20210812_145732.jpg
IMG_20210813_144559.jpg
```

需要根据照片的文件名获取日期信息，日期格式如下：

```
2021-08-12
2021-08-13
```

要对照片的命名进行转换，这样才能得到对应的日期信息。代码如下：

```
def getName(name):
    return '{0}-{1}-{2}'.format(name[4:8],name[8:10],name[10:12])
getName('IMG_20210812_145732.jpg')   # 结果是 2021-08-12
getName('IMG_20210813_144559.jpg')   # 结果是 2021-08-13
```

4. 判断是否为子串

在 Python 中，in 用于判断某一字符串是否在另一个字符串中：

```
'nice' in 'nice day'      # True
```

5. 替换字符串中的部分内容

替换有两种方法，一种是使用字符串 str 对象的 replace()方法，另一种是使用 re 模块中的 sub()。

方法一：

语法 str.replace('old','new')　　# 替换 old 为 new

```
s = 'nice day'
s.replace('nice','good')     # s 本身不改变,但会返回一个字符串: 'good day'
```

方法二：

```
import re                         #re 模块
s = 'cat1 cat2 cat3 in'
re.sub('cat[0-9]','CAT',s)        #s 本身不改变,但会返回一个字符串:'CAT CAT CAT in'
```

对于 re 模块中的 sub,需要了解正则表达式。

6. 拆分字符串

主要使用 str 对象的 split()方法。

```
split(str = "", num = string.count(str))
```

参数 str 为分隔符,num 为拆分次数。split()通过指定分隔符对字符串进行拆分,如果参数 num 有指定值,则仅拆分 num 个子字符串,返回拆分后的字符串列表。

例如：

```
s = 'one,two,three'
s.split(',')              #['one', 'two', 'three'] 列表
```

7. 合并字符串

与拆分功能相反,可以将列表合并成一个字符串。这个功能使用 str 对象的 join()方法实现。例如：

```
l = ['one', 'two', 'three']
print(','.join(l))          #'one,two,three'
str = "-";
seq = ("a", "b", "c")       #字符串序列
print(str.join(seq))        #a-b-c
```

8. 字符串判断的方法

Python 提供了许多字符串判断的方法,下面简单列出,其中 str='hello123'。

是否以某个字符串(例如 hello)开头：

```
str.startswith('hello')     #True
```

是否以某个字符串(例如 hello)结尾：

```
str.endswith('hello')     #False
```

是否全为字母或数字：

```
str.isalnum()            #True
```

是否全为字母：

```
str.isalpha()            #False
```

是否全为数字：

```
str.isdigit()            #False
```

是否全为小写：

```
str.islower()            #True
```

是否全为大写：

```
str.isupper()            #False
```

关于字符串的操作有很多。如果仅对一两行字符串进行操作，显示不出它的强大功能。在工作中可能会对很大的文档进行处理，这时 Python 就有了用武之地。

视频讲解

9.2 正则表达式

在编程处理文本的过程中，经常会需要按照某种规则去查找一些特定的字符串。比如知道一个网页上的图片都叫'image/8554278135.jpg'之类的名字，只是那串数字不一样；又或者在一堆人员电子档案中，要把他们的电话号码全部找出来，整理成通讯录。诸如此类工作，可不可以利用这些规律，让程序自动来做这些事情？答案是肯定的。这时候就需要一种描述这些规律的方法，正则表达式(regular expression)就是描述文本规则的工具。

正则表达式描述了一种字符串匹配的模式(pattern)，可以用来检查一个串是否含有某种子串、将匹配的子串替换或者从某个串中取出符合某个条件的子串等。它能方便地检查一个字符串是否与某种模式匹配。

9.2.1 正则表达式的语法

正则表达式并不是 Python 中特有的功能，它是一种通用的方法，要使用它必须会用正则表达式来描述文本规则。正则表达式使用特殊的语法来表示，由普通字符、预定义字符(例如\d 匹配数字)和数量词(例如 *)组成模式，也称为模板，表 9-1 列出了正则表达式的语法。

表 9-1 正则表达式的语法

模　式	描　述
^	匹配字符串的开头
$	匹配字符串的末尾
.	匹配任意字符，除了换行符以外
[...]	用来表示一组字符。例如[amk]匹配'a'、'm'或'k'；[0-9]匹配任何数字，类似于[0123456789]；[a-z]匹配任何小写字母；[a-zA-Z0-9]匹配任何字母及数字
[^...]	不在[]中的字符。例如[^abc]匹配除了 a、b、c 之外的字符，[^0-9]匹配除了数字之外的字符
*	数量词，匹配 0 个或多个
+	数量词，匹配一个或多个
?	数量词，以非贪婪模式匹配 0 个或一个
{n,}	重复 n 次或更多次
{n, m}	重复 n 到 m 次
a|b	匹配 a 或 b
(re)	匹配括号内的表达式，也表示一个组
\w	匹配字母、数字及下画线，等价于'[A-Za-z0-9_]'
\W	匹配非字母、数字及下画线，等价于'[^A-Za-z0-9_]'
\s	匹配任何空白字符，包括空格、制表符、换页符等，等价于 [\f\n\r\t\v]
\S	匹配任何非空白字符，等价于[^\f\n\r\t\v]
\d	匹配任意数字，等价于[0-9]
\D	匹配任意非数字，等价于[^0-9]
\A	匹配字符串开始
\Z	匹配字符串结束，如果存在换行，只匹配到换行前的结束字符串
\z	匹配字符串结束
\G	匹配最后匹配完成的位置
\b	匹配一个单词边界，也就是指单词和空格间的位置。例如，'er\b'可以匹配"never"中的'er'，但不能匹配"verb"中的'er'
\B	匹配非单词边界。例如，'er\B'能匹配 "verb" 中的 'er'，但不能匹配 "never" 中的 'er'
\n、\t 等	匹配一个换行符、一个制表符等

下面列出正则表达式的应用实例。

1. 匹配单个字符

从正则表达式语法中可见用\d 可以匹配一个数字，用\w 可以匹配一个字母或数字，用. 可以匹配任意单个字符，所以模式'00\d'可以匹配'007'，但无法匹配'00A'；模式'\d\d\d'可以匹配'010'；模式'\w\w\d'可以匹配'py3'；模式'py.'可以匹配'pyc'、'pyo'、'py!'等。

2. 匹配变长的字符串

如果要匹配变长的字符串，在正则表达式模式字符串中用 * 表示任意多个字符(包括 0 个)，用+表示至少一个字符，用? 表示 0 个或一个字符，用{n}表示 n 个字符，用{n,m}表示 n－m 个字符。在这里看一个复杂的表示电话号码的例子：

\d{3}\s+\d{3,8}

从左到右解读一下，\d{3}表示匹配 3 个数字，例如'010'；\s 可以匹配一个空格(也包括

tab 等空白符),所以\s+表示至少有一个空格;\d{3,8}表示 3~8 个数字,例如'67665230'。

综合起来,上面的正则表达式可以匹配以任意多个空格隔开的带区号的电话号码。

那么如果要匹配'010-67665230'这样的号码呢?由于'-'是特殊字符,在正则表达式中要用'\'转义,所以上面的正则表达式是\d{3}\-\d{3,8}。

3. []表示范围

如果要做更精确的匹配,可以用[]表示范围。例如,[0-9a-zA-Z_]可以匹配一个数字、字母或者下画线;[0-9a-zA-Z_]+可以匹配至少由一个数字、字母或者下画线组成的字符串,比如'a100'、'0_Z'、'Py3000'等;[a-zA-Z_][0-9a-zA-Z_]*可以匹配由字母或下画线开头,后接任意个由一个数字、字母或者下画线组成的字符串,也就是 Python 合法的变量;[a-zA-Z_][0-9a-zA-Z_]{0, 19}更精确地限制了变量的长度是 1~20 个字符(前面 1 个字符+后面最多 19 个字符)。A|B 可以匹配 A 或 B,所以(P|p)ython 可以匹配'Python'或者'python'。[^…]形式表示排除的字符,例如[^abc]匹配除了 a、b、c 之外的字符。[^0-9]匹配除了数字之外的字符。

4. 匹配字符串的开头和结束

^表示字符串的开头,例如^\d 表示字符串必须以数字开头。$ 表示字符串的结束,例如\d$ 表示字符串必须以数字结束。

例如,^\d{3}\-\d{3,8}$ 表示带区号的电话号码。

5. 数量词的贪婪模式与非贪婪模式

正则表达式通常用于在文本中查找匹配的字符串。Python 中的数量词默认是贪婪的,总是尝试匹配尽可能多的字符;非贪婪的则与之相反,总是尝试匹配尽可能少的字符。

例如,正则表达式"ab*"如果用于查找"abbbc",将找到"abbb";而如果使用非贪婪的数量词"ab*?",将找到"a"。

9.2.2 re 模块

Python 中的 re 模块包含所有正则表达式的功能。re 模块提供了一些函数、对象以及常量,完成对正则表达式的查找、替换或分隔字符串等操作。

在使用 re 模块之前需要先借助"import re"导入模块。导入后就可以使用该模块下的所有函数和属性。re 模块中的主要函数及含义如表 9-2 所示。

表 9-2 re 模块中的主要函数

函数名	功能描述
re.match()	从字符串起始位置匹配,如果匹配成功,返回一个 Match 对象,否则返回 None
re.search()	在整个字符串内模式匹配,并返回第一个成功的 Match 对象,否则返回 None
re.findall()	在整个字符串内模式匹配,并返回匹配正则表达式的所有子串的列表
re.split()	将一个字符串按照正则表达式匹配的结果进行分隔,返回列表类型
re.sub()	在一个字符串中替换所有匹配正则表达式的子串,返回替换后的字符串
re.compile()	用于编译正则表达式,生成一个正则表达式对象

注意这些函数返回值的数据类型各不相同，有列表和字符串，还有两种 re 模块特有的对象——Match 对象（匹配对象）和 Pattern 对象（正则表达式对象）。

Match 对象的具体使用参见下文 re. match()函数部分，Pattern 对象的具体使用参见下文 re. compile()函数部分。

1. re. match()函数

re. match()函数从字符串起始位置判断是否匹配，如果匹配成功，返回一个 Match 对象，否则返回 None。re. match()的格式为：

```
re.match(pattern, string, flags)
```

第一个参数是正则表达式，第二个参数表示要匹配的字符串；第三个参数是标志位，用于控制正则表达式的匹配方式，例如 re. I 使匹配对大小写不区分，re. M 为多行匹配。

re. match()常见的判断方法如下：

```
test = '用户输入的字符串'
if re.match(r'正则表达式', test):      # r 前缀为原义字符串,它表示对字符串不进行转义
    print('ok')
else:
    print('failed')
```

例如：

```
>>> import re
>>> re.match(r'^\d{3}\-\d{3,8}$', '010-12345')        # 返回一个 Match 对象
<_sre.SRE_Match object; span=(0, 9), match='010-12345'>
>>> re.match(r'^\d{3}\-\d{3,8}$', '010 12345')        # '010 12345'不匹配规则,返回 None
```

Match 对象是一次匹配的结果，包含了很多关于此次匹配的信息，用户可以使用 Match 提供的属性或方法来获取这些信息。

1）Match 对象的属性

- string：匹配时使用的文本。
- re：匹配时使用的 Pattern 对象。
- pos：文本中正则表达式开始搜索的位置。
- endpos：文本中正则表达式结束搜索的位置。
- lastindex：最后一个被捕获的分组的索引。如果没有被捕获的分组，将为 None。
- lastgroup：最后一个被捕获的分组的别名。如果这个分组没有别名或者没有被捕获的分组，将为 None。

2）Match 对象的方法

- group([group1, …])：返回一个或多个分组截获的字符串，当指定多个参数时将以元组形式返回。参数 group1 可以使用编号也可以使用别名，编号 0 代表整个匹配的子串。不填写参数时返回 group(0)。
- groups()：以元组形式返回全部分组截获的字符串，相当于调用 group(1,2,…,last)。

➢ start([group])：返回指定的组截获的子串在 string 中的起始索引(子串中第一个字符的索引)。group 的默认值为 0。

➢ end([group])：返回指定的组截获的子串在 string 中的结束索引(子串中最后一个字符的索引+1)。group 的默认值为 0。

➢ span([group])：返回匹配的位置，即(start(group)，end(group))。

Match 对象相关属性和方法的示例如下：

```
import re
t = "19:05:25"
m = re.match(r'^(\d\d)\:(\d\d)\:(\d\d) $ ', t)          #r 原义
print("m.string:", m.string)                            #m.string: 19:05:25
print(m.re)                                #re.compile('^(\\d\\d)\\:(\\d\\d)\\:((\\d\\d)) $ ')
print("m.pos:", m.pos)                                  #m.pos: 0
print("m.endpos:", m.endpos)                            #m.endpos: 8
print("m.lastindex:", m.lastindex)                      #m.lastindex: 3
print("m.lastgroup:", m.lastgroup)                      #m.lastgroup: None
print("m.group(0):", m.group(0))                        #m.group(0): 19:05:25
print("m.group(1,2):", m.group(1, 2))                   #m.group(1,2): ('19', '05')
print("m.groups():", m.groups())                        #m.groups():('19', '05', '25')
print("m.start(2):", m.start(2))                        #m.start(2): 3
print("m.end(2):", m.end(2))                            #m.end(2): 5
print("m.span(2):", m.span(2))                          #m.span(2): (3, 5)
```

2. 分组

除了简单地判断是否匹配之外，正则表达式还有提取子串的强大功能。用()表示的就是要提取的分组(group)。例如，^(\d{3})-(\d{3,8}) $ 分别定义了两个组，可以直接从匹配的字符串中提取出区号和本地号码：

```
>>> m = re.match(r'^(\d{3}) - (\d{3,8}) $ ', '010 - 12345')
>>> m.group(0)      #'010 - 12345'
>>> m.group(1)      #'010'
>>> m.group(2)      #'12345'
```

如果正则表达式中定义了组，就可以在 Match 对象上用 group()方法提取出子串。注意，group(0)永远是原始字符串，group(1)、group(2)…表示第 1、2、…个子串。

3. 拆分字符串

用正则表达式拆分字符串比用固定的字符更灵活，请看普通字符串的拆分代码：

```
>>> 'a b    c'.split(' ')                               #split(' ')按空格拆分
['a', 'b', '', '', 'c']
```

结果是无法识别连续的空格。可以使用 re.split()方法来拆分字符串，例如 re.split(r'\s+', text)将字符串按空格拆分成一个单词列表。

```
>>> re.split(r'\s+', 'a b     c')  #用正则表达式
['a', 'b', 'c']
```

无论有多少个空格都可以正常拆分。

再例如分隔符既有空格又有逗号、分号的情况：

```
>>> re.split(r'[\s\,]+', 'a,b, c d')      #可以识别空格、逗号
['a', 'b', 'c', 'd']
>>> re.split(r'[\s\,\;]+', 'a,b;; c d') #可以识别空格、逗号、分号
['a', 'b', 'c', 'd']
```

4. re.search()和 re.findall()函数

re.match()总是从字符串"开头"去匹配，并返回匹配的字符串的 Match 对象，所以当用 re.match()去匹配非"开头"部分的字符串时会返回 None。

```
str1 = 'Hello World!'
print(re.match(r'World',str1))      #结果为 None
```

如果想在字符串内的任意位置匹配，请用 re.search()或 re.findall()。

re.search()函数将对整个字符串进行搜索，并返回第一个匹配的字符串的 Match 对象。

```
str1 = 'Hello World!'
print(re.search(r'World',str1))
```

输出结果如下：

```
<_sre.SRE_Match object; span=(6, 11), match='World'>
```

re.findall()函数将返回一个所有匹配的字符串的字符串列表。

```
str1 = 'Hi, I am Shirley Hilton. I am his wife.'
>>> print(re.search(r'hi',str1))
```

输出结果如下：

```
<_sre.SRE_Match object; span=(10, 12), match='hi'>
>>> re.findall(r'hi',str1)
```

输出结果如下：

```
['hi', 'hi']
```

这两个“hi”分别来自“Shirley”和“his”。默认情况下正则表达式是严格区分大小写的，所以“Hi”和“Hilton”中的“Hi”被忽略了。

如果只想找到“hi”这个单词，而不把包含它的单词算在内，那就可以使用“\bhi\b”这个正则表达式。“\b”在正则表达式中表示单词的开头或结尾，空格、标点、换行都算是单词的分割。而“\b”自身又不会匹配任何字符，它代表的只是一个位置。所以单词前后的空格、标点之类不会出现在结果中。

在前面的例子中，“\bhi\b”匹配不到任何结果，因为没有单词 hi（“Hi”不是，严格区分大小写）。但如果是“\bhi”就可以匹配到一个“hi”，出自“his”。

5. re.sub()函数

re.sub()用于替换字符串中的匹配项。其语法格式为：

```
re.sub(pattern, repl, string, count = 0, flags = 0)
```

第一个参数 pattern 是正则表达式，第二个参数 repl 表示替换的字符串，第三个参数 string 是要被查找替换的原始字符串；count 参数是模式匹配后替换的最大次数，默认为 0，表示替换所有的匹配。例如：

```
url = 'http://113.215.20.136:9011/index.html'
pattern = 'http://(.*?):9011/'
out = re.sub(pattern, 'http://127.0.0.1:8089/', url) # 替换网址 http://127.0.0.1:8089/
index.html
print(out)
```

6. re.compile()函数

re.compile()函数用于编译正则表达式，生成一个正则表达式（Pattern）对象，该对象拥有一系列方法 match()、search()和 findall()，用于正则表达式的匹配和替换。其语法格式为：

```
re.compile(pattern[, flags])
```

第一个参数 pattern 是字符串形式的正则表达式，第二个参数 flags 可选，表示匹配模式，比如忽略大小写、多行模式等。例如：

```
import re
pattern = re.compile(r'\d+')               # 生成正则表达式(Pattern)对象用于匹配至少一个数字
m = pattern.match('12twothree34four') # 从头部查找，匹配返回 Match 对象，没有匹配返回 None
<re.Match object; span = (0, 2), match = '12'>
等价于
m = re.match('\d+','12twothree34four')
```

re.match()、re.search()和 re.findall()函数在运行时都对函数的第一个参数正则表达式进行编译，以便进行匹配、查找等操作。每用一次需要编译一次，如果一个正则表达式需要多次使用，就可以使用 re.compile()函数将其编译为正则表达式对象。前面讲到的所有函数都是这个对象的成员，可以使用“对象名.函数成员名”的方式进行调用。把正则表达式编译成正则表达式对象，这样做的目的是使匹配具有更高效率。

9.2.3 正则表达式的实际应用案例

1. 提取标签中的文本内容

假如网络爬虫得到了一个网页的 HTML 源代码。其中有一段如下：

```
<html>
<body>
<h1>hello world1</h1>
<h1>hello world2</h1>
</body>
</html>
```

把所有<h1>标签的正文 hello world1、hello world2 提取出来，如果用户仅会 Python 的字符串处理，可以如下处理：

```
s = "<html><body><h1>hello world1</h1><h1>hello world2</h1></body></html>"
start_index = s.find('<h1>')
end_index = s.find('</h1>')
print(s[start_index: end_index])                # <h1>hello world1
print(s[start_index + len('<h1>'): end_index])  # hello world1
```

然后从这个位置向下查找到下一个<h1>出现，这样做未尝不可，但是很麻烦，可能需要考虑多个标签，如果想要非常准确地匹配到，又得多加循环判断，效率太低。这时候正则表达式就是首选的帮手。

上例用正则表达式处理的代码如下：

```
import re
key = r"<html><body><h1>hello world1</h1><h1>hello world2</h1></body></html>"
#要匹配的文本
p1 = r"(?<=<h1>).+?(?=</h1>)"         #这是正则表达式
matcher1 = re.findall(p1,key)         #在源文本中搜索符合正则表达式的部分
print(matcher1)                       #打印列表
```

运行结果如下：

```
['hello world1', 'hello world2']
```

可见非常容易找出所有<h1>标签的正文 hello world1 和 hello world2。其中(?<=<h1>).+?(?=</h1>)正则表达式使用(?<=…)前向界定与(?=…)后向界定，将<h1></h1>里面的内容提取出来。

下面从最基础的正则表达式来讲解。

假设把一个字符串中的所有“python”给匹配到。

```
import re
key = r"javapythonhtmlpython"       #要匹配的文本
p1 = r"python"                      #这是正则表达式
matcher1 = re.search(p1,key)        #查询
print(matcher1.group(0))
print(matcher1.span(0))
matcher2 = re.findall(p1,key)       #查询所有
print(matcher2)
```

运行结果如下：

```
python
(4, 10)
['python', 'python']
```

正则表达式都是区分大小写的，所以上面例子中若把"python"换成了"Python"就会匹配不到。

如果匹配的文本是变化的，不是固定文字，例如< h1 >标签中文字的匹配，可以如下处理：

```
import re
key = r"<h1>hello world</h1>"       #源文本
p1 = r"<h1>.+?</h1>"                #正则表达式，+是数量词匹配一个或多个，非贪婪模式
print(re.findall(p1,key))
```

或者

```
pattern1 = re.compile(p1)          #把正则表达式转换成Pattern对象来调用findall()和match()
print(pattern1.findall(key))       #正则表达式对象调用findall()
```

运行结果如下：

```
['<h1>hello world</h1>']
```

从前面的正则表达式语法规则中知道两个< h1 >就是普普通通的字符，中间的“.”字符在正则表达式中可以代表任何一个字符（包括它本身），+的作用是将前面一个字符或一个子表达式重复一遍或者多遍。比如表达式“ab+”，那么它能匹配到“abbbbb”，但是不能匹配到"a"。

findall()返回的是所有符合要求的元素列表，如果仅有一个元素，它还是返回列表。

假设匹配"xmj@zut.edu.cn"这个邮箱（作者的邮箱），正好用到“.”字符，可以使用转义符\。

所有邮箱格式都符合“名称@域名”的规律，对于名称和域名的字符有限制，例如只允许由英文、数字、下画线等组成。下面举例实现一些验证邮箱格式的正则表达式。

实例 1：只允许英文字母、数字、下画线、英文句号以及连字符组成。

举例：zhangsan-001@163.com

分析邮件名称部分：

➢ 26 个大小写英文字母表示为 a～z、A～Z；

➢ 数字表示为 0～9；

➢ 下画线表示为_；

➢ 连字符表示为-。

由于名称是由若干字母、数字、下画线和连字符组成，所以需要用到＋表示多次出现。根据以上条件得出邮件名称表达式：[a-zA-Z0-9_-]+

分析域名部分：

一般域名的规律为“[N 级域名][三级域名.]二级域名.顶级域名”，例如“qq.com”“www.qq.com”“mp.weixin.qq.com”，分析可得域名由“**.**.**.**”组成。

➢ “**”部分可以表示为[a-zA-Z0-9_-]+；

➢ “.**”部分可以表示为 \.[a-zA-Z0-9_-]+；

➢ 多个“.**”可以表示为(\.[a-zA-Z0-9_-]+)+。

综上所述，域名部分可以表示为[a-zA-Z0-9_-]+(\.[a-zA-Z0-9_-]+)+。

由于邮箱的基本格式为“名称@域名”，需要使用“^”匹配邮箱的开始部分，用“$”匹配邮箱结束部分，以保证邮箱前后不能有其他字符，所以最终邮箱的正则表达式为：

```
^[a-zA-Z0-9_-]+@[a-zA-Z0-9_-]+(\.[a-zA-Z0-9_-]+)+$
```

实例 2：名称允许汉字、字母、数字，域名只允许英文域名。

举例：张海 001Abc@lenovo.com.cn

汉字在正则表示为[\u4e00-\u9fa5]，用@符号将邮箱的名称和域名拼接起来，所以完整的邮箱表达式为：

```
^[A-Za-z0-9\u4e00-\u9fa5]+@[a-zA-Z0-9_-]+(\.[a-zA-Z0-9_-]+)+$
```

2. 超链接的提取

在网页内遇到了超链接，可能既有 http://开头的，又有 https://开头的，可以如下处理：

```
import re
key = r"<a href=http://www.zut.edu.cn</a> and <a href=https:// www.zut.edu.cn</a>" #网址
p1 = r"https*://"                        # * 数量词，匹配 0 个或多个
pattern1 = re.compile(p1)
print(pattern1.findall(key))
```

运行结果如下：

```
['http://', 'https://']
```

如果把超链接网址提取出来,如下处理:

```
import re
key = r'<a href="http://www.zut.edu.cn">中工 1</a> and <a href="https://www.zut.edu.cn">中工 2</a>'
p1 = r'<a.*?href="(http.*?)".*?>([\S\s]*?)</a>'      #正则表达式
pattern1 = re.compile(p1)          #把正则表达式转换成对象来调用 findall()和 match()
urls = pattern1.findall(key)       #超链接网址的列表
for url in urls:
    print(url)
```

运行结果如下:

```
('http://www.zut.edu.cn', '中工 1')
('https://www.zut.edu.cn', '中工 2')
```

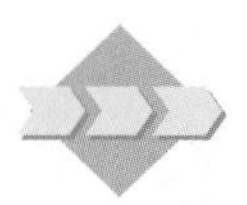

9.3 Python 中文分词

在英文中,单词之间是以空格作为自然分界符的。中文只是句子和段可以通过明显的分界符来简单划分,唯独词没有一个形式上的分界符。虽然也同样存在短语之间的划分问题,但是在词这一层上,中文要比英文复杂得多。

中文分词就是将连续的字序列按照一定的规范重新组合成词序列的过程。中文分词是网页分析索引的基础。分词的准确性对搜索引擎来说十分重要,如果分词速度太慢,即使再准确,对于搜索引擎来说也是不可用的,因为搜索引擎需要处理很多的网页,如果分析消耗的时间过长,会严重影响搜索引擎内容更新的速度。因此,搜索引擎对于分词的准确率和速率都提出了很高的要求。

jieba 是一个支持中文分词,高准确率、高效率的 Python 中文分词组件,支持繁体分词和自定义词典。jieba 支持 3 种分词模式。

(1) 精确模式:试图将句子最精确地切开,适合文本分析。

(2) 全模式:把句子中所有可以成词的词语都扫描出来,速度非常快,但是不能解决歧义。

(3) 搜索引擎模式:在精确模式的基础上对长词再次切分,提高召回率,适合用于搜索引擎分词。

9.3.1 安装和使用 jieba

在命令行状态下输入 pip install jieba,若出现如下提示则表示安装成功。

```
Installing collected packages: jieba
    Running setup.py install for jieba ... done
  Successfully installed jieba-0.38
```

组件提供了 jieba.cut()方法用于分词,cut()方法接受两个输入参数:

(1) 第一个参数为需要分词的字符串。

（2）cut_all 参数用来控制分词模式。

jieba.cut()返回的结构是一个可迭代的生成器(generator)，用户可以使用 for 循环来获得分词后得到的每一个词语，也可以用 list(jieba.cut(…))转化为 list 列表。例如：

```
import jieba
seg_list = jieba.cut("我来到北京清华大学", cut_all = True)  #全模式
print("Full Mode:", '/'.join(seg_list))
seg_list = jieba.cut("我来到北京清华大学")        #默认是精确模式，或者 cut_all = False
print(type(seg_list))                          #<class 'generator'>
print("Default Mode:", '/'.join(seg_list))
seg_list = jieba.cut_for_search("我来到北京清华大学")       #搜索引擎模式
print("搜索引擎模式:", '/'.join(seg_list))
seg_list = jieba.cut("我来到北京清华大学")
for word in seg_list:
    print(word,end = ' ')
```

运行结果如下：

```
Building prefix dict from the default dictionary ...
Loading model from cache C:\Users\ADMINI~1\AppData\Local\Temp\jieba.cache
Loading model cost 1.648 seconds.
Prefix dict has been built succesfully.
Full Mode: 我/来到/北京/清华/清华大学/华大/大学
<class 'generator'>
Default Mode: 我/来到/北京/清华大学
搜索引擎模式: 我/来到/北京/清华/华大/大学/清华大学
我 来到 北京 清华大学
```

jieba.cut_for_search()方法仅一个参数，为分词的字符串，该方法适合用于搜索引擎构造倒排索引的分词，粒度比较细。

9.3.2 用 jieba 添加自定义词典

“国家 5A 级景区”存在很多与旅游相关的专有名词，举个例子：

[输入文本] 故宫的著名景点包括乾清宫、太和殿和黄琉璃瓦等

[精确模式] 故宫/的/著名景点/包括/乾/清宫/、/太和殿/和/黄/琉璃瓦/等

[全模式]故宫/的/著名/著名景点/景点/包括/乾/清宫/太和/太和殿/和/黄/琉璃/琉璃瓦/等

显然，专有名词“乾清宫”“太和殿”“黄琉璃瓦”（假设为一个文物）可能因分词而分开，这也是很多分词工具的一个缺陷。但是 jieba 分词支持开发者使用自定义的词典，以便包含 jieba 词库里没有的词语。虽然 jieba 有新词识别能力，但自行添加新词可以保证更高的正确率，尤其是专有名词。

其基本用法如下：

```
jieba.load_userdict(file_name)      #file_name 为自定义词典的路径
```

词典格式是一个词占一行；每一行分3个部分，第一部分为词语，第二部分为词频，最后为词性(可省略，jieba的词性标注方式和ICTCLAS的标注方式一样，ns为地点名词，nz为其他专用名词，a是形容词，v是动词，d是副词)，3个部分用空格隔开。例如以下自定义词典dict.txt：

```
乾清宫 5 ns
黄琉璃瓦 4
云计算 5
李小福 2 nr
八一双鹿 3 nz
凯特琳 2 nz
```

下面是导入自定义词典后再分词。

```
import jieba
jieba.load_userdict("dict.txt")              #导入自定义词典
text = "故宫的著名景点包括乾清宫、太和殿和黄琉璃瓦等"
seg_list = jieba.cut(text, cut_all = False)  #精确模式
print("[精确模式]: ", "/ ".join(seg_list))
```

输出结果如下，其中专有名词连在一起，即"乾清宫"和"黄琉璃瓦"。

[精确模式]:故宫/ 的/ 著名景点/ 包括/ 乾清宫/ 、/ 太和殿/ 和/ 黄琉璃瓦/ 等

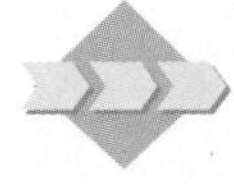

9.4 习题

1. 统计输入的字符串中英文字母、数字、空格和其他字符出现的次数。
2. 输入手机号码字符串验证是否为手机号。
3. 使用正则表达式提取当当网首页的所有超链接。
4. 使用正则表达式清除字符串中的HTML标记。
5. 编写程序，实现当用户输入一段英文后，输出这段英文中长度为4个字母的所有单词。
6. 有一段英文文本，其中有些单词连续重复了两次。请编写程序检查重复的单词并只保留一个。
7. 假设有一段英文，其中有单独的字母“I”误写为“i”，请编写程序进行纠正。要求必须使用正则表达式。

提 高 篇

第10章

科学计算和可视化应用

随着 NumPy、SciPy、Matplotlib 等众多程序库的开发，Python 越来越适合做科学计算。与科学计算领域最流行的商业软件 Matlab 相比，Python 是一门真正的通用程序设计语言，比 Matlab 所采用的脚本语言的应用范围更广泛，有更多程序库的支持。虽然 Matlab 中的某些高级功能目前还无法替代，但是对于基础性、前瞻性的科研工作和应用系统的开发，完全可以用 Python 来完成。

NumPy 是非常有名的 Python 科学计算工具包，其中包含了大量有用的工具，例如数组对象(用来表示向量、矩阵、图像等)以及线性代数函数。NumPy 中的数组对象可以帮助实现数组中重要的操作，例如矩阵乘积、转置、解方程、向量乘积和归一化，这为图像变形及对变化进行建模、图像分类、图像聚类等提供了基础。

Matplotlib 是 Python 的 2D&3D 绘图库，它提供了一整套和 Matlab 相似的命令 API，十分适合交互式地进行绘图和可视化，在处理数学运算、绘制图表，或者在图像上绘制点、直线和曲线时，Matplotlib 是一个很好的类库，具有比 PIL 更强大的绘图功能。

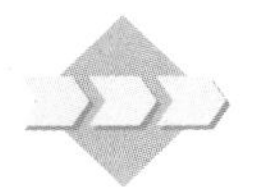

10.1 NumPy 库的使用

视频讲解

NumPy(Numerical Python 的简称)是高性能科学计算和数据分析的基础包。NumPy 是 Python 的一个科学计算的库，提供了矩阵运算的功能，其一般与 SciPy、Matplotlib 一起使用。

使用 Numpy 科学计算之前，需要安装第三方库 Numpy。Python 第三方库由全球开发者分布式维护，缺少统一的集中管理，因此，Python 第三方库曾经一度制约了 Python 语言的普及和发展。随着官方 pip 工具的应用，Python 第三方库的安装变得十分容易。最常用且最高效的 Python 第三方库安装方式是采用 pip 工具安装。pip 是 Python 官方提供并维护的在线第三方库安装工具。对于同时安装 Python 2 和 Python 3 环境的系统，建议采用 pip3 命令专门为 Python 3 版安装第三方库。

例如，安装Numpy库，pip工具默认从网络上下载Numpy库安装文件并自动装到系统中。注意，pip（或者pip3）是在命令行下（cmd）运行的工具。

```
D:\>pip install numpy
```

也可以卸载Numpy库，卸载过程可能需要用户确认。

```
D:\>pip uninstall numpy
```

可以通过list子命令列出当前系统中已经安装的第三方库，例如：

```
D:\>pip list
```

pip是Python第三方库最主要的安装方式，可以安装90%以上的第三方库。然而，由于一些历史、技术等原因，还有一些第三方库暂时无法用pip安装，此时需要其他的安装方法（例如下载库文件后手工安装），可以参照第三方库提供的步骤和方式安装。

第三方库NumPy也可以从http://www.scipy.org/Download免费下载，在线说明文档（http://docs.scipy.org/doc/numpy/）包含了可能遇到的大多数问题的答案。

NumPy库的主要功能如下。

（1）提供ndarray对象，它是一个具有矢量算术运算和复杂广播能力的快速且节省空间的多维数组。

（2）用于对整组数据进行快速运算的标准数学函数（无须编写循环）。

（3）用于读/写磁盘数据的工具以及用于操作内存映射文件的工具。

（4）线性代数、随机数生成以及傅里叶变换功能。

（5）用于集成由C、C++、FORTRAN等语言编写的代码的工具。

10.1.1 NumPy数组

1. NumPy数组简介

NumPy库中处理的最基础数据类型是同种元素构成的数组。NumPy数组是一个多维数组对象，称为ndarray。NumPy数组的维数称为秩（rank），一维数组的秩为1，二维数组的秩为2，以此类推。在NumPy中，每一个线性的数组称为一个轴（axis），秩其实是描述轴的数量。例如二维数组相当于是两个一维数组，其中第一个一维数组中的每个元素又是一个一维数组。而轴的数量——秩，就是数组的维数。关于NumPy数组必须了解：NumPy数组的下标从0开始；同一个NumPy数组中所有元素的类型必须是相同的。

2. 创建NumPy数组

创建NumPy数组的方法有很多。例如可以使用array()函数从常规的Python列表和元组创建数组。所创建的数组类型由原序列中的元素类型推导而来。

```
>>> from numpy import *
>>> a = array([2,3,4])                          #一维数组
>>> a                                           #输出 array([2, 3, 4])
>>> a.dtype                                     #输出 dtype('int32')
>>> b = array([1.2, 3.5, 5.1])
>>> b.dtype                                     #输出 dtype('float64')
```

在使用 array()函数创建时，参数必须使用由方括号括起来的列表，而不能使用多个数值作为参数调用 array()。

```
>>> a = array(1,2,3,4)                                # 错误
>>> a = array([1,2,3,4])                              # 正确
```

可使用双重序列表示二维数组，使用三重序列表示三维数组，以此类推。

```
>>> b = array([(1.5,2,3), (4,5,6)])               # 二维数组
>>> b
    array([[1.5,   2. ,   3.],
        [4. ,   5. ,   6.]])
```

可以在创建时显式地指定数组中元素的类型。

```
>>> c = array([[1,2], [3,4]], dtype = complex)      # complex 为复数类型
>>> c
    array([[ 1. + 0.j,   2. + 0.j],
        [ 3. + 0.j,   4. + 0.j]])
```

通常，刚开始时数组的元素未知，而数组的大小已知。因此，NumPy 提供了一些使用占位符创建数组的函数。这些函数有助于满足数组扩展的需要，同时降低了高昂的运算开销。

用 zeros()函数可创建一个全是 0 的数组，用 ones()函数可创建一个全为 1 的数组，用 random()函数可创建一个内容随机并且依赖于内存状态的数组。默认创建的数组类型(dtype)都是 float64。可以用 d.dtype.itemsize 来查看数组中元素占用的字节数。

```
>>> d = zeros((3,4))
>>> d.dtype                         # 输出 dtype('float64')
>>> d
array([[ 0.,   0.,   0.,   0.],
       [ 0.,   0.,   0.,   0.],
       [ 0.,   0.,   0.,   0.]])
>>> d.dtype.itemsize                # 输出 8
```

NumPy 提供了两个类似 range()的函数返回一个数列形式的数组。

1) arange()函数

此函数类似于 Python 中的 range()函数，通过指定开始值、终值和步长来创建一维数组。注意，数组不包括终值：

```
>>> import numpy as np
>>> np.arange(0, 1, 0.1)                     # 步长为 0.1
array([ 0. ,0.1,0.2,0.3,0.4,0.5,0.6,0.7,0.8,0.9])
```

此函数在区间[0,1]内以 0.1 为步长生成一个数组。如果仅使用一个参数，则代表的是终值，开始值为 0；如果仅使用两个参数，则步长默认为 1。

```
>>> np.arange(10)                          #仅使用一个参数，相当于 np.arange(0, 10)
array([0, 1, 2, 3, 4, 5, 6, 7, 8, 9])
>>> np.arange(0, 10)
array([0, 1, 2, 3, 4, 5, 6, 7, 8, 9])
>>> np.arange(0, 5.6)
array([ 0.,1.,2.,3.,4.,5.])
>>> np.arange(0.3, 4.2)
array([ 0.3,1.3, 2.3,3.3])
```

2）linspace()函数

此函数通过指定开始值、终值和元素个数（默认为 50）来创建一维数组，可以通过 endpoint 关键字指定是否包括终值，默认设置包括终值。

```
>>> np.linspace(0, 1, 5)                        #元素个数为 5
array([0. ,  0.25,  0.5 ,  0.75,  1.])
```

注意：NumPy 库由一般 math 库函数的数组实现，例如 sin()、cos()、log()。基本函数（三角、对数、平方和立方等）的使用就是在函数前加上 np.，这样就能实现数组的函数计算。

```
>>> x = np.arange(0,np.pi/2,0.1)
>>> x
array([0. ,0.1, 0.2, 0.3, 0.4, 0.5, 0.6, 0.7, 0.8, 0.9, 1. ,1.1, 1.2, 1.3, 1.4, 1.5])
>>> y = sin(x)              #NameError: name 'sin' is not defined
```

改成如下：

```
>>> y = np.sin(x)
>>> y
array([0. ,  0.09983342,  0.19866933,  0.29552021,  0.38941834,
0.47942554,  0.56464247,  0.64421769,  0.71735609,  0.78332691,
0.84147098,  0.89120736,  0.93203909,  0.96355819,  0.98544973,
0.99749499])
```

从结果可见，y 数组的元素分别是 x 数组元素对应的正弦值，计算起来十分方便。

3. NumPy 中的数据类型

对于科学计算来说，Python 自带的整型、浮点型和复数类型远远不够，因此 NumPy 中添加了许多数据类型，如表 10-1 所示。

表 10-1　NumPy 数组的数据类型

名　　称	描　　述
bool	用一字节存储的布尔类型（True 或 False）
int	由所在平台决定其大小的整数（一般为 int32 或 int64）
int8	一字节大小，－128～127
int16	整数，－32 768～32 767
int32	整数，$-2^{31}\sim2^{32}-1$

续表

名　　称	描　　述
int64	整数，$-2^{63} \sim 2^{63}-1$
uint8	无符号整数，0～255
uint16	无符号整数，0～65 535
uint32	无符号整数，$0 \sim 2^{32}-1$
uint64	无符号整数，$0 \sim 2^{64}-1$
float16	半精度浮点数：16 位，正负号 1 位，指数 5 位，精度 10 位
float32	单精度浮点数：32 位，正负号 1 位，指数 8 位，精度 23 位
float64 或 float	双精度浮点数：64 位，正负号 1 位，指数 11 位，精度 52 位
complex64	复数，分别用两个 32 位浮点数表示实部和虚部
complex128 或 complex	复数，分别用两个 64 位浮点数表示实部和虚部

4. NumPy 数组中元素的访问

NumPy 数组中的元素是通过下标来访问的，可以通过方括号括起一个下标来访问数组中的单一一个元素，也可以以切片的形式访问数组中的多个元素。表 10-2 给出了 NumPy 数组的索引和切片方法。

表 10-2　NumPy 数组的索引和切片方法

访　　问	描　　述
X[i]	索引第 i 个元素
X[-i]	从后向前索引第 i 个元素
X[n:m]	切片，默认步长为 1，从前往后索引，不包含 m
X[-m,-n]	切片，默认步长为 1，从后往前索引，不包含 n
X[n,m,i]	切片，指定步长为 i 的 n～m 的索引

可以使用和列表相同的方式对数组中的元素进行存取：

```
>>> import numpy as np
>>> a = np.arange(10)              #array([0, 1, 2, 3, 4, 5, 6, 7, 8, 9])
>>> a[5]                           #用整数作为下标可以获取数组中的某个元素
```

输出：

```
5
```

```
>>> a[3:5]                  #用切片作为下标获取数组的一部分，包括 a[3]但不包括 a[5]
```

输出：

```
array([3, 4])
```

```
>>> a[:5]                          #切片中省略开始下标,表示从a[0]开始
```

输出：

```
array([0, 1, 2, 3, 4])
```

```
>>> a[:-1]                         #下标可以使用负数,表示从数组的最后往前数
```

输出：

```
array([0, 1, 2, 3, 4, 5, 6, 7, 8])
```

```
>>> a[2:4] = 100,101               #访问同时修改元素的值
>>> a
```

输出：

```
array([0, 1, 100, 101, 4, 5, 6, 7, 8, 9])
```

```
>>> a[1:-1:2]                      #切片中的第三个参数表示步长,2表示隔一个元素取一个
                                   #元素
```

输出：

```
array([1,101, 5, 7])
```

```
>>> a[::-1]                        #省略切片的开始下标和结束下标,步长为-1,整个数组头尾颠倒
```

输出：

```
array([9, 8, 7, 6, 5, 4, 101, 100, 1, 0])
```

```
>>> a[5:1:-2]                      #步长为负数时,开始下标必须大于结束下标
```

输出：

```
array([5, 101])
```

多维数组可以每个轴有一个索引，这些索引由一个逗号分隔的元组给出。下面是一个

二维数组的例子：

```
import numpy as np
b = np.array([[ 0, 1, 2, 3],
              [10, 11, 12, 13],
              [20, 21, 22, 23],
              [30, 31, 32, 33],
              [40, 41, 42, 43]])
>>> b[2,3]                      # 输出：23
>>> b[0:5, 1]                   # 每行的第二个元素，输出：array([ 1, 11, 21, 31, 41])
>>> b[ : ,1]                    # 与前面的效果相同，输出：array([ 1, 11, 21, 31, 41])
>>> b[1:3, : ]                  # 每列的第二个和第三个元素
```

输出：

```
array([[10, 11, 12, 13],
       [20, 21, 22, 23]])
```

表 10-2 给出了 NumPy 数组的索引和切片方法。数组切片得到的是原始数组的视图，所有修改都会直接反映到源数组。如果需要得到 NumPy 数组切片的一份副本，需要进行复制操作，例如 b[5:8].copy()。

10.1.2 NumPy 数组的算术运算

NumPy 数组的算术运算是按元素逐个运算的。NumPy 数组在运算后将创建包含运算结果的新数组。

```
>>> import numpy as np
>>> a = np.array([20,30,40,50])
>>> b = np.arange(4)                    # 相当于 np.arange(0, 4)
>>> b
```

输出：

```
array([0, 1, 2, 3])
```

```
>>> c = a - b
>>> c
```

输出：

```
array([20, 29, 38, 47])
```

```
>>> b* *2                                   #乘方运算,2次方
```

输出：

```
array([0, 1, 4, 9])
```

```
>>> 10 * np.sin(a)                          #10 * sin a
```

输出：

```
array([ 9.12945251, -9.88031624, 7.4511316, -2.62374854])
```

```
>>> a<35                                    #每个元素与35比较大小
```

输出：

```
array([True, True, False, False], dtype=bool)
```

与其他矩阵语言不同，NumPy中的乘法运算符*按元素逐个计算，矩阵乘法可以使用dot()函数或创建矩阵对象实现。

```
>>> import numpy as np
>>> A= np.array([[1,1],  [0,1]])
>>> B= np.array([[2,0],  [3,4]])
>>> A*B                                     #逐个元素相乘
array([[2, 0],
       [0, 4]])
>>> np.dot(A,B)                             #矩阵相乘
array([[5, 4],
       [3, 4]])
```

需要注意的是，有些操作符，例如+=和*=，用来更改已存在数组而不创建一个新的数组。

```
>>> a= np.ones((2,3), dtype=int)            #全1的2*3数组
>>> b= np.random.random((2,3))              #随机小数填充的2*3数组
>>> a*= 3
>>> a
array([[3, 3, 3],
       [3, 3, 3]])
>>> b+= a
>>> b
```

```
array([[3.69092703, 3.8324276, 3.0114541],
      [3.18679111, 3.3039349, 3.37600289]])
>>> a += b                              # b 转换为整数类型
>>> a
array([[6, 6, 6],
       [6, 6, 6]])
```

许多非数组之间相互运算，例如计算数组的所有元素之和，都作为 ndarray 类的方法来实现，在使用时需要用 ndarray 类的实例来调用这些方法。

```
>>> a = np.random.random((3,4))
>>> a
array([[0.8672503 ,  0.48675071,  0.32684892,  0.04353831],
       [0.55692135,  0.20002268,  0.41506635,  0.80520739],
       [0.42287012,  0.34924901,  0.81552265,  0.79107964]])
>>> a.sum()                                         # 求和
6.0803274306192927
>>> a.min()                                         # 最小
0.043538309733581748
>>> a.max()                                         # 最大
0.86725029797617903
>>> a.sort()                                        # 排序
>>> a
array([[0.04353831,  0.32684892,  0.48675071,  0.8672503 ],
       [0.20002268,  0.41506635,  0.55692135,  0.80520739],
       [0.34924901,  0.42287012,  0.79107964,  0.81552265]])
```

这些运算将数组看作一维线性列表，但可通过指定 axis 参数（即数组的维）对指定的轴做相应的运算：

```
>>> b = np.arange(12).reshape(3,4)
>>> b
array([[0, 1, 2, 3],
      [4, 5, 6, 7],
      [8, 9, 10, 11]])
>>> b.sum(axis = 0)                       # 计算每一列的和，注意理解轴的含义
array([12, 15, 18, 21])
>>> b.min(axis = 1)                       # 获取每一行的最小值
array([0, 4, 8])
>>> b.cumsum(axis = 1)                    # 计算每一行的累计和
array([[0, 1, 3, 6],
      [4, 9, 15, 22],
      [8, 17, 27, 38]])
```

10.1.3 NumPy 数组的形状操作

1. 数组的形状

数组的形状取决于其每个轴上的元素个数。

```
>>> a = np.int32(100 * np.random.random((3,4)))          #3 * 4 整数二维数组
>>> a
array([[26, 11, 0, 41],
      [48, 9, 93, 38],
      [73, 55, 8, 81]])
>>> a.shape                                               #3 行 4 列的数组
(3, 4)
```

2. 更改数组的形状

可以用多种方式修改数组的形状：

```
>>> a.ravel()                  #平坦化数组
array([26, 11,  0, 41, 48,  9, 93, 38, 73, 55,  8, 81])
>>> a.shape = (6, 2)           #形状为 6 * 2 数组
>>> a.transpose()              #对数组转置,原数组 a 不变
array([[26, 0, 48, 93, 73, 8],
      [11, 41,  9, 38, 55, 81]])
```

由 ravel()展平的数组元素的顺序通常是 C 语言风格的，就是以行为基准，最右边的索引变化得最快，所以元素 a[0,0]之后是 a[0,1]。如果数组改变成其他形状(reshape)，数组仍然是 C 语言风格的。NumPy 通常创建一个以这个顺序保存数据的数组，所以 ravel()通常不需要创建调用数组的副本。如果数组是通过切片其他数组或有不同寻常的选项，就可能需要创建其副本。另外还可以通过一些可选参数函数让 reshape()和 ravel()构建 FORTRAN 风格的数组，即最左边的索引变化最快。

reshape()函数改变调用数组的形状并返回该数组(原数组自身不变)，而 resize()函数改变调用数组自身。

```
>>> a
array([[26, 11],
       [ 0, 41],
       [48,  9],
       [93, 38],
       [73, 55],
       [ 8, 81]])
>>> a.resize((2,6))
>>> a
array([[26, 11, 0, 41, 48, 9],
      [93, 38, 73, 55, 8, 81]])
```

如果在 reshape()操作中指定一个维度为−1，那么其准确维度将根据实际情况计算得到。更多关于 shape()、reshape()、resize()和 ravel()的内容请参考 NumPy 示例。

10.1.4 NumPy 中的矩阵对象

NumPy 模块库中的矩阵对象为 numpy. matrix，包括矩阵数据的处理、矩阵的计算，以及基本的统计功能、转置、可逆性等，还包括对复数的处理，这些均在 matrix 对象中。

numpy.matrix(data,dtype,copy)返回一个矩阵，其中参数 data 为 ndarray 对象或者字符串形式；dtype 为 data 的数据类型；copy 为布尔类型。

```
>>> a = np.matrix('1 2 7; 3 4 8; 5 6 9')
>>> a                        #矩阵的换行必须用分号(;)隔开，矩阵的元素之间必须用空格隔开
matrix([[1, 2, 7],
        [3, 4, 8],
        [5, 6, 9]])
>>> b = np.array([[1,5],[3,2]])
>>> x = np.matrix(b)         #矩阵中的 data 可以为数组对象
>>> x
matrix([[1, 5],
        [3, 2]])
```

矩阵对象的属性如下。

- matrix.T(transpose)：返回矩阵的转置矩阵。
- matrix.H(conjugate)：返回复数矩阵的共轭元素矩阵。
- matrix.I(inverse)：返回矩阵的逆矩阵。
- matrix.A(base array)：返回矩阵基于的数组。

例如：

```
>>> a
matrix([[1, 2, 7],
        [3, 4, 8],
        [5, 6, 9]])
>>> b = a.T                  #b 是 a 的转置矩阵
>>> b
matrix([[1, 3, 5],
        [2, 4, 6],
        [7, 8, 9]])
>>> a.H                      #a 的共轭元素矩阵
matrix([[1, 3, 5],
        [2, 4, 6],
        [7, 8, 9]])
```

NumPy 库还包括三角运算函数、傅里叶变换、随机和概率分布、基本数值统计、位运算、矩阵运算等，具有非常丰富的功能，读者在使用时可以到官方网站查询。

视频讲解

10.2 Matplotlib 绘图可视化

Matplotlib 旨在用 Python 实现 MATLAB 的功能，是 Python 下最出色的绘图库，功能很完善，同时继承了 Python 简单明了的风格，可以很方便地设计和输出二维以及三维的数据，提供了常规的笛卡儿坐标、极坐标、球坐标、三维坐标等。其输出的图片质量也达到了科技论文中的印刷质量，日常的基本绘图更不在话下。

Matplotlib 实际上是一套面向对象的绘图库，它所绘制的图表中的每个绘图元素，例如线条 Line2D、文字 Text、刻度等都有一个对象与之对应。为了方便快速绘图，Matplotlib 通

过 pyplot 模块提供了一套和 Matlab 类似的绘图 API,将众多绘图对象所构成的复杂结构隐藏在这套 API 内部。用户只需要调用 pyplot 模块所提供的函数就可以实现快速绘图以及设置图表的各种细节。pyplot 模块虽然用法简单,但不适合在较大的应用程序中使用。

在安装 Matplotlib 之前先要安装 NumPy。Matplotlib 是开源工具,可以从 http://matplotlib.sourceforge.net/免费下载。该链接中包含非常详尽的使用说明和教程。

10.2.1 Matplotlib.pyplot 模块——快速绘图

Matplotlib 的 pyplot 子库提供了和 MATLAB 类似的绘图 API,方便用户快速绘制 2D 图表。Matplotlib 还提供了一个名为 pylab 的模块,其中包括了许多 NumPy 和 pyplot 模块中常用的函数,方便用户快速进行计算和绘图,十分适合在 Python 交互式环境中使用。

先看一个简单的绘制正弦三角函数 y=sin(x)的例子。

```
#plot a sine wave from 0 to 4pi
import matplotlib.pyplot as plt
from numpy import *                          #也可以使用 from pylab import *
plt.figure(figsize=(8,4))                    #创建一个绘图对象,大小为 800 像素×400 像素
x_values = arange(0.0, math.pi * 4, 0.01)    #步长为 0.01,初始值为 0.0,终值为 4π
y_values = sin(x_values)
plt.plot(x_values, y_values, 'b--', linewidth=1.0, label='$sin(x)$')   #进行绘图
plt.xlabel('x')                              #设置 X 轴的文字
plt.ylabel('sin(x)')                         #设置 Y 轴的文字
plt.ylim(-1, 1)                              #设置 Y 轴的范围
plt.title('Simple plot')                     #设置图表的标题
plt.legend()                                 #显示图例(legend)
plt.grid(True)                               #显示网格
plt.savefig("sin.png")                       #保存曲线图片
plt.show()                                   #显示图形
```

效果如图 10-1 所示。

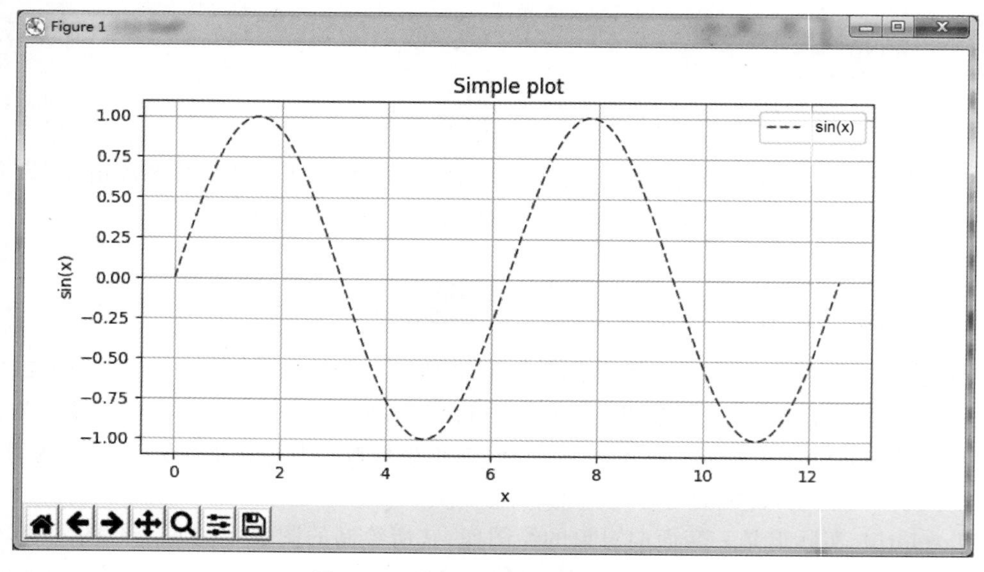

图 10-1　绘制正弦三角函数的效果

1. 调用 figure()创建一个绘图对象

```
plt.figure(figsize = (8,4))
```

调用 figure()可以创建一个绘图对象，也可以不创建绘图对象直接调用 plot()函数绘图，Matplotlib 会自动创建一个绘图对象。

如果需要同时绘制多幅图表，则可以给 figure()传递一个整数参数指定图表的序号，如果所指定序号的绘图对象已经存在，则不创建新的对象，而只是让它成为当前绘图对象。

figsize 参数指定绘图对象的宽度和高度，单位为英寸；dpi 参数指定绘图对象的分辨率，即每英寸多少像素，默认值为 100。因此本例中所创建的图表窗口的宽度为 800 (=8×100)像素，高度为 400(=4×100)像素。

用 show()显示出来的工具栏中的“保存”按钮保存下来的 PNG 图像的大小是 800 像素×400 像素。dpi 参数可以通过以下语句进行查看：

```
>>> import matplotlib
>>> matplotlib.rcParams["figure.dpi"]          #每英寸多少像素
100
```

2. 通过调用 plot()函数在当前的绘图对象中进行绘图

在创建 Figure 对象之后，接下来调用 plot()在当前的 Figure 对象中绘图。实际上 plot()是在 Axes(子图)对象上绘图，如果当前的 Figure 对象中没有 Axes 对象，将会为之创建一个几乎充满整个图表的 Axes 对象，并且使此 Axes 对象成为当前的 Axes 对象。

```
x_values = arange(0.0, math.pi * 4, 0.01)
y_values = sin(x_values)
plt.plot(x_values, y_values, 'b--', linewidth = 1.0, label = "sin(x)")
```

(1) 第 3 句将 x、y 数组传递给 plot。

(2) 通过第 3 个参数"b--"指定曲线的颜色和线型，这个参数称为格式化参数，它能够通过一些易记的符号快速指定曲线的样式。其中，b 表示蓝色，"--"表示线型为虚线。

常用的作图参数如下。

① 颜色(color，简写为 c)。

蓝色：'b'(blue)

绿色：'g'(green)

红色：'r'(red)

蓝绿色(墨绿色)：'c'(cyan)

红紫色(洋红)：'m'(magenta)

黄色：'y'(yellow)

黑色：'k'(black)

白色：'w'(white)

灰度表示：e.g. 0.75 ([0,1]内的任意浮点数)

RGB 表示法：e.g. '#2F4F4F' 或 (0.18, 0.31, 0.31)

② 线型(linestyles,简写为 ls)。

实线：'—'

虚线：'——'

虚点线：'—.'

点线：':'

点：'.'

星形：'*'

③ 线宽 linewidth：浮点数(float)。

pyplot 的 plot()函数与 MATLAB 很相似,也可以在后面增加属性值。用户可以使用 help 查看说明：

```
>>> import matplotlib.pyplot as plt
>>> help(plt.plot)
```

例如,用'r*'(即红色)、星形来画图：

```
import math
import matplotlib.pyplot as plt
y_values = []
x_values = []
num = 0.0
#在列表中收集 num 和 num 的正弦
while num < math.pi * 4:
    y_values.append(math.sin(num))
    x_values.append(num)
    num += 0.1
plt.plot(x_values,y_values,'r*')
plt.show()
```

效果如图 10-2 所示。

(3) 用关键字参数指定各种属性。例如 label 给所绘制的曲线一个名字,此名字在图例(legend)中显示。只要在字符串前后添加"$"符号,Matplotlib 就会使用其内嵌的 LaTeX 引擎绘制的数学公式。color 指定曲线的颜色,linewidth 指定曲线的宽度。

例如：

```
plt.plot(x_values, y_values, color='r*', linewidth=1.0)     #红色,线条宽度为 1
```

3. 设置绘图对象的各个属性

- xlabel、ylabel：分别设置 X 轴、Y 轴的标题文字。
- title：设置图的标题。
- xlim、ylim：分别设置 X 轴、Y 轴的显示范围。

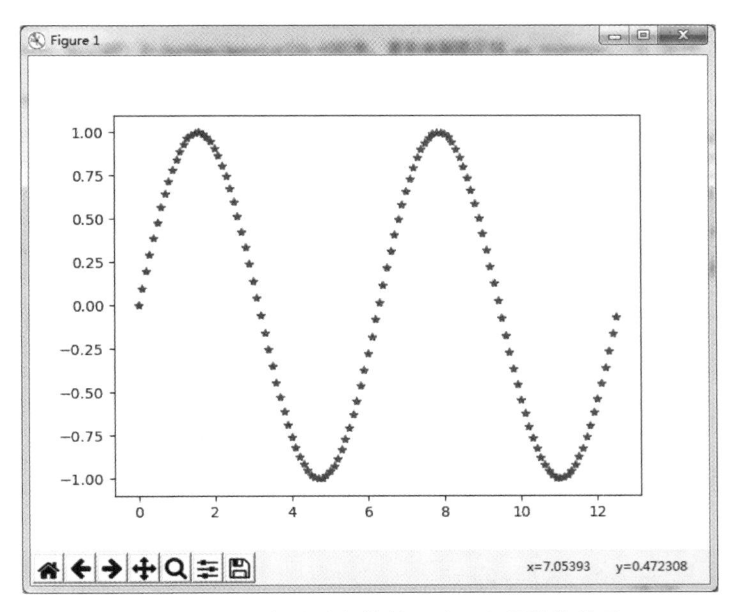

图 10-2 用红色星形来绘制正弦三角函数的效果

➢ legend()：显示图例，即图中表示每条曲线的标签(label)和样式的矩形区域。

例如：

```
plt.xlabel('x')                    #设置 X 轴的文字
plt.ylabel('sin(x)')               #设置 Y 轴的文字
plt.ylim(-1, 1)                    #设置 Y 轴的范围
plt.title('Simple plot')           #设置图表的标题
plt.legend()                       #显示图例(legend)
```

pyplot 模块提供了一组与读取和显示相关的函数，用于在绘图区域中增加显示内容及读入数据，如表 10-3 所示。这些函数需要与其他函数搭配使用，此处读者有所了解即可。

表 10-3 pyplot 模块提供的读取和显示函数

函　　数	功　　能
plt. legend()	在绘图区域中放置绘图标签(也称图注或者图例)
plt. show()	显示创建的绘图对象
plt. matshow()	在窗口中显示数组矩阵
plt. imshow()	在子图上显示图像
plt. imsave()	保存数组为图像文件
plt. imread()	从图像文件中读取数组

4. 清空 plt 绘制的内容

```
plt.cla()                          #清空 plt 绘制的内容
plt.close(0)                       #关闭 0 号图
plt.close('all')                   #关闭所有图
```

5. 图形的保存和输出设置

可以调用 plt. savefig()将当前的 Figure 对象保存成图像文件，图像格式由图像文件的扩展名决定。下面将当前的图表保存为 test. png，并且通过 dpi 参数指定图像的分辨率为 120 像素，因此输出图像的宽度为 8×120 = 960 像素。

```
plt.savefig("test.png",dpi = 120)
```

在 Matplotlib 中绘制完成图形之后通过 show()展示出来，还可以通过图形界面中的工具栏对其进行设置和保存。图形界面下方的工具栏中的按钮(config subplot)还可以设置图形上、下、左、右的边距。

6. 绘制多子图

可以使用 subplot()快速绘制包含多个子图的图表，它的调用形式如下：

```
subplot(numRows, numCols, plotNum)
```

subplot()将整个绘图区域等分为 numRows 行×numCols 列个子区域，然后按照从左到右、从上到下的顺序对每个子区域进行编号，左上的子区域的编号为 1。plotNum 指定使用第几个子区域。

如果 numRows、numCols 和 plotNum 这 3 个数都小于 10，则可以把它们缩写为一个整数。例如，subplot(324)和 subplot(3,2,4)是相同的。这意味着图表被分割成 3×2(3 行 2 列)的网格子区域，在第 4 个子区域中绘制。

subplot()会在参数 plotNum 指定的区域中创建一个轴对象。如果新创建的轴和之前创建的轴重叠，则之前的轴将被删除。

通过 axisbg 参数(2.0 版本为 facecolor 参数)给每个轴设置不同的背景色。例如下面的程序创建 3 行 2 列共 6 个子图，并通过 facecolor 参数给每个子图设置不同的背景色。

```
for idx, color in enumerate("rgbyck"):                   #红、绿、蓝、黄、蓝绿色、黑色
    plt.subplot(321 + idx, facecolor = color)            #axisbg = color
plt.show()
```

运行效果如图 10-3 所示。

subplot()返回它所创建的 Axes 对象，可以将它用变量保存起来，然后用 sca()交替让它们成为当前 Axes 对象，并调用 plot()在其中绘图。

7. 调节轴之间的间距和轴与边框之间的距离

当绘图对象中有多个轴的时候，可以通过工具栏中的 Configure Subplots 按钮交互式地调节轴之间的间距和轴与边框之间的距离。

如果希望在程序中调节，则可以调用 subplots_adjust()函数，它有 left、right、bottom、top、wspace、hspace 等几个关键字参数，这些参数的值都是 0～1 的小数，它们是以绘图区域的宽、高都为 1 进行正规化之后的坐标或者长度。

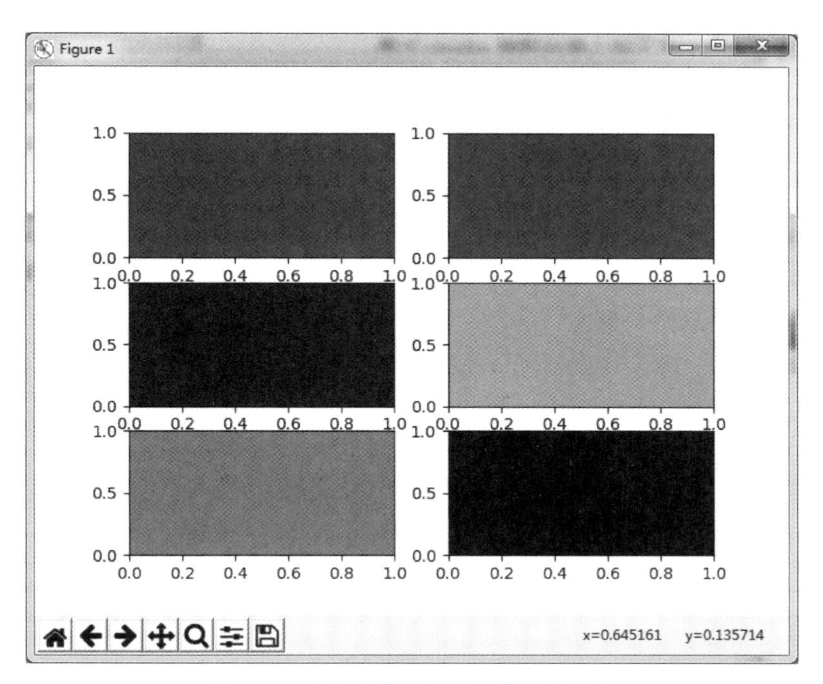

图 10-3 为每个子图设置不同的背景色

8. 绘制多幅图表

如果需要同时绘制多幅图表,可以给 figure()传递一个整数参数指定 Figure 对象的序号,如果序号所指定的 Figure 对象已经存在,将不创建新的对象,而只是让它成为当前的 Figure 对象。下面的程序演示了如何依次在不同图表的不同子图中绘制曲线。

```
import numpy as np
import matplotlib.pyplot as plt
plt.figure(1)                          # 创建图表 1
plt.figure(2)                          # 创建图表 2
ax1 = plt.subplot(211)                 # 在图表 2 中创建子图 1
ax2 = plt.subplot(212)                 # 在图表 2 中创建子图 2

x = np.linspace(0, 3, 100)
for i in x:
    plt.figure(1)                      # 选择图表 1
    plt.plot(x, np.exp(i * x/3))
    plt.sca(ax1)                       # 选择图表 2 的子图 1
    plt.plot(x, np.sin(i * x))
    plt.sca(ax2)                       # 选择图表 2 的子图 2
    plt.plot(x, np.cos(i * x))
    plt.show()
```

在循环中,先调用 figure(1)让图表 1 成为当前图表,并在其中绘图。然后调用 sca(ax1)和 sca(ax2)分别让子图 ax1 和 ax2 成为当前子图,并在其中绘图。当它们成为当前子图时,包含它们的图表 2 也自动成为当前图表，因此不需要调用 figure(2)，依次在图表 1 和图表 2 的两个子图之间切换，逐步在其中添加新的曲线。运行效果如图 10-4 所示。

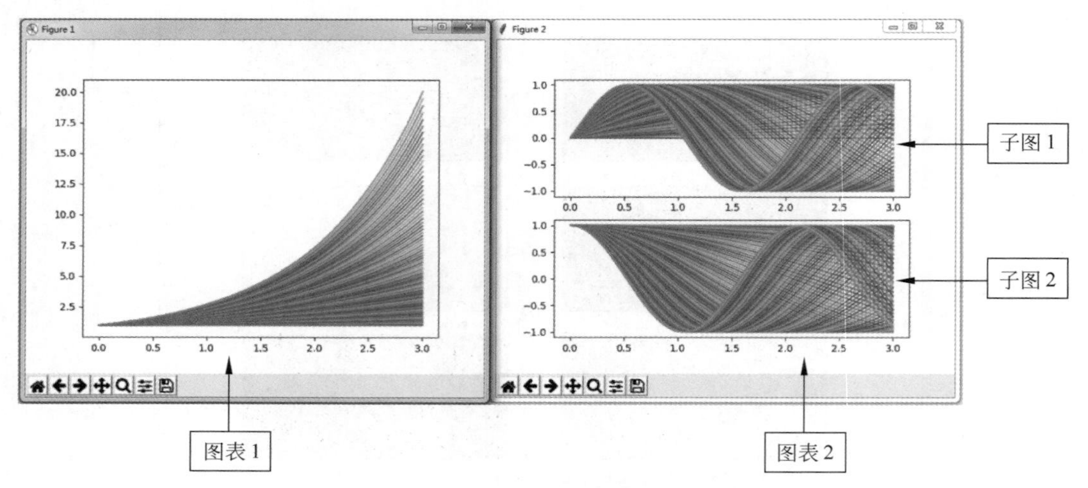

图 10-4　在不同图表的不同子图中绘制曲线的效果

9. 在图表中显示中文

Matplotlib 的默认配置文件中所使用的字体无法正确显示中文。为了让图表能正确显示中文，在.py 文件头部加上如下内容：

```
plt.rcParams['font.sans-serif'] = ['SimHei']                    #指定默认字体
plt.rcParams['axes.unicode_minus'] = False       #解决保存图像是负号'-'显示为方块的问题
```

其中，'SimHei'表示黑体字。常用中文字体及其英文表示如下：

```
宋体 SimSun   黑体 SimHei   楷体 KaiTi   微软雅黑 Microsoft YaHei   隶书 LiSu   仿宋 FangSong
幼圆 YouYuan   华文宋体 STSong   华文黑体 STHeiti   苹果丽中黑 Apple LiGothic Medium
```

10.2.2　绘制条形图、饼图、散点图

Matplotlib 是 Python 的一个绘图库，使用其绘制出来的图形效果和 MATLAB 下绘制的图形类似。pyplot 模块提供了一些用于绘制基础图表的常用函数，如表 10-4 所示。

表 10-4　pyplot 模块中绘制基础图表的常用函数

函　　数	功　　能
plt.plot(x, y, label, color, width)	根据 x、y 数组绘制点、直线或曲线
plt.boxplot(data, notch, position)	绘制一个箱形图(box-plot)
plt.bar(left, height, width, bottom)	绘制一个条形图
plt.barh(bottom, width, height, left)	绘制一个横向条形图
plt.polar(theta, r)	绘制极坐标图
plt.pie(data,explode)	绘制饼图

续表

函　　数	功　　能
plt. psd(x, NFFT=256, pad_to, Fs)	绘制功率谱密度图
plt. specgram(x, NFFT=256, pad_to, F)	绘制谱图
plt. cohere(x, y, NFFT=256, Fs)	绘制 X-Y 的相关性函数
plt. scatter()	绘制散点图(x、y 是长度相同的序列)
plt. step(x, y, where)	绘制步阶图
plt. hist(x, bins, normed)	绘制直方图
plt. contour(X, Y, Z, N)	绘制等值线
pit. vlines()	绘制垂直线
plt. stem(x, y, linefmt, markerfmt, basefmt)	绘制曲线上的每个点到水平轴线的垂线
plt. plot_date()	绘制数据日期
plt. plothle()	绘制数据后写入文件

pyplot 模块提供了 3 个区域填充函数,对绘图区域填充颜色,如表 10-5 所示。

表 10-5　pyplot 模块的区域填充函数

函　　数	功　　能
fill(x,y,c,color)	填充多边形
fill_between(x,y1,y2,where,color)	填充两条曲线围成的多边形
fill_betweenx(y,x1,x2,where,hold)	填充两条水平线之间的区域

下面通过一些简单的代码介绍如何使用 Python 绘图。

1. 直方图

直方图(histogram)又称质量分布图。它是一种统计报告图,由一系列高度不等的纵向条纹或线段表示数据分布的情况。一般用横轴表示数据类型,用纵轴表示分布情况。直方图的绘制通过 pyplot 中的 hist()来实现。

```
pyplot.hist(x, bins = 10, color = None, range = None, rwidth = None, density = None, orientation =
u'vertical', * * kwargs)
```

hist()的主要参数如下。

- x: 这个参数是 arrays,指定每个 bin(箱子)分布在 x 的位置。
- bins: 这个参数指定 bin(箱子)的个数,也就是总共有几条条形图。
- density: 是否对 Y 轴数据进行标准化(如果为 True,则是在本区间的点在所有的点中的概率)。density 指定为 True 则为概率直方图,反之是频数直方图。在新的版本中 normed 被取消,用 density 代替。
- color: 这个参数指定条形图(箱子)的颜色。
- range: 指定上下界,即最大值和最小值。

下例中 Python 产生 20 000 个正态分布随机数,用概率分布直方图显示。运行效果如图 10-5 所示。

```
#概率分布直方图,本例是标准正态分布
import matplotlib.pyplot as plt
import numpy as np
mu = 100                                    #设置均值,中心所在点
sigma = 20                                  #用于将每个点都扩大相应的倍数
#x中的点分布在 mu 旁边,以 mu 为中点
x = mu + sigma * np.random.randn(20000)     #随机样本数量为 20 000
#bins 设置分组的个数 100(显示有 100 个直方)
plt.hist(x,bins = 100,color = 'green',density = True)
plt.show()
```

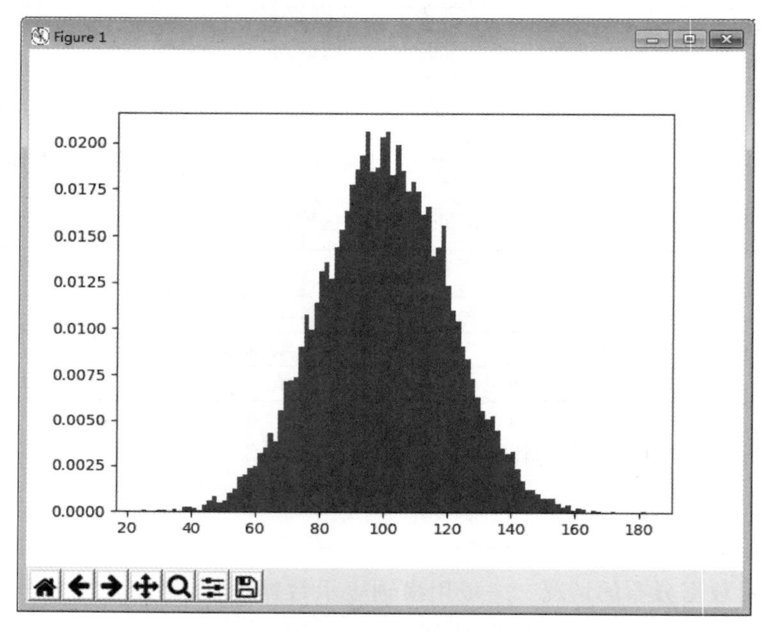

图 10-5　直方图实例的运行效果

2. 条形图

条形图(也称柱状图)是用一个单位长度表示一定的数量,根据数量的多少画成长短不同的直条,然后把这些直条按一定的顺序排列起来。从条形图中能够很容易看出各种数量的多少。条形图的绘制通过 pyplot 中的 bar()或者是 barh()来实现。bar()默认是绘制竖直方向的条形图,也可以通过设置 orientation＝"horizontal"参数来绘制水平方向的条形图。barh()用来绘制水平方向的条形图。

```
import matplotlib.pyplot as plt
import numpy as np
y = [20,10,30,25,15,34,22,11]
x = np.arange(8)                           #0-- -7
plt.bar(x = x,height = y,color = 'green',width = 0.5)      #通过设置 x 来设置并列显示
plt.show()
```

运行效果如图 10-6 所示。用户也可以绘制层叠的条形图,运行效果如图 10-7 所示。

```
import numpy as np
import matplotlib.pyplot as plt
x = np.random.randint(10, 50, 20)                    #随机产生 20 个[10,50]的数
y1 = np.random.randint(10, 50, 20)
y2 = np.random.randint(10, 50, 20)
plt.ylim(0, 100)                                     #设置 Y 轴的显示范围
plt.bar(x= x, height = y1, width = 0.5, color = "red", label = "$y1$")
#设置一个底部,底部就是 y1 的显示结果,y2 在上面继续累加即可
plt.bar(x= x, height= y2, bottom= y1, width= 0.5, color = "blue", label = "$y2$")
plt.legend()
plt.show()
```

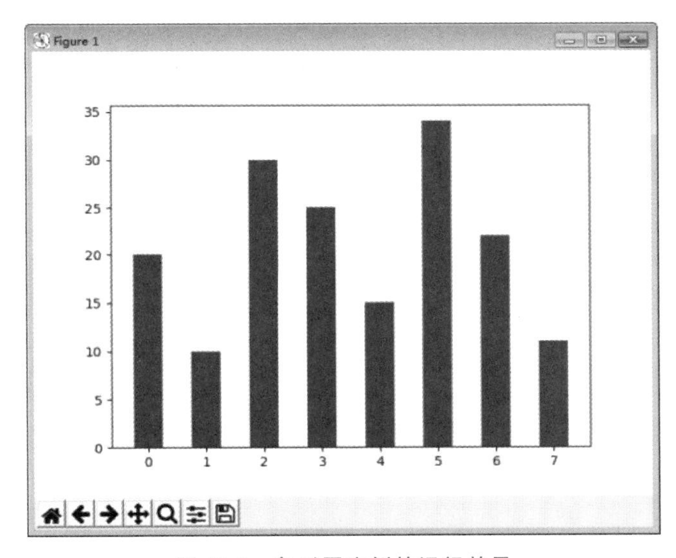

图 10-6　条形图实例的运行效果

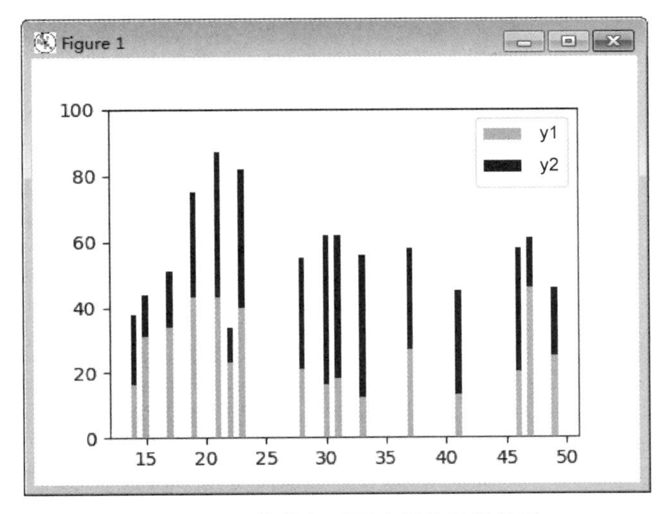

图 10-7　层叠的条形图实例的运行效果

3. 散点图

散点图(scatter diagram)在回归分析中是数据点在直角坐标系平面上的分布图。一般用两组数据构成多个坐标点，考查坐标点的分布，判断两变量之间是否存在某种关联或总结坐标点的分布模式。使用 pyplot 中的 scatter()绘制散点图，例如：

```
import matplotlib.pyplot as plt
import numpy as np
#产生 100～200 的 10 个随机整数
x = np.random.randint(100, 200, 10)
y = np.random.randint(100, 130, 10)
#x 指 X 轴,y 指 Y 轴
#s 设置数据点显示的大小(面积),c 设置显示的颜色
#marker 设置显示的形状, "o"是圆,"v"是向下三角形," ^"是向上三角形,所有的类型见网址:
#https://matplotlib.org/stable/api/markers_api.html
#alpha 设置点的透明度
plt.scatter(x, y, s= 100, c= "r", marker= "v", alpha= 0.5)      #绘制图形
plt.show()                          #显示图形
```

散点图实例的运行效果如图 10-8 所示。

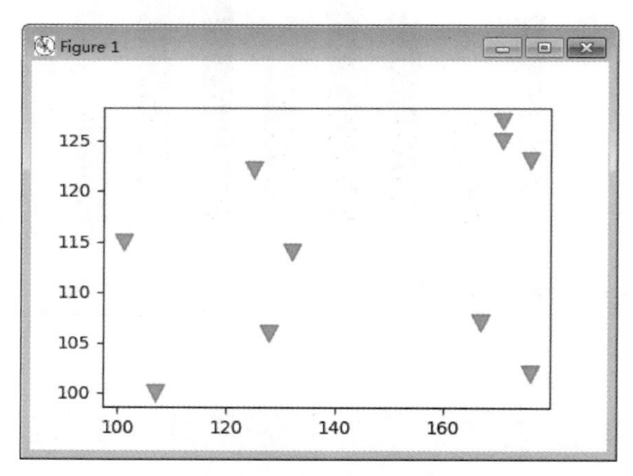

图 10-8　散点图实例的运行效果

4. 饼图

饼图(sector graph,又名 pie graph)显示一个数据系列中各项的大小占各项总和的比例。饼图中的数据点显示为整个饼状图的百分比。使用 pyplot 中的 pie()绘制饼图。

```
import numpy as np
import matplotlib.pyplot as plt
plt.rcParams['font.sans-serif'] = ['SimHei']              #指定默认字体
labels = ["一季度", "二季度", "三季度", "四季度"]
facts = [25, 40, 20, 15]
explode = [0, 0.03, 0, 0.03]
```

```
#设置显示的是一个正圆,长宽比为 1:1
plt.axes(aspect = 1)
#x 为数据，根据数据在所有数据中所占的比例显示结果
#labels 设置每个数据的标签
#autopct 设置每一块所占的百分比
#explode 设置某一块或者很多块突出显示出来，由上面定义的 explode 数组决定
#shadow 设置阴影,这样显示的效果更好
plt.pie(x = facts, labels = labels, autopct = "%.0f%%", explode = explode, shadow = True)
plt.show()
```

饼图实例的运行效果如图 10-9 所示。

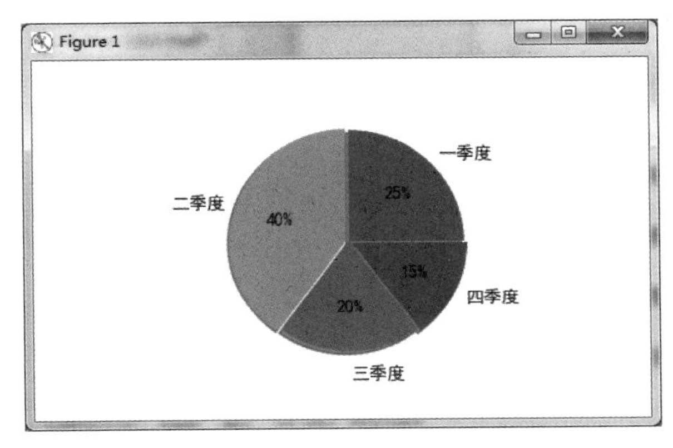

图 10-9 饼图实例的运行效果

10.2.3 绘制动态二维图

下面给出两个例子,分别可以画出动态条形图和动态折线图。

1. 动态条形图

基本原理是将数据放入列表,然后每次往列表数组里面增加一个数,清除之前的条形图,重新画出新的条形图。注意这里使用到 plt.pause(interval)暂停函数,参数 interval 表示秒数。

```
import matplotlib.pyplot as plt
y = []
for i in range(30):
    y.append(i)          #每循环一次,将 i 放入 y 中画出来
    plt.cla()            #清空 plt 绘制的内容
    x = y
    plt.bar(x, label = 'test', height = y, width = 0.3)
    plt.legend()
    plt.pause(0.1)       #暂停 0.1 秒绘图
```

程序运行效果如图 10-10 所示。

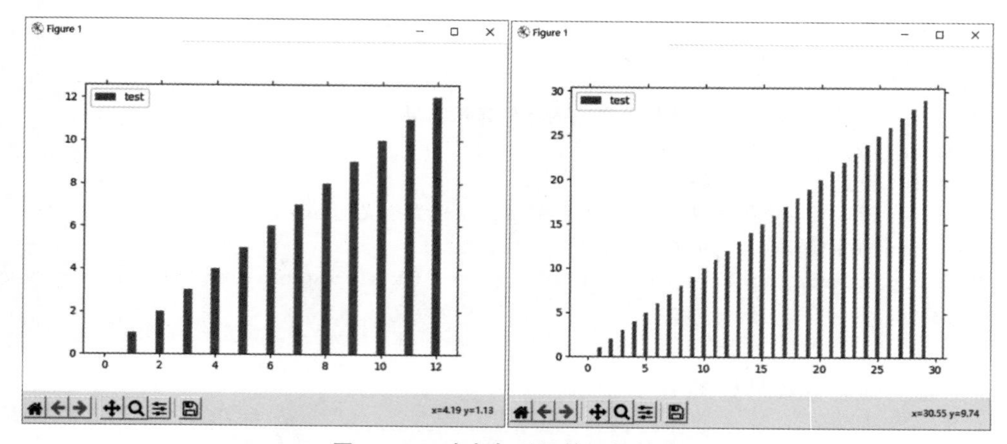

图 10-10　动态条形图的运行效果

2. 动态折线图

基本原理是使用一个长度为 2 的列表存储点的坐标，每次替换原来的坐标数据并在原有折线图上追加。

```
import numpy as np
import matplotlib.pyplot as plt
plt.axis([0, 20, 0, 1])          # 设置 X、Y 轴范围，X 轴是[0, 20]，Y 轴是[0, 1]
xs = [0, 0]
ys = [1, 1]                       # 存储两个点的坐标
for i in range(1,21):
    y = np.random.random()        # 随机产生[0, 1]的数据
    xs[0] = xs[1]
    ys[0] = ys[1]
    xs[1] = i
    ys[1] = y
    plt.plot(xs, ys)
    plt.pause(0.1)
```

程序运行效果如图 10-11 所示。

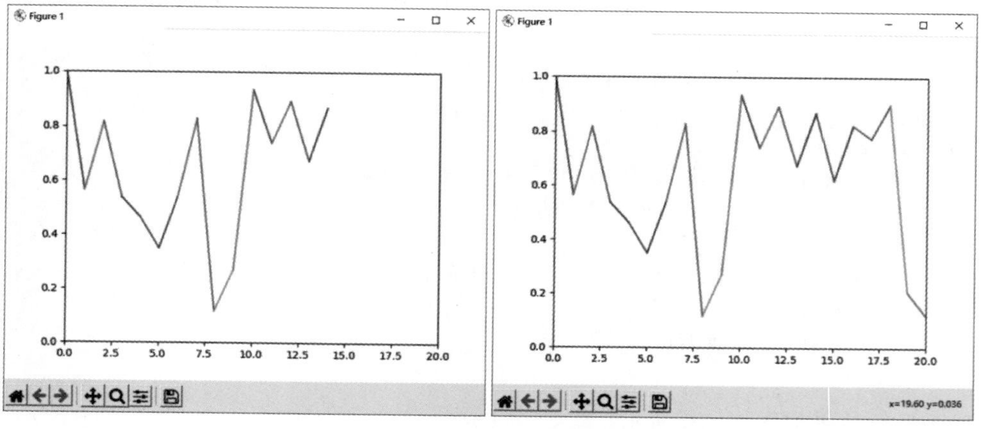

图 10-11　动态折线图的运行效果

实际上，Matplotlib 的画图功能非常强大，提供了能画动态图的 animation 模块，主要使用 animation. FuncAnimation()函数实现画动态图。

其语法格式如下：

```
animation.FuncAnimation(fig, func, frames, init_func = init, interval, blit = True)
```

其中的参数 func 是更新图形数据的函数；frames 是总共更新的次数，或者是可迭代的列表等，每调用一次更新图形的函数就从中取一个值；init_func 是动画开始使用的函数；interval 是更新的间隔时间(ms)；blit 决定是更新整张图的点(False)还是只更新变化的点(True)。

下面举例动态画出正弦函数曲线。

```
from matplotlib import pyplot as plt
from matplotlib import animation
import numpy as np
fig, ax = plt.subplots()                    # 创建图形对象和子图
xdata, ydata = [], []                       # 初始化 x、y 两个列表
line, = ax.plot([], [], 'r-', animated = False)  # line,表示创建元组类型
def init2():                                # 初始化函数
    ax.set_xlim(0, 2 * np.pi)
    ax.set_ylim(-1, 1)
    line, = ax.plot(0, np.sin(0))
    return line,
def animate2(i):                            # 更新图形数据的函数
    xdata.append(i * 2 * np.pi/100)         # 产生的新 x,y 坐标数据加入 xdata,ydata
    ydata.append(np.sin(i * 2 * np.pi/100))
    line.set_data(xdata, ydata)
    # 需要将被更新的图形数据以列表、元组等可迭代的数据形式返回
    return line,                            # 返回一个元组,或者返回[ln]列表
ani = animation.FuncAnimation(fig = fig, func = animate2, frames = 100, init_func = init2,
interval = 20, blit = False)
plt.show()
```

画这类动态图的关键是要给出不断更新图形数据的函数。在这个例子中 animate2()函数就是动态更新 data 数据的函数，注意这个函数必须返回一个列表或元组。程序运行效果如图 10-12 所示。

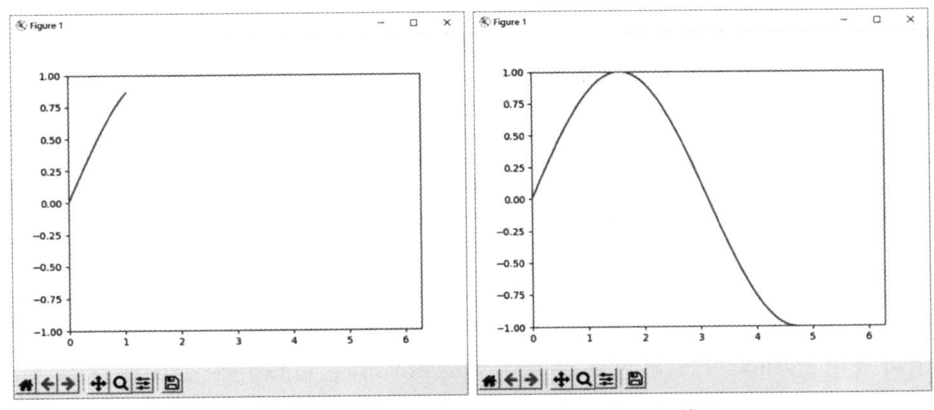

图 10-12 animation 模块绘制动态图的运行效果

10.2.4 交互式标注

有时用户需要和某些应用交互,例如在一幅图像中标记一些点,或者标注一些训练数据,用 pyplot 库中的 ginput()函数可以实现交互式标注。下面是一个简单的例子。

```
#交互式标注
from PIL import Image
from numpy import *
import matplotlib.pyplot as plt
im = array(Image.open('D:\\test.jpg'))
plt.imshow(im)                            #显示 test.jpg 图像
print('Please click 3 points')
x = plt.ginput(3)                         #等待用户单击 3 次
print('you clicked:',x)
plt.show()
```

上面的程序首先绘制一幅图像,然后等待用户在绘图窗口的图像区域单击 3 次。程序将这些单击的坐标(x, y)自动保存在 x 列表中。

视频讲解

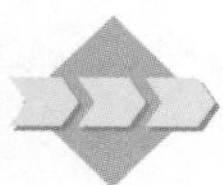

10.3 可视化应用案例——学生成绩分布的柱状图展示

10.3.1 程序的功能介绍

学生成绩存储在 Excel 文件(见表 10-6)中,本程序从 Excel 文件读取学生成绩,统计各个分数段(90 分以上,80～89 分,70～79 分,60～69 分,60 分以下)学生的人数,并用柱状图(见图 10-13)展示学生成绩的分布,同时计算出最高分、最低分、平均成绩等分析指标。

表 10-6 marks.xls 文件

xuehao	name	Physics	Python	Math	English
202001	张海	100	100	95	72
202002	赵大强	95	94	94	88
202003	李志宽	94	76	93	91
202004	吉建军	89	78	96	100
…					

10.3.2 程序设计的思路及实现

本程序涉及从 Excel 文件读取学生成绩,这里使用第三方的 xlrd 和 xlwt 两个模块来读和写 Excel 文件,获取学生成绩后存储到二维列表这样的数据结构中。学生成绩分布的柱状图展示可采用 Python 下最出色的绘图库 Matplotlib,它可以轻松实现柱状图、饼图等可视化图形。

下面简单介绍 xlrd 的使用方法。

(1) 导入模块:

```
import xlrd
```

(2) 打开 Excel 文件读取数据:

```
data = xlrd.open_workbook('marks.xls')
```

(3) 获取一个工作表:

```
table = data.sheets()[0]                  #通过索引顺序获取工作表
table = data.sheet_by_index(0)            #通过索引顺序获取工作表
table = data.sheet_by_name('Sheet1')      #通过名称获取工作表
```

(4) 获取整行和整列的值(数组):

```
table.row_values(i)                        #获取第 i 行的数据
table.col_values(i)                        #获取第 i 列的数据
```

(5) 获取行数和列数:

```
nrows = table.nrows                        #工作表的行数
ncols = table.ncols                        #工作表的列数
```

(6) 获取单元格的值:

```
cell_A1 = table.cell(0,0).value            #获取第 0 行 0 列的单元格数据
cell_A2 = table.cell(2,3).value            #获取第 2 行 3 列的单元格数据
```

1. 读取学生成绩 Excel 文件

```
import xlrd                                #第三方库需要 pip install xlrd
wb = xlrd.open_workbook('marks.xls')       #打开文件
sheetNames = wb.sheet_names()              #查看包含的工作表
#获得工作表的两种方法
sh = wb.sheet_by_index(0)
sh = wb.sheet_by_name('Sheet1')            #通过名称'Sheet1'获取对应的 Sheet
#第一行的值,课程名
courseList = sh.row_values(0)
print(courseList[2:])                      #打印出所有课程名
course = input("请输入需要展示的课程名:")
m = courseList.index(course)               #获取列号
#第 m 列的值
```

```
columnValueList = sh.col_values(m)              #['math', 95.0, 94.0, 93.0, 96.0]
print(columnValueList)                          #展示的指定课程的分数
scoreList = columnValueList[1:]
print('最高分:',max(scoreList))
print('最低分:',min(scoreList))
print('平均分:',sum(scoreList)/len(scoreList))
```

运行结果如下：

```
['Physics', 'Python', 'Math', 'English']
请输入需要展示的课程名：English↙
['English', 72.0, 88.0, 91.0, 100.0, 56.0, 75.0, 23.0, 72.0, 88.0, 56.0, 88.0, 78.0, 88.0,
99.0, 88.0, 88.0, 88.0, 66.0, 88.0, 78.0, 88.0, 77.0, 77.0, 77.0, 88.0, 77.0, 77.0]
最高分：100.0
最低分：23.0
平均分：78.92592592592592
```

2. 用柱状图展示学生成绩分布

```
import matplotlib.pyplot as plt
import numpy as np
y = [0,0,0,0,0]                                         #存放各分数段人数
for score in scoreList:
    if score>=90:
        y[0]+=1
    elif score>=80:
        y[1]+=1
    elif score>=70:
        y[2]+=1
    elif score>=60:
        y[3]+=1
    else:
        y[4]+=1
x1=['>=90','80～89分','70～79分','60～69分','60分以下']
x=[1,2,3,4,5]
plt.xlabel("分数段")
plt.ylabel("人数")
plt.rcParams['font.sans-serif'] = ['SimHei']            #指定默认字体
plt.xticks(x,x1)                                        #设置x坐标
rects=plt.bar(x=x,height=y,color='green',width=0.5)     #绘制柱状图
plt.title(course+"成绩分析")                             #设置图表标题
for rect in rects:                                      #显示每个条形图对应的数字
    height = rect.get_height()
    plt.text(rect.get_x()+rect.get_width()/2.0, 1.03*height, "%s" %float(height))
plt.show()
```

运行效果如图10-13所示。

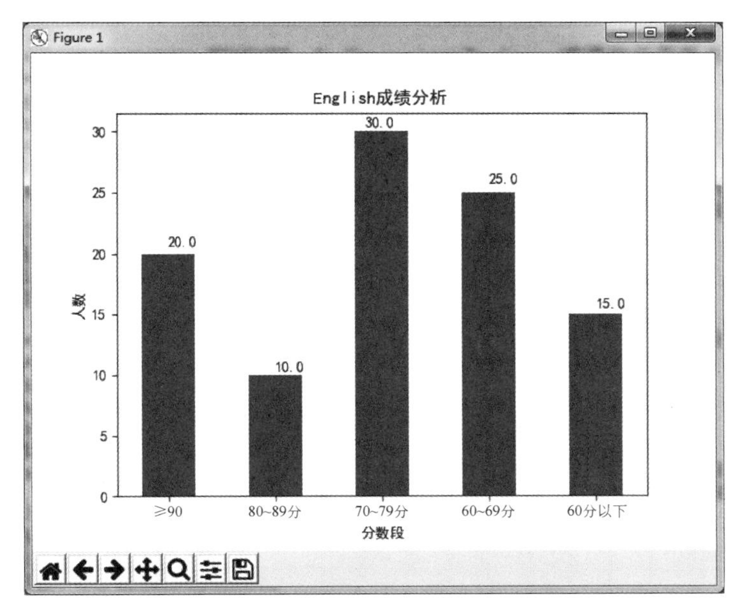

图 10-13 学生成绩分布柱状图

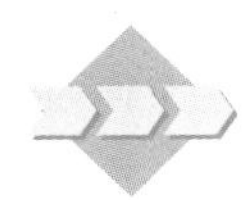

10.4 习题

1. 编写绘制余弦三角函数 y=cos(2x)的程序。

2. 编写绘制笛卡儿心形线的程序。

3. 使用 Matplotlib 实现各省 GDP 数据柱状图。

4. 在平面坐标(0,0)—(1,1)的矩形区域随机产生 100 个点，并绘制散点图，效果如图 10-14 所示。

5. 某公司销售部对两个销售组的销售业绩进行对比，有 5 个产品，销售一组完成的数据为[35,72,58,65,87]，销售二组完成的数据为[55,49,98,82,61]，请绘制柱形图进行对比，效果如图 10-15 所示。

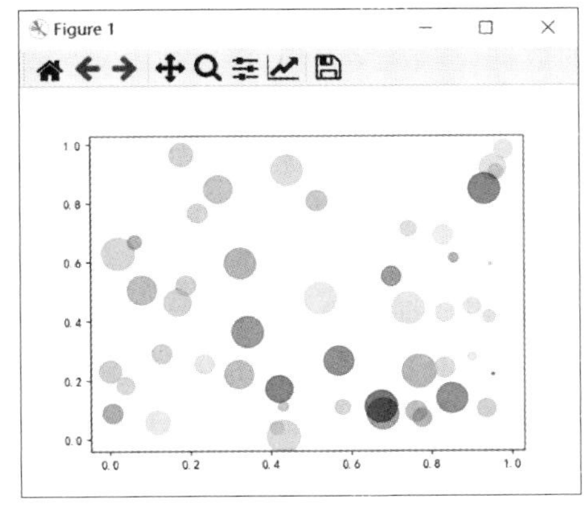

图 10-14 散点图

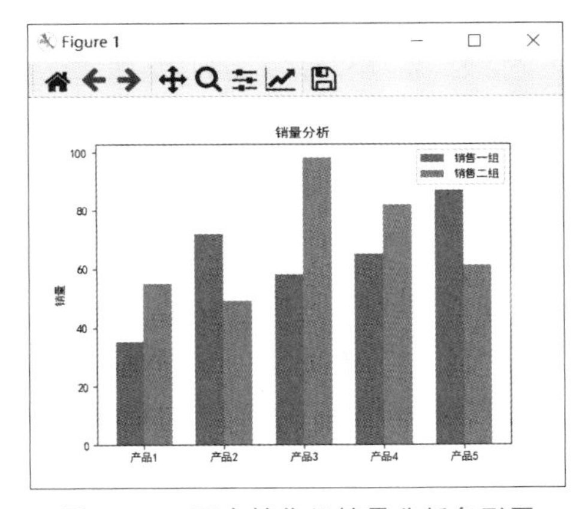

图 10-15 两个销售组销量分析条形图

第11章

Python数据分析

Python Data Analysis Library (Pandas)是基于 NumPy 的一种工具,该工具是为了解决数据分析任务而创建的。Pandas 提供了一些标准的数据模型和大量能使用户快速便捷地处理数据的函数和方法,使 Python 成为大型数据集强大而高效的数据分析工具。本章就来学习 Pandas 的操作方法。

11.1 Pandas

Pandas 是 Python 的一个数据分析包,Pandas 最初被作为金融数据分析工具开发出来,因此 Pandas 为时间序列分析提供了很好的支持。Pandas 的名称来自于面板数据(Panel Data)和 Python 数据分析(Data Analysis)。Panel Data 是经济学中关于多维数据集的一个术语,在 Pandas 中也提供了 Panel 的数据类型。

Pandas 提供了如下数据类型。

(1) Series: Series(系列)是能够保存任何类型的数据(整数、字符串、浮点数、Python 对象等)的一维标记数组。Series 与 NumPy 中的一维 Array(一维数组)类似。两者与 Python 的基本数据结构 List(列表)也很相近,其区别是 List 和 Series 中的元素可以是不同的数据类型,而 Array 中只允许存储相同的数据类型,这样 Array 可以更有效地使用内存,提高运算效率。

(2) DataFrame: DataFrame(数据框)是二维的表格型数据结构。其很多功能与 R 中的 data. frame 类似。可以将 DataFrame 理解为 Series 的容器。

(3) Panel: Panel(面板)是三维的数组,可以理解为 DataFrame 的容器。在此限于篇幅不介绍了。

使用 Pandas 首先需要安装,在命令行下输入 pip3 install pandas 即可。在安装成功后才可以使用 Pandas。Pandas 约定俗成的导入方法如下:

```
import pandas as pd
from pandas import Series,DataFrame
```

如果能导入成功,说明安装成功。

11.1.1 Series

Series 就如同列表一样,是一系列数据,每个数据对应一个索引值,可以看作一个定长的有序字典。

1. 创建 Pandas 系列

比如列表[中国,美国,日本],如果跟索引值写到一起如下:

index	data
0	中国
1	美国
2	日本

```
>>> s = Series(['中国','美国','日本'])          #注意这里是默认索引:0,1,2
```

这里实际上使用列表创建了一个 Series 对象,这个对象当然就有其属性和方法了。比如,下面的两个属性依次可以显示:

```
>>> print(s.values)
['中国' '美国' '日本']
>>> print(s.index)
RangeIndex(start = 0, stop = 3, step = 1)
```

Series 对象包含两个主要的属性——index 和 values,分别为上例中的左、右两列。列表的索引只能是从 0 开始的整数,Series 在默认情况(未指定索引)下,其索引也是如此。不过,区别于列表的是 Series 可以自定义索引:

```
>>> s = Series(['中国','美国','日本'], index = ['a','b','c'])
>>> s = Series(data = ['中国','美国','日本'], index = ['a','b','c'])
```

这样数据存储形式如下:

index	data
'a'	中国
'b'	美国
'c'	日本

Pandas 系列可以使用以下构造函数创建:

```
pandas.Series(data, index, dtype, copy)
```

Series 构造函数的参数如表 11-1 所示。

表 11-1 Series 构造函数的参数

参　数	描　述
data	数据可以采取各种形式,例如 ndarray、list、constant(常量)、dict (字典)
index	索引值必须是唯一的,与数据的长度相同。如果没有索引被传递默认为 np. arange(n)
dtype	dtype 用于数据类型。如果没有,将推断数据类型
copy	复制数据,默认为 False

如果数据是 ndarray(NumPy 数组),则传递的索引必须具有相同的长度。如果没有传递索引值,那么默认的索引将是 range(n),其中 n 是数组长度 len(array),即[0,1,2,3,…,len(array)−1]。

```
import pandas as pd
import numpy as np
data = np.array(['a','b','c','d'])
s = pd.Series(data)
```

字典(dict)可以作为输入传递,如果没有指定索引,则按排序顺序取得字典键以构造索引。

```
>>> data = {'a' : 100, 'b' : 110, 'c' : 120}
>>> s = pd.Series(data)
>>> print(s.values)            #结果是 [100 110 120]
```

如果数据是标量值(常量),则必须提供索引,将重复该值以匹配索引的长度。例如:

```
>>> s = pd.Series(5, index=[0, 1, 2, 3])
>>> print(s.values)            #结果是[5 5 5 5]
```

2. 访问 Pandas 系列

1) 使用位置访问 Pandas 系列中的数据

Pandas 系列 Series 中的数据可以使用类似于访问 ndarray 中的数据的方法来访问。例如下面的代码访问 Pandas 系列中的第一个元素、前 3 个元素和最后 3 个元素。

```
import pandas as pd
s = pd.Series([1,2,3,4,5],index = ['a','b','c','d','e'])
print(s[0])                 #访问第一个元素 1
print(s[:3])                #检索系列中的前 3 个元素 1,2,3
print(s[-3:])               #检索系列中的最后 3 个元素 3,4,5
```

2) 使用索引访问 Pandas 系列中的数据

系列 Series 就像一个固定大小的字典,可以通过索引标签获取和设置值。

```
import pandas as pd
s = pd.Series([1,2,3,4,5],index = ['a','b','c','d','e'])
```

```
print(s['b'])                  #结果是 2
s['b'] = 6                     #设置索引标签'b'对应元素值为 6
print(s[['a','c','d']])        #获取索引 a,c,d 对应值
```

系列 Series 支持 NumPy 数组运算，例如：

```
s = pd.Series([1,2,3,4,5],index = ['a','b','c','d','e'])
print(np.max(s))               #结果是 5
print(np.sin(s))               #结果是每个元素的正弦值
s = s * 2                      #每个元素乘以 2
```

11.1.2 DataFrame

视频讲解

数据框（DataFrame）是二维数据结构，即数据以行和列的表格方式排列，如图 11-1 所示。基本上可以把 DataFrame 看成是共享同一个 index 索引的 Series 的集合。

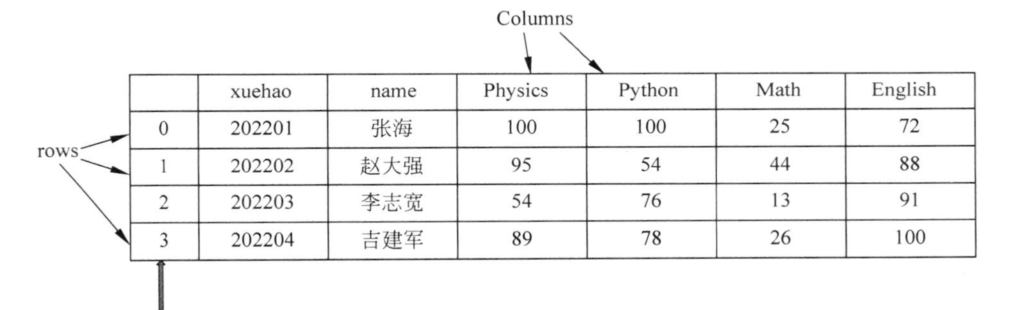

	xuehao	name	Physics	Python	Math	English
0	202201	张海	100	100	25	72
1	202202	赵大强	95	54	44	88
2	202203	李志宽	54	76	13	91
3	202204	吉建军	89	78	26	100

图 11-1　数据框示意图

Pandas 中的 DataFrame 可以使用以下构造函数创建：

```
pandas.DataFrame(data, index, columns, dtype, copy)
```

DataFrame 构造函数的参数如表 11-2 所示。

表 11-2　DataFrame 构造函数的参数

参　　数	描　　述
data	数据可以采取各种形式，例如 ndarray、series、map、list、dict、constant 和另一个 DataFrame
index	对于行标签（索引），如果没有传递索引值，索引是默认值 np. arrange(n)
columns	对于列标签（列名），如果没有列名，默认是 np. arange(n)
dtype	每列的数据类型
copy	用于复制数据，默认值为 False

1. 创建 DataFrame

可以使用单个列表或多维列表创建数据框(DataFrame)。

1）使用单个列表创建 DataFrame

```
import pandas as pd
data = [10,20,30,40,50]
df = pd.DataFrame(data)
print(df)
```

2）使用多维列表创建 DataFrame

```
import pandas as pd
data = [['Alex',10],['Bob',12],['Clarke',13]]
df = pd.DataFrame(data,columns = ['Name','Age'])
print(df)
```

执行上面的代码，得到以下结果：

```
     Name     Age
0    Alex     10
1    Bob      12
2    Clarke   13
```

3）从键值为 ndarray/list 的字典创建 DataFrame

所有的键值 ndarray/list 必须具有相同的长度。如果有索引(index)，则索引的长度应等于 ndarray/list 的长度。如果没有索引(index)，则默认情况下索引将为 np.arange(n)，其中 n 为 ndarray/list 的长度。

```
import pandas as pd
data = {'Name':['Tom', 'Jack', 'Steve', 'Ricky'],'Age':[28,34,29,42]}
df = pd.DataFrame(data)
print(df)
```

执行上面的代码，得到以下结果：

```
      Age    Name
0    28     Tom
1    34     Jack
2    29     Steve
3    42     Ricky
```

注意，这里是默认情况下索引 0,1,2,3。字典键默认为列名。

下面是指定索引的情况。

```
import pandas as pd
data = {'Name':['Tom', 'Jack', 'Steve', 'Ricky'],'Age':[28,34,29,42]}
```

```
df = pd.DataFrame(data, index=['19001','19002','19003','19004'])
print(df)
```

执行上面的代码，得到以下结果：

```
        Age    Name
19001   28     Tom
19002   34     Jack
19003   29     Steve
19004   42     Ricky
```

注意，index 参数为每行分配一个索引。Age 和 Name 列使用相同的索引。

4）从系列 Series 的字典创建 DataFrame

系列 Series 的字典可以传递以形成一个 DataFrame。

```
import pandas as pd
d = {'one' : pd.Series([1, 2, 3], index=['a', 'b', 'c']),
    'two' : pd.Series([1, 2, 3, 4], index=['a', 'b', 'c', 'd'])}
df = pd.DataFrame(d)
print(df)
```

执行上面的代码，得到以下结果：

```
     one    two
a    1.0    1
b    2.0    2
c    3.0    3
d    NaN    4
```

注意，对于第一个系列，观察到没有索引标签'd'，但在结果中对于 d 索引标签添加了 NaN 值。

2. DataFrame 的基本功能

表 11-3 列出了 DataFrame 基本功能的属性或方法。

表 11-3　DataFrame 的属性或方法

属性或方法	描　　述
T	转置行和列
axes	返回一个行轴标签和列轴标签的列表
dtypes	返回此对象中的数据类型
empty	如果 DataFrame 完全为空，则返回为 True
ndim	返回维度大小
shape	返回表示 DataFrame 维度的元组
size	DataFrame 中的元素数
values	DataFrame 中的元素（NumPy 的二维数组形式）

续表

属性或方法	描　　述
head(n)	返回开头前 n 行
tail(n)	返回最后 n 行
columns	返回所有列名的列表
index	返回行轴标签(索引)的列表

下面从 CSV 文件(保存成绩信息)创建一个 DataFrame,并使用上述属性和方法。

```
>>> import pandas as pd
>>> df = pd.read_csv("marks2.csv")        #marks2.csv 是成绩信息
>>> df
```

执行上面的代码,得到以下结果:

```
   xuehao  name    physics  python  math   english
0  202001  张海      100      100     25       72
1  202002  赵大强    95       54      44       88
2  202003  李志宽    54       76      13       91
3  202004  吉建军    89       78      26       100
```

可以看出 df 就是一个 DataFrame 数据。行索引标签是默认的 0～3 数字,列名是 CSV 文件的第一行。

```
>>> df ['name'][1]        #结果是'赵大强'
```

还有另外一种方法:

```
>>> df = pd.read_table("marks2.csv", sep = ",")
```

在创建一个 DataFrame 后,就可以使用上述属性和方法。

1) T

返回 DataFrame 的转置,实现行和列的交换。

```
>>> df.T
              0        1        2        3
xuehao     202001   202002   202003   202004
name        张海    赵大强   李志宽   吉建军
physics     100       95       54       89
python      100       54       76       78
math         25       44       13       26
english      72       88       91      100
```

2）axes

返回行轴标签和列轴标签的列表。

```
>>> df.axes
[RangeIndex(start = 0, stop = 4, step = 1), Index(['xuehao', 'name', 'physics', 'python', 'math',
'english'], dtype = 'object')]
```

3）index

返回行轴标签(索引)。

```
>>> df.index
RangeIndex(start = 0, stop = 4, step = 1)
```

4）column

返回所有列名的列表。

```
>>> df.columns
Index(['xuehao', 'name', 'physics', 'python', 'math', 'english'], dtype = 'object')
```

5）shape

返回表示 DataFrame 的维度的元组。在元组(a,b)中 a 表示行数,b 表示列数。

```
>>> df.shape
(4, 6)
```

6）values

将 DataFrame 中的实际数据作为 NumPy 数组返回。

```
>>> df.values
array([[202001, '张海', 100, 100, 25, 72],
       [202002, '赵大强', 95, 54, 44, 88],
       [202003, '李志宽', 54, 76, 13, 91],
       [202004, '吉建军', 89, 78, 26, 100]], dtype = object)
```

7）head()和 tail()

如果要查看 DataFrame 对象的部分数据,可以使用 head()和 tail()方法。head()返回前 n 行(默认数量为 5),tail()返回最后 n 行(默认数量为 5)。可以传递自定义的行数。

```
>>> df.head(2)
   xuehao  name    physics  python  math  english
0  202001  张海      100      100    25     72
1  202002  赵大强     95       54    44     88
>>> df.tail(1)
   xuehao  name    physics  python  math  english
3  202004  吉建军     89       78    26     100
```

3. DataFrame的行/列操作

1）选择列

通过列名从数据框(DataFrame)中选择一列。

```
import pandas as pd
d = {'one' : pd.Series([11, 12, 13], index = ['a', 'b', 'c']),
     'two' : pd.Series([1, 2, 3, 4], index = ['a', 'b', 'c', 'd'])}
df = pd.DataFrame(d)
print(df['one'])      #选择'one'列
```

执行上面的代码，得到以下结果：

```
     one
a    11.0
b    12.0
c    13.0
d    NaN
```

对于第一个系列，由于没有索引'd'，所以对于索引d标签附加了NaN(无值)。

2）添加列

```
print("Adding a new column by passing as Series:")
df['three'] = pd.Series([10,20,30],index = ['a','b','c'])
print("Adding a new column using the existing columns in DataFrame:")
df['four'] = df['one'] + df['three']
```

执行上面的代码，得到以下结果：

```
    one   two  three  four
a  11.0    1   10.0   21.0
b  12.0    2   20.0   32.0
c  13.0    3   30.0   43.0
d  NaN     4   NaN    NaN
```

3）删除列

```
import pandas as pd
d = {'one' : pd.Series([1, 2, 3], index = ['a', 'b', 'c']),
     'two' : pd.Series([1, 2, 3, 4], index = ['a', 'b', 'c', 'd']),
     'three' : pd.Series([10,20,30], index = ['a','b','c'])}
df = pd.DataFrame(d)
#使用DEL删除功能
del df['one']          #删除one列
#使用POP删除功能
df.pop('two')          #删除two列
print(df)
```

执行上面的代码，得到以下结果：

```
   three
a  10.0
b  20.0
c  30.0
d  NaN
```

4）选择行

可以通过将行标签传递给 loc()函数来选择行。

```
import pandas as pd
d = {'one' : pd.Series([1, 2, 3], index = ['a', 'b', 'c']),
     'two' : pd.Series([1, 2, 3, 4], index = ['a', 'b', 'c', 'd'])}
df = pd.DataFrame(d)
print(df.loc['b'])
```

执行上面的代码，得到以下结果：

```
one   2.0
two   2.0
```

也可以通过将行号传递给 iloc()函数来选择行。

```
import pandas as pd
d = {'one' : pd.Series([1, 2, 3], index = ['a', 'b', 'c']),
     'two' : pd.Series([1, 2, 3, 4], index = ['a', 'b', 'c', 'd'])}
df = pd.DataFrame(d)
print(df.iloc[2])            # 注意行号从 0 开始，所以实际是第 3 行
```

执行上面的代码，得到以下结果：

```
one    3.0
two    3.0
```

也可以进行行切片，使用:运算符选择多行。

```
import pandas as pd
d = {'one' : pd.Series([1, 2, 3], index = ['a', 'b', 'c']),
     'two' : pd.Series([1, 2, 3, 4], index = ['a', 'b', 'c', 'd'])}
df = pd.DataFrame(d)
print(df[2:4])           # 选择第 3 行到第 4 行
```

执行上面的代码，得到以下结果：

```
      one  two
c     3.0    3
d     NaN    4
```

5)添加行

使用 append()函数将新行添加到 DataFrame 中。

```
import pandas as pd
df = pd.DataFrame([[1, 2], [3, 4]], columns = ['a','b'])
df2 = pd.DataFrame([[5, 6], [7, 8]], columns = ['a','b'])
df = df.append(df2)
print(df)
```

执行上面的代码,得到以下结果:

```
   a  b
0  1  2
1  3  4
0  5  6
1  7  8
```

6)删除行

使用索引标签从 DataFrame 中删除行。如果标签重复,则会删除多行。

```
import pandas as pd
df = pd.DataFrame([[1, 2], [3, 4]], columns = ['a','b'])
df2 = pd.DataFrame([[5, 6], [7, 8]], columns = ['a','b'])
df = df.append(df2)
print(df)
print('Drop rows with label 0')
df = df.drop(0)
print(df)
```

执行上面的代码,得到以下结果:

```
   a  b
0  1  2
1  3  4
0  5  6
1  7  8
Drop rows with label 0
   a  b
1  3  4
1  7  8
```

在上面的例子中一共有两行被删除,因为这两行包含相同的标签 0。

11.2 Pandas 统计功能

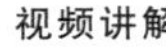

11.2.1 基本统计

DataFrame 有很多函数用来计算描述性统计信息和其他相关操作。

1. 描述性统计

描述性统计又叫统计分析，一般统计某个变量的平均值、标准偏差、最小值、最大值，以及 1/4 中位数、1/2 中位数、3/4 中位数。表 11-4 列出 Pandas 中主要的描述性统计信息的函数。

表 11-4 描述性统计信息的函数

函数	描述	函数	描述
count()	非空值的数量	min()	所有值中的最小值
sum()	所有值之和	max()	所有值中的最大值
mean()	所有值的平均值	abs()	绝对值
median()	所有值的中位数	prod()	数组元素的乘积
mode()	值的模值	cumsum()	累计总和
std()	值的标准偏差	cumprod()	累计乘积

在创建一个 DataFrame 后，使用表 11-4 中统计信息的函数进行统计操作。例如：

1) sum()

返回所请求轴的值的总和。默认情况下按列求和，即轴为 0(axis=0)。如果按行求和，则轴为 1(axis=1)。

```
>>> df.sum()   #按列求和,即轴为 0(axis = 0)
```

2) std()

返回数字列的标准偏差。

```
>>> df.std()
```

由于 DataFrame 列的数据类型不一致，所以当 DataFrame 包含字符或字符串数据时，像 abs()、cumprod()这样的函数会抛出异常。

2. 汇总 DataFrame 列数据

describe()函数用来汇总有关 DataFrame 列的统计信息的摘要，包括数量 count、平均值 mean、标准偏差 std、最小值 min、最大值 max，以及 1/4 中位数、1/2 中位数、3/4 中位数。

```
>>> df.describe()
              xuehao     physics      python       math     english
count       4.000000    4.000000    4.000000   4.000000    4.000000
mean   202002.50000   84.500000   77.000000  27.000000   87.750000
std         1.290994   20.824665   18.797163  12.780193   11.672618
min    202001.000000   54.000000   54.000000  13.000000   72.000000
25 %   202001.750000   80.250000   70.500000  22.000000   84.000000
50 %   202002.500000   92.000000   77.000000  25.500000   89.500000
75 %   202003.250000   96.250000   83.500000  30.500000   93.250000
max    202004.000000  100.000000  100.000000  44.000000  100.000000
```

11.2.2 分组统计

1. 分组

Pandas 有多种方式来分组(groupby)：

```
obj.groupby('key')
obj.groupby(['key1','key2'])
obj.groupby(key,axis = 1)
```

例如：

```
import pandas as pd
df = pd.DataFrame([ [202001, '张海', '男',100, 100, 25, 72],
                    [202002, '赵大强', '男', 95, 54, 44, 88],
                    [202003, '李梅', '女', 54, 76, 13, 91],
                    [202004, '吉建军', '男', 89, 78, 26, 100]] ,
                    columns = ['xuehao', 'name', 'sex', 'physics', 'python', 'math', 'english'])
grouped  = df.groupby('sex')      #按性别分组
```

2. 查看分组

在使用 groupby()之后，可以用 groups 查看分组情况。

```
print(df.groupby('sex').groups)
{'男': Int64Index([0, 1, 3], dtype = 'int64'), '女': Int64Index([2], dtype = 'int64')}
```

由结果可知，男所在行为[0, 1, 3]，女所在行为[2]。

3. 选择一个分组

使用 get_group()方法可以选择一个组。

```
grouped  = df.groupby('sex')
print(grouped.get_group('男'))
```

执行上面的代码,得到以下结果:

```
   xuehao    name   sex  physics  python  math  english
0  202001    张海    男     100      100     25      72
1  202002   赵大强   男      95       54     44      88
3  202004   吉建军   男      89       78     26     100
```

4. 聚合

聚合函数为每个组返回单个聚合值。当创建了分组(groupby)对象之后,就可以对分组数据执行多个聚合操作。一个比较常用的方法是通过 agg()聚合。查看每个分组的平均值的方法是使用 mean()函数。

```
import numpy as np
grouped = df.groupby('sex')
print(grouped['english'].agg(np.mean))
```

结果如下:

```
sex
女      91.000000
男      86.666667
```

可知女生的英语平均分为 91,男生的英语平均分为 86.666667。

查看每个分组的大小的方法是使用 size()函数。

```
print(grouped.agg(np.size))
```

结果如下:

```
sex
女     1
男     3
```

可知女生的人数为 1,男生的人数为 3。

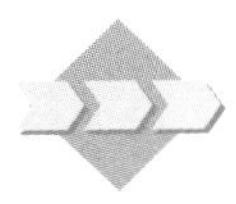

11.3 Pandas 排序

视频讲解

根据条件对 Series 对象或 DataFrame 对象的值排序(sorting)和排名(ranking)是 Pandas 的一种重要的内置运算。Series 对象或 DataFrame 对象可以使用 sort_index()/sort_values()函数进行排序。

1. Series 的排序

1）索引（标签）排序

Series 的 sort_index()排序函数：

```
sort_index(ascending = True)
```

对 Series 的索引进行排序，默认是升序。

例如：

```
import pandas as pd
s = pd.Series([10, 20, 33], index = ["a", "c", "b"])  # 定义一个 Series
print(s.sort_index())                                 # 对 Series 的索引进行排序,默认是升序
```

结果如下：

```
a    10
b    33
c    20
```

对索引进行降序排序如下：

```
print(s.sort_index(ascending = False))      # ascending = False 是降序排序
```

2）数据值排序

对 Series 不仅可以按索引（标签）进行排序，还可以使用 sort_values()函数按值排序。

```
print(s.sort_values(ascending = False))      # ascending = False 是降序排序
```

结果如下：

```
b    33
c    20
a    10
```

2. DataFrame 的排序

1）索引（标签）排序

DataFrame 的 sort_index()排序函数：

```
sort_index(self, axis = 0, level = None, ascending = True, inplace = False, kind = 'quicksort',
na_position = 'last', sort_remaining = True, by = None)
```

其中参数的含义如下。

axis：0 按照行索引(标签)排序；1 按照列名排序。

level：默认为 None,否则按照给定的 level 顺序排列。

ascending：默认为 True,升序排列；False 为降序排列。

inplace：默认为 False,否则排序之后的数据直接替换原来的数据框。

kind：默认为 quicksort,排序的方法。

na_position：缺失值默认排在最前/后,{"first","last"}。

by：按照哪一列数据进行排序。

例如：

```
import pandas as pd
df = pd.DataFrame([ [202001, '张海', '男',100, 100, 25, 72], [202002, '赵大强', '男', 95, 54, 44, 88],
                    [202003, '李梅', '女', 54, 76, 13, 91],[202004, '吉建军', '男', 89, 78, 26, 100]] ,
                    columns = ['xuehao', 'name', 'sex', 'physics', 'python', 'math', 'english'],
                    index = [1,4,6,2])
```

使用 sort_index()方法可以对 DataFrame 进行排序。在默认情况下,按照升序对行索引(标签)进行排序。

```
sorted_df = df.sort_index()      # 对行索引(标签)进行升序排序
print(sorted_df)
```

结果如下：

```
   xuehao   name   sex  physics  python  math  english
1  202001   张海   男     100      100    25     72
2  202004   吉建军 男      89       78    26    100
4  202002   赵大强 男      95       54    44     88
6  202003   李梅   女      54       76    13      9
```

通过将布尔值传递给参数 ascending 可以控制排序顺序。

```
sorted_df = df.sort_index(ascending = False)      # 对行索引降序排序
```

通过传递 axis 参数值为 0 或 1,可以按行索引或按列索引进行排序。在默认情况下,axis=0,逐行排列。下面通过举例来理解这个 axis 参数。

```
sorted_df = df.sort_index(axis = 1)      # 按列名排序
print(sorted_df)
```

结果如下：

```
   english  math   name   physics  python  sex  xuehao
1    72      25    张海      100     100    男   202001
4    88      44   赵大强      95      54    男   202002
6    91      13    李梅       54      76    女   202003
2   100      26   吉建军      89      78    男   202004
```

2）数据值排序

实际上，在日常计算中主要按数据值排序，例如按分数高低、学号、性别排序，这时可以使用 sort_values()。DataFrame 的 sort_values()是按值排序的函数，它接受一个 by 参数指定排序的列名。

```
sorted_df2 = df.sort_values(by = 'english')      #按列的值排序
print(sorted_df2)
```

运行后可见结果如下：

```
   xuehao   name   sex  physics  python  math  english
1  202001   张海    男     100      100    25     72
4  202002  赵大强   男      95       54    44     88
6  202003   李梅    女      54       76    13     91
2  202004  吉建军   男      89       78    26    100
```

那么 english 成绩相同时如何排列呢？实际上也可以通过 by 参数指定排序需要的多列。

```
import pandas as pd
import numpy as np
unsorted_df  =  pd.DataFrame({'col1':[2,1,1,1],'col2':[1,3,2,4]})
sorted_df  =  unsorted_df.sort_values(by = ['col1','col2'])
print(sorted_df)
```

结果如下：

```
   col1  col2
2   1     2
1   1     3
3   1     4
0   2     1
```

可见，col1 相同时按照 col2 排序。这里可以认为 col1 是第一排序条件，col2 是第二排序条件，只有 col1 值相同时才用到第二排序条件。

sort_values()提供了一个从 mergesort（合并排序）、heapsort（堆排序）和 quicksort（快

速排序)中选择排序算法的参数 kind。其中 mergesort 是唯一稳定的算法。

```
import pandas as pd
unsorted_df = pd.DataFrame({'col1':[2,1,1,1],'col2':[1,3,2,4]})
sorted_df = unsorted_df.sort_values(by = 'col1',kind = 'mergesort')
print(sorted_df)
```

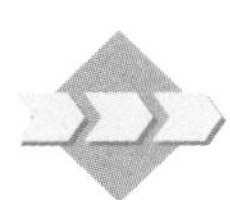

11.4 Pandas 筛选和过滤功能

11.4.1 筛选

Pandas 的逻辑筛选功能比较简单,直接在方括号里输入逻辑运算符即可。假设数据框如下:

```
import pandas as pd
df = pd.DataFrame([ [202001, '张海', '男',100, 100, 95, 72],
                    [202002, '赵大强', '男', 95, 54, 44, 88],
                    [202003, '李梅', '女', 54, 76, 13, 91],
                    [202004, '吉建军', '男', 89, 78, 26, 100]] ,
                    columns = ['xuehao', 'name', 'sex', 'physics', 'python', 'math', 'english'],
                    index = [1,4,6,2])
```

1. 用 df[]或 df. 选取列数据

```
df.xuehao                  # 选取 xuehao 列
df[xuehao]                 # 选取 xuehao 列
df[['xuehao','math']]      # 选取 xuehao、math 列
```

df[]支持在括号内写筛选条件,常用的筛选条件包括“等于(==)”“不等于(!=)”“大于(>)”“小于(<)”“大于或等于(>=)”“小于或等于(<=)”等。逻辑组合包括“与(&)”“或(|)”和“取反(not)”。范围运算符为 between。

例如,筛选出 math 大于 80 并且 english 大于 90 的行。

```
df1 = df [(df.math > 80) & (df.english > 90)]
```

对于字符串数据,可以使用 str.contains(pattern,na=False)匹配。例如:

```
df2 = df [df['name'].str.contains('吉', na = False)]
或者 df2 = df [df.name.str.contains('吉', na = False)]
```

以上是获取姓名中包含'吉'的行。

用户可使用范围运算符 between 筛选出了 english 大于等于 60 并且小于等于 90 的行。

```
df3 = df [df.english.between (60,90)]
df3 = df [(df. english>= 60) & (df. english <= 90)]     # 和上面 between 等效
```

2. 用 df.loc[[index],[column]] 通过标签选择数据

当不对行进行筛选时，[index]处填 :（不能为空），即 df.loc[:,'math']表示选取所有行的 math 列数据。

```
df.loc[0,'math']                      # 第 1 行的 math 列数据
df.loc[0:5,'math']                    # 第 1 行到第 5 行的 math 列数据
df.loc[0:5,['math','english']]        # 第 1 行到第 5 行的 math 列和 english 列的数据
df.loc[:,'math']                      # 表示选取所有行的 math 列数据
```

loc 可以使用逻辑运算符设置具体的筛选条件。

```
df2 = df.loc[df ['math']> 80]          # 表示选取 math 列大于 80 的行
print(df2)
```

结果如下：

```
   xuehao  name  sex  physics  python  math  english
1  202001  张海   男    100      100     95     72
```

使用 Pandas 的 loc 函数还可以同时对多列数据进行筛选，并且支持不同筛选条件的逻辑组合。常用的筛选条件包括“等于(==)”“不等于(!)”“大于(>)”“小于(<)”“大于或等于(>=)”“小于或等于(<=)”等。逻辑组合包括“与(&)”“或(|)”和“取反(not)”。

```
df2 = df.loc[(df['math']> 80) & (df['english']> 90),['name', 'math','english']]
```

使用“与”逻辑筛选出 math 大于 80、english 大于 90 的数据，并限定了显示的列名称。

对于字符串数据，可以使用 str.contains(pattern,na=False)匹配。例如：

```
df2 = df.loc[df['name'].str.contains('吉', na = False)]
print(df2)
```

以上是获取姓名中包含'吉'的行，结果如下：

```
   xuehao  name    sex  physics  python  math  english
2  202004  吉建军   男     89       78     26     100
```

3. 用 df.iloc[[index],[column]] 通过位置选择数据

当不对行进行筛选时，同 df.loc[]，即[index]处不能为空。注意位置号从 0 开始。

```
df.iloc[0,0]                        #第 1 行第 1 列的数据
df.iloc[0:5,1:3]                    #第 1 行到第 5 行中第 2 列到第 3 列的表格数据
df.iloc[[0,1,2,3,4,5],[1,2,3]]      #第 1 行到第 5 行中第 2 列到第 3 列的表格数据
```

4. 用 df.ix[[index],[column]] 通过索引标签或位置选择数据

df.ix[]混合了索引标签和位置选择。需要注意的是，[index]和[column]的框内需要指定同一类的选择。

```
df.ix[[0:1],['math',3]]      #错误,'math'和位置 3 不能混用
```

5. 用 isin()方法筛选特定的值

用户还可以使用 isin()方法筛选特定的值。把要筛选的值写到一个列表里，例如 list1：

```
list1 = [202001,202002]
```

假如选择 xuehao 列数据中有 list1 中的值的行：

```
df2 = df[df['xuehao'].isin(list1)]
print(df2)
```

结果如下：

```
   xuehao   name   sex  physics  python  math  english
1  202001   张海   男     100      100     95     92
4  202002   赵大强 男      95       54     44     88
```

11.4.2 按筛选条件进行汇总

在实际的分析工作中，筛选只是分析过程中的一个步骤，很多时候用户还需要对筛选后的结果进行汇总，例如求和、计数或计算均值等。

1. 按筛选条件求和

在筛选后求和相当于 Excel 中 sumif 函数的功能。

```
s2 = df.loc[df ['math']< 80].math.sum()        #选取 math 列值小于 80 的行求和
```

表示对数据表中所有 math 列值小于 80 的 math 成绩求和。

2. 按筛选条件计数

将前面的.sum()函数换为.count()函数就变成了 Excel 中 countif 函数的功能。

```
s2 = df.loc[df['sex'] == '男'].sex.count()          #表示选取性别男的行计数
```

实现统计男生人数。

与前面的代码相反，下面的代码对数据表中'sex'列值不为'男'的所有行计数。

```
s2 = df.loc[df['sex']!= '男'].sex.count()          #表示选取性别女的行计数
```

3. 按筛选条件计算均值

在 Pandas 中. mean()是用来计算均值的函数，将. sum()和. count()替换为. mean()，相当于 Excel 中 averageif 函数的功能。

```
s2 = df.loc[df['sex'] == '男'].english.mean()        #计算男生的英语平均分
```

4. 按筛选条件计算最大值和最小值

这是 Excel 中没有的函数功能，就是对筛选后的数据表计算最大值和最小值。

```
s2 = df.loc[df['sex'] == '男'].english.max()       #计算男生的英语最高分
s3 = df.loc[df['sex'] == '男'].english.min()       #计算男生的英语最低分
```

11.4.3 过滤

根据定义的条件过滤数据，并返回满足条件的数据集。filter()函数用于过滤数据，其格式如下：

```
Series.filter(items = None, like = None, regex = None, axis = None)
DataFrame.filter(items = None, like = None, regex = None, axis = None)
```

例如：

```
import pandas as pd
df =  pd.DataFrame([ [202001, '张海', '男',100, 100, 95, 72],
                     [202002, '赵大强', '男', 95, 54, 44, 88],
                     [202003, '李梅', '女', 54, 76, 13, 91],
                     [202004, '吉建军', '男', 89, 78, 26, 100]] ,
                     columns  =  ['xuehao', 'name', 'sex', 'physics', 'python', 'math', 'english'],
                     index = [1,4,6,2])
df1 = df.filter(items = ['sex', 'math', 'english'])      #筛选需要的列
print(df1)
```

在上述过滤条件下，返回'sex'、'math'、'english' 3 列的数据。结果如下：

```
    sex  math  english
1   男    95      92
4   男    44      88
6   女    13      91
2   男    26     100
```

也可以使用 regex 正则表达式参数。例如获取列名以 h 结尾的数据。

```
df2 = df.filter(regex = 'h$ ', axis = 1)
    math  english
1    95      92
4    44      88
6    13      91
2    26     100
```

like 参数意味着“包含”。例如获取行索引包含 2 的数据。

```
df3 = df.filter(like = '2', axis = 0)
print(df3)
```

结果如下：

```
    xuehao   name   sex  physics  python  math  english
2   202004  吉建军   男     89       78     26     100
```

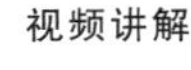

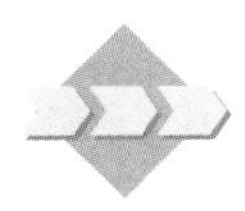

11.5 Pandas 数据的导入和导出

11.5.1 导入 CSV 文件

CSV 逗号分隔值(Comma-Separated Value)有时也称为字符分隔值，因为分隔字符也可以不是逗号，其文件以纯文本形式存储表格数据(数字和文本)。纯文本意味着该文件是一个字符序列，不含必须像二进制数字那样被解读的数据。CSV 文件由任意数目的记录组成，记录间以某种换行符分隔；每条记录由字段组成，字段间的分隔符是其他字符或字符串，最常见的是逗号或制表符。通常，所有记录都有完全相同的字段序列。

CSV 是一种通用的、相对简单的文件格式，在表格类型的数据中用途很广泛，很多关系型数据库都支持这种类型文件的导入与导出，并且 Excel 这种常用的数据表格也能和 CSV 文件相互转换。

```
import pandas as pd
df = pd.read_csv("marks.csv")
```

还有另外一种方法：

```
df = pd.read_table("marks.csv", sep = ",")
```

11.5.2 读取其他格式的数据

CSV是常用来存储数据的格式之一，此外常用的还有Excel格式的文件，以及JSON和XML格式的数据等，它们都可以使用Pandas轻易读取。

1. 导入Excel文件

```
pd.read_excel(filename)
```

从Excel文件导入数据。例如：

```
xls = pd.read_excel("marks.xlsx")
sheet1 = xls.parse("Sheet1")
```

sheet1就是一个DataFrame对象。

在读取或导出EXCEL文件时需要使用openpyxl模块。

用pip安装openpyxl模块：pip install openpyxl。

2. 导入JSON文件

Pandas提供的read_json()函数可以用来创建Series或者Pandas DataFrame数据结构。

1）利用JSON字符串

```
import pandas as pd
json_str = '{"country":"china","city":"zhengzhou"}'
df = pd.read_json(json_str,typ = 'series')
s = df.to_json()      # to_json()方法将其从Pandas Series转换成JSON字符串
```

在上面的例子中是利用JSON字符串来创建Pandas Series的。

2）利用JSON文件

在调用read_json()函数时既可以向其传递JSON字符串，也可以指定一个JSON文件。

```
data = pd.read_json('aa.json',typ = 'series')      # 导入JSON格式的文件
```

11.5.3 导出Excel文件

```
data.to_ excel(filepath, header = True, index = True)
```

filepath为文件路径，参数index=False表示导出时去掉行名称，默认为True。header

表示是否导出列名，默认为 True。

```
import pandas as pd
df = pd.DataFrame([[1,2,3],[2,3,4],[3,4,5]])
#给 DataFrame 增加行/列名
df.columns = ['col1','col2','col3']
df.index = ['line1','line2','line3']
df.to_excel("aa.xlsx", index = True)
```

11.5.4 导出 CSV 文件

```
data.to_ csv(filepath,sep = "," ,header = True, index = True)
```

filepath 为生成的 CSV 文件路径，参数 index＝False 表示导出时去掉行名称，默认为 True。header 表示是否导出列名，默认为 True。sep 参数是 CSV 分隔符，默认为逗号。

```
import pandas as pd
df = pd.DataFrame([[1,2,3],[2,3,4],[3,4,5]] ,columns = ['col1','col2','col3'] ,index =
['line1','line2','line3'] )
df.to_csv("aa.csv", index = True)
```

11.5.5 Pandas 读取和写入数据库

Pandas 连接数据库进行查询和更新的方法如下。

- read_sql_table(table_name, con[, schema, …])：把数据表中的数据转换成 DataFrame。
- read_sql_query(sql, con[, index_col, …])：用 sql 查询数据，结果读取到 DataFrame 中。
- read_sql(sql, con[, index_col, …])：同时支持上面两个功能。
- DataFrame. to_sql(self, name, con[, schema, …])：把记录数据写到数据库中。

有时需要存储 DataFrame 到数据库文件，这里以 sqlite3 数据库为例说明。代码如下：

```
# 保存到 SQL 数据库
import sqlite3
con = sqlite3.connect("database.db")
df.to_sql('exam', con)
```

保存到数据库不是创建一个新文件，而是使用 con 数据库连接将一个新表插入数据库中。要从数据库中读取加载数据，可以使用 Pandas 的 read_sql_query()方法。

```
# 读取 SQL 数据库
import sqlite3
con = sqlite3.connect("database.db")
df = pd.read_sql_query("SELECT * FROM exam", con) #将数据库的记录读取到 DataFrame
```

假如 Pandas 要读取 MySQL 数据库中的数据，首先要安装 MySQLdb 模块（命令行运行 pip install mysqlclient）。假设数据库安装在本地，用户名为 my，密码为 123，要读取 mydb 数据库中的数据，对应的代码如下：

```
import pandas as pd
import MySQLdb
mysql_cn= MySQLdb.connect(host='localhost', port=3306,user='my', passwd='123', db='mydb')
df = pd.read_sql('SELECT * FROM exam', con=mysql_cn)
mysql_cn.close()
```

可以看出，读取不同种类数据库的方法基本相同。

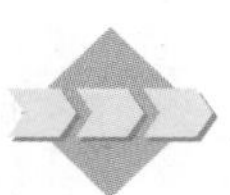

11.6 Pandas 数据分析应用案例——学生成绩统计分析

本节使用 Pandas 进行简单的学生成绩统计分析。假设有一个成绩单文件 score.xls，如表 11-5 所示，完成如下功能：

表 11-5 计算机 05 成绩单文件 score.xls

学号	姓名	班　　级	出生日期	年龄	高数	英语	计算机	总分	等级
050101	田晴	计算机 051	2001/8/19		86.0	71.0	87.0		
050102	杨庆红	计算机 051	2002/10/8		61.0	75.0	70.0		
050201	王海茹	计算机 052	2004/12/16		作弊	88.0	81.0		
050202	陈晓英	计算机 052	2003/6/25		65.0	缺考	66.0		
050103	李秋兰	计算机 051	2001/7/6		90.0	78.0	93.0		
050104	周磊	计算机 051	2002/5/10		56.0	68.0	86.0		
050203	吴涛	计算机 052	2001/8/18		87.0	81.0	82.0		
050204	赵文敏	计算机 052	2002/9/17		80.0	93.0	91.0		

(1) 统计每个学生的总分。

由于存在作弊、缺考、缺失值的情况，所以应该预先处理这些情况。

```
import pandas as pd
from pandas import DataFrame,Series
import numpy as np
df = pd.read_excel("score.xls")
#观察数据,若有重复先去重
df = df.drop_duplicates()
#将缺失值和汉字替换掉
df1 = df.fillna(value=0)
df2 = df1.replace(["作弊","缺考"],[0,0])
```

以上将作弊、缺考值替换成 0 值，缺失值也替换成 0 值。

```
#计算各科总分
df2["总分"] = df2.高数 + df2.英语 + df2.计算机
print(df2)
```

(2) 按照总成绩分为优秀≥240、较好≥180、一般<180 3个等级。

根据区间[最低分－1,180,240,最高分＋1]将总成绩分成3个等级。

```
#计算等级
bins = [df2["总分"].min() - 1,180,240,df2["总分"].max() + 1]
print(bins)
lable = ["一般","较好","优秀"]
df2["等级"] = pd.cut(df2["总分"],bins,right = False,labels = lable)
print(df2)
```

(3) 计算出每个人的年龄。

```
#计算出每个人的年龄
方法一:
#出生日期是Timestamp类型,Timestamp.year获取年份
df2["年龄"] = [2021 - x.year for x in df["出生日期"]]
print(df2["年龄"])
方法二:
#出生日期采用astype('str')强制类型转换成字符串,取前4个字符后转换成数值型
df2["年龄2"] = 2021 - df2["出生日期"].astype('str').str[0:4].apply(pd.to_numeric)
print(df2["年龄2"])
```

(4) 按班级汇总每班的高数、英语、计算机成绩的平均分。

```
m = df2.groupby(by = '班级').size()
print(m)            #每个班的人数
math = df2.groupby(by = '班级')['高数'].agg(np.mean)
print(math)
english = df2.groupby(by = '班级')['英语'].agg(np.mean)
print(english)
three = df2.groupby(by = '班级')[['高数','英语','计算机']].agg(np.mean)
print(three)
```

运行结果:

```
班级
计算机051    4
计算机052    4
dtype: int64
班级
计算机051    73.25
计算机052    58.00
Name: 高数, dtype: float64
班级
计算机051    73.0
计算机052    65.5
Name: 英语, dtype: float64
```

```
班级        高数    英语    计算机
计算机 051   73.25   73.0    84.0
计算机 052   58.00   65.5    80.0
```

(5) 按班级进行总分降序排序。

```
#仅指定按总分降序排序
print(df2.sort_values(by = "总分",ascending = False))
#分别指定按班级升序和总分降序排序
df2 = df2.sort_values(by = ["班级","总分"],ascending = [True,False])
print(df2)
```

运行结果:

```
   学号    姓名    班级       出生日期     年龄  高数  英语  计算机  总分  等级
4  50103  李秋兰  计算机 051  2001-07-06   20    90    78    93     261  优秀
0  50101  田晴    计算机 051  2001-08-19   20    86    71    87     244  优秀
5  50104  周磊    计算机 051  2002-05-10   19    56    68    86     210  较好
1  50102  杨庆红  计算机 051  2002-10-08   19    61    75    70     206  较好
7  50204  赵文敏  计算机 052  2002-09-17   19    80    93    91     264  优秀
6  50203  吴涛    计算机 052  2001-08-18   20    87    81    82     250  优秀
2  50201  王海茹  计算机 052  2004-12-16   17    0     88    81     169  一般
3  50202  陈晓英  计算机 052  2003-06-25   18    65    0     66     131  一般
```

(6) 统计高数各分数段的人数,例如 60～80 分的人数、60 分以下的人数、80 分以上的人数。

```
#统计高数各分数段的人数
m1 = df2.loc[(df2['高数']> = 60) & (df2['高数']< = 80)].高数.count()
print("60 到 80 分之间人数",m1)
m2 = df2.loc[(df2['高数']> = 0) & (df2['高数']< 60)].高数.count()
print("60 分以下人数",m2)
m3 = df2.loc[(df2['高数']> 80)].高数.count()
print("80 分以上人数",m3)
```

运行结果:

```
60 到 80 分之间人数 3
60 分以下人数 2
80 分以上人数 3
```

可以对高数各分数段人数进行柱状图展示。

```
import matplotlib.pyplot as plt
import numpy as np
x1 = ['> = 80 分', , '60～80 分', '60 分以下']
x = [1,2,3]
y = [m3,m1,m2]
plt.xlabel("分数段")
plt.ylabel("人数")
plt.rcParams['font.sans - serif'] = ['SimHei']                #指定默认字体
plt.xticks(x,x1)                                              #设置 x 坐标
rects = plt.bar(x = x,height = y,color = 'green',width = 0.5) #绘制柱状图
plt.title("成绩分析")                                         #设置图表标题
for rect in rects:                                            #显示每个条形图对应数字
    height = rect.get_height()
    plt.text(rect.get_x() + rect.get_width()/2.0, 1.03 * height, "%s" % float(height))
plt.show()
```

(7) 统计每科的平均分、最高分和最低分。

```
#统计每科的平均分、最高分和最低分
print("统计每科的平均分、最高分和最低分\n")
print("统计高数的平均分:",df2['高数'].mean())
print("统计高数的最高分:",df2['高数'].max())
print("统计高数的最低分:",df2['高数'].min())
print("统计每科的平均分:\n",df2[['高数','英语','计算机']].mean())
print("统计每科的最高分:\n",df2[['高数','英语','计算机']].max())
print("统计每科的最低分:\n",df2[['高数','英语','计算机']].min())
```

运行结果:

```
统计高数的平均分: 65.625
统计高数的最高分: 90
统计高数的最低分: 0
统计每科的平均分:
高数      65.625
英语      69.250
计算机    82.000
统计每科的最高分:
高数      90
英语      93
计算机    93
统计每科的最低分:
高数      0
英语      0
计算机    66
```

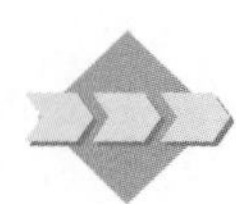

11.7 习题

1. 假设有如下用户数据表 users.csv(见表 11-6)。完成以下任务:

表 11-6 用户数据表 users.csv

	user_id	age	gender	occupation	zip_code
0	1	24	M	technician	85711
1	2	53	F	other	94043
2	3	23	M	writer	32067
…	…	…	…	…	…
945	943	22	M	student	77841

(1) 加载数据(users.csv)。

(2) 以 occupation 分组,求每种职业所有用户的平均年龄。

(3) 求每种职业男性的占比,并按照从低到高的顺序排列。

(4) 获取每种职业对应的最大和最小的用户年龄。

2. 假设有如下订单表 order.csv(见表 11-7)。实现订单表数据的过滤与排序。

表 11-7 订单数据表 order.csv

	order_id	quantity	item_name	item_price
0	1	1	Chips and Fresh Tomato Salsa	$ 2.39
1	1	1	Izze	$ 3.39
2	2	2	Chicken Bowl	$ 16.98
3	3	1	Chicken Bowl	$ 10.98
…	…	…	…	…

(1) 导入数据计算出有多少商品大于 10 美元。

(2) 根据商品的价格对数据进行排序。

(3) 在所有商品中最贵商品的数量(quantity)是多少?

(4) 在商品订购单中,商品 Chicken Bowl 的订单数目是多少?

(5) 在所有订单中,购买商品 Canned Soda 的数量大于 1 的订单数目是多少?

参 考 文 献

[1] 刘浪. Python 基础教程[M]. 北京：人民邮电出版社，2015.
[2] 郭炜. Python 程序设计基础及实践[M]. 北京：人民邮电出版社，2021.
[3] Runoob. com[OL]. http://www. runoob. com/python3，2016.
[4] 廖雪峰的官方网站[OL]. http://www. liaoxuefeng. com/.
[5] 嵩天，礼欣，黄天羽. Python 语言程序设计基础[M]. 2 版. 北京：高等教育出版社，2017.
[6] 余本国. Python 数据分析基础[M]. 北京：清华大学出版社，2017.

图书资源支持

感谢您一直以来对清华版图书的支持和爱护。为了配合本书的使用，本书提供配套的资源，有需求的读者请扫描下方的“书圈”微信公众号二维码，在图书专区下载，也可以拨打电话或发送电子邮件咨询。

如果您在使用本书的过程中遇到了什么问题，或者有相关图书出版计划，也请您发邮件告诉我们，以便我们更好地为您服务。

我们的联系方式：

地　　址：北京市海淀区双清路学研大厦 A 座 714

邮　　编：100084

电　　话：010-83470236　010-83470237

客服邮箱：2301891038@qq.com

QQ：2301891038（请写明您的单位和姓名）

资源下载：关注公众号“书圈”下载配套资源。

资源下载、样书申请

书圈

图书案例

清华计算机学堂

观看课程直播